茶叶
绿色高质高效生产技术模式

◎ 全国农业技术推广服务中心　编

中国农业科学技术出版社

图书在版编目（CIP）数据

茶叶绿色高质高效生产技术模式 / 全国农业技术推广服务中心编 . -- 北京：中国农业科学技术出版社，2022.8

ISBN 978-7-5116-5731-2

Ⅰ.①茶… Ⅱ.①全… Ⅲ.①茶叶－栽培技术－无污染技术 Ⅳ.① S571.1

中国版本图书馆 CIP 数据核字（2022）第 059479 号

责任编辑 于建慧
责任校对 马广洋
责任印制 姜义伟　王思文

出 版 者　中国农业科学技术出版社
　　　　　北京市中关村南大街 12 号　　邮编：100081
电　　话　（010）82105169（编辑室）（010）82109702（发行部）
　　　　　（010）82109709（读者服务部）
传　　真　（010）82106650
网　　址　http://www.castp.cn
经 销 者　各地新华书店
印 刷 者　北京富泰印刷有限责任公司
开　　本　170 mm×240 mm　1/16
印　　张　15.5
字　　数　263 千字
版　　次　2022 年 8 月第 1 版　2022 年 8 月第 1 次印刷
定　　价　68.00 元

◄◄◄ 版权所有·侵权必究 ►►►

编 委 会

主　　编：冷　杨　　周泽宇　　阮建云

副主编：王新超　　尹军峰　　蔡晓明

　　　　尚怀国　　陈　勋

编　者：（按姓氏笔画排序）

　　　　马立锋　　王庆森　　王志岚

　　　　王克健　　尤志明　　叶　阳

　　　　付利波　　边　磊　　刘　振

　　　　刘霞婷　　李天娇　　李兆群

　　　　杨宇宙　　吴华玲　　吴志丹

　　　　陈宇宏　　陈常颂　　罗宗秀

　　　　唐劲驰　　蒋靖怡　　蔡烈伟

前 言
Preface

习近平总书记高度评价茶产业的作用。2021年3月22日，习近平总书记在福建省武夷山市考察调研时对乡亲们说，"过去茶产业是你们这里脱贫攻坚的支柱产业，今后要成为乡村振兴的支柱产业。"他叮嘱，"要统筹做好茶文化、茶产业、茶科技这篇大文章。"2020年，我国茶园面积达4 825万亩，茶叶产量达293万t，专家测算，我国茶叶一产产值超过2 500亿元，综合产值超过8 000亿元，带动约7 160万人增收。我国的茶产业有60%以上分布在脱贫地区，150多个脱贫县将茶产业作为支柱产业，推进茶产业高质量发展意义重大。

加快构建应用绿色高质高效生产技术模式是推进茶产业高质量发展的重要举措。构建应用茶叶绿色高质高效生产技术模式，有助于继续夯实茶叶质量安全基础，确保饮茶安全，降低出口风险；有利于提高茶叶品质，创新茶叶产品，满足人民美好生活的需要；有利于配合生态茶园建设，实现化学投入品长效减施，促进低碳生产，保障茶区的生态环境安全和茶叶生产的可持续发展；有利于提高生产效率和效益，提升竞争力，助推茶产业在全面推进乡村振兴中继续发挥支柱产业作用。

2016年，全国农业技术推广服务中心曾组织编写出版了《茶叶绿色生产模式及配套技术》一书，为各地构建茶叶绿色生产模式和推广应用绿色生产技术提供了思路和模板，促进了茶叶绿色生产。当前，在建立健全绿色低碳循环发展经济体系背景下，茶产业绿色发展面临新的形势和要求，同时近几年茶叶绿色生产关键技术也有了新的进展，因此，组织编写本书，旨在进一步深化茶叶绿色发展模式，梳理总结绿色高质高效生产经验，集成绿色高质高效生产技术，为各地构建应用茶叶绿色高质高效生产技术模式、推进茶产业高质量发展提供参考。

本书创新了茶叶技术书籍的章节编排方式，按照茶类进行章节划分，便于读者学习和使用。

由于时间仓促，水平有限，书中难免有错漏、不足之处，恳请广大读者朋友批评指正。

编　者
2021 年 10 月

目 录
Contents

第一章

茶叶绿色高质高效生产技术模式概述

近年来，农业农村部高度重视、大力推进农业绿色高质高效生产。2017—2018年，农业农村部会同财政部安排中央财政资金26亿元，集成推广高产高效、资源节约、生态环保的技术模式，引导农业发展方式转变。2019—2020年，农业农村部会同财政部安排中央财政资金18亿元，开展绿色高质高效行动，支持集成"全环节"技术模式，构建"全过程"社会化服务体系，打造"全链条"发展模式，实现"全县域"农业绿色发展。2020年，中央财政继续支持开展绿色高质高效行动，紧紧围绕农业供给侧结构性改革这一主线，坚持生态环保、提质增效，打造一批果菜茶等优质经济作物生产基地，带动大面积区域性均衡发展，促进种植业稳产高产、节本增效和提质增效。"十四五"期间，我国将健全政府投入激励机制，加强农业资源环境保护，加大生态保护补偿力度，多渠道增加农业绿色发展投入，继续开展绿色高质高效行动。选择重点县建设绿色高质高效生产示范片，集成组装耕种管收全过程绿色高质高效新技术，推广水肥一体化、测墒灌溉等旱作节水技术和病虫害绿色防控技术，推进化肥和化学农药减量增效。绿色高质高效行动既是综合技术的集成，也是管理方式的创新转变，核心是示范推广高产高效、资源节约、生态环保技术模式，推进规模化种植、标准化生产、产业化经营，增加优质绿色农产品供给，引领农业生产方式转变，提升农业供给体系的质量和效率。

茶叶绿色高质高效生产技术模式是围绕高产高效、资源节约、生态环保目标，遵循可持续发展和现代生态农业理念，集成茶树优良品种和茶园生态建设、病虫害绿色防控、绿色高效施肥、机械化生产、高质高效加工等先进技术的新型茶叶生产技术体系。该模式有利于稳定茶叶质量安全，降低出口风险，保障出口茶产业稳定发展；有利于提升茶叶品质，促进高值化加工，增强品牌价值，提高生产效益；有利于减少化肥农药使用量，促进低碳生产，保护茶区生态环境，拓展茶产业多种功能。该模式是推进茶叶生态化种植、建设生态茶园的重要配套技术，将有力提高我国茶产业的竞争力，促进茶产业高质量发展。

第一节　我国茶产业的发展情况

一、我国茶产业的发展现状

（一）生产规模持续扩大，布局重心继续西移

"十三五"期间，我国仍是世界第一大茶叶生产国，生产规模再创历史新高，但规模增长逐渐趋缓，增幅远低于"十二五"。茶园面积从 2015 年 264.1 万 hm² 增至 2020 年 321.6 万 hm²，增长了约 21.8%；干毛茶年产量从 228 万 t 增至 293 万 t，增长约 28.5%，面积和产量增幅分别比"十二五"低 15 个百分点和 28 个百分点。

除江苏、河南省茶园面积基本稳定外，其余各产茶省茶园面积均实现增长，其中有 10 省增长 30% 以上，主产地中广东、湖南、湖北、陕西、广西省（区）分别增长 50%、38%、37%、36%、34%。分区域看，我国中部 5 省茶园面积增长 26%，西部 8 省增长 23%，东部 6 省增长 12%，布局重心继续西移，中西部地区占全国的比重提高 1.5 个百分点，达到 82%。

（二）茶类结构更趋均衡，加工能力不断增强

"十三五"期间，六大茶类产量均实现增长，以绿茶为主导，各茶类发展更趋均衡。绿茶稳定增长，仍居主导地位，约占茶叶总产量的 2/3；青茶、红茶、黑茶分别约占总产量的 11%、9%、7%，产量差距逐渐缩小；白茶、黄茶产量快速增长，黄茶产量从 2015 年的 580 t 增长到 2020 年的 8 000 t 以上，5 年增长 10 多倍。

我国茶叶加工能力和水平不断提升，许多茶区完成了初制加工厂改造升

级，清洁化加工意识和管理水平显著提高，清洁化、连续化、自动化加工生产线大量建成，精深加工能力增强。"十三五"末，我国茶叶加工厂数量达 3.8 万家，加工能力大幅提高；云南省组织开展茶叶初制厂规范化建设和达标验收工作，2020 年验收登记 2 099 家，大幅提高了初制加工规范化、标准化水平；浙江省、陕西省分别建成 349 条和 400 余条名优茶生产线；贵州省建成初制加工生产线 3 443 条，精制生产线 320 条，深加工生产线 18 条；浙江省多点推进数字化工厂项目，茶叶加工向数字化、智能化方向探索前进。

（三）产业效益不断提升，脱贫攻坚贡献巨大

"十三五"期间，鲜叶收购均价和干毛茶交易均价总体稳中有升，茶产业效益稳定增长。据统计，全国茶叶一产产值从 2015 年约 1 301 亿元增至 2020 年约 1 900 亿元，增长约 46%。我国茶园大部分分布在贫困山区，茶产业在脱贫攻坚中发挥了突出作用。据农技部门 2019 年的调查数据，我国 372 个国家级和省级贫困县种植茶叶，茶园面积约 209 万 hm^2，茶叶年产量约 173 万 t，分别占全国的 67% 和 62%，带动至少 3 500 万人增收。其中，国家级贫困县 292 个，茶园面积约 187 万 hm^2，茶叶年产量约 150 万 t；秦巴山区、武陵山区等扶贫茶区，茶农年人均来自茶产业的收入均超过 3 000 元，为实现脱贫提供了有力支撑。

（四）消费规模稳步增长，国际贸易稳定发展

我国是世界第一大茶叶消费国，"十三五"期间，消费规模稳定增长。据中国茶叶流通协会统计，茶叶年消费量从 2015 年的 168 万 t 增至 2020 年的约 220 万 t，增长约 31%。茶叶消费增长为消化产能提供了保证，茶叶销售总体顺畅，未出现大规模库存积压和卖难问题。

我国茶叶出口保持增长态势，2016 年至 2019 年茶叶出口量、出口额屡创历史新高，即使 2020 年受新冠肺炎疫情影响仍保持较高出口水平。"十三五"期间，茶叶年出口量从 2015 年的 33.7 万 t 增至 2020 年的 34.9 万 t，约增长 3.6%；年出口额从 14.9 亿美元增至 20.4 亿美元，约增长 37%；出口单价从 4.3 美元 /kg 增至 5.9 美元 /kg，约增长 37%。茶叶进口增幅大于出口，但进口茶价格档次走低，年进口量从 2.4 万 t 增至 4.3 万 t，约增长 79%；进口额从 1.2 亿美元增至 1.8 亿美元，增长 50%；单价从 4.9 美元 /kg 降至 4.1 美元 /kg，下降约 16%。

二、我国茶产业发展的主要特点

（一）文化创新取得突破，发展品牌成效显著

"十三五"期间，作为传统优秀文化重要内容，茶文化传播取得重大突破。2020年5月21日，由我国倡议并经联合国大会批准设立的首个"国际茶日"，在全球掀起关注、庆祝、消费茶叶的热潮，成为世界茶叶发展史上一个重要时刻及重要发展契机。同时，茶文化在我国外交工作中发挥重要作用，"茶叙"外交成为大国外交重要方式和手段。茶文化传承更受重视，2018年第5批国家级非物质文化遗产代表性项目代表性传承人中包括16位与茶及茶文化有关的传承人。新茶饮成为潮流文化重要内容，一批新茶饮企业快速崛起，极大地促进了年轻人的茶产品消费。

茶叶品牌建设取得新成效，绝大部分产茶省、市、县明确了茶叶区域公用品牌，加大整合推广力度，知名度快速提高，同时，部分企业品牌知名度也大幅提高。农业农村部和浙江省人民政府共同主办的中国国际茶叶博览会带动各地每年举办上千场次茶事活动，活动方式、活动内容日益丰富，活动质量逐步提高，扩大了茶叶品牌知名度，提高了品牌价值。据中国茶叶品牌价值评估课题组发布的中国茶叶区域公用品牌和企业产品品牌两个价值评估报告显示，2020年有效评估的区域公用品牌的平均价值超过20亿元，比2015年增长49%；企业产品品牌平均价值2.49亿元，比2015年增长50%。茶叶地理标志保护实现突破，2020年中国和欧盟签署的《中华人民共和国政府与欧洲联盟地理标志保护与合作协定》将28个茶叶地标产品纳入第一批互认互保范围，将31个茶叶地理标志产品纳入第二批保护范围，为中国茶品牌开拓欧洲市场奠定了良好基础。

（二）绿色底色更加鲜明，质量安全保持稳定

"十三五"期间，茶产业牢固树立绿色发展理念，大面积实施绿色高质高效创建、病虫害绿色防控示范区建设、有机肥替代化肥试点及茶园"双减"等项目，研发集成和示范推广了一批化肥农药减施增效技术模式和先进技术，全国茶园病虫害绿色防控技术覆盖率达56.6%，为所有作物中最高；有机肥替代化肥示范县达63个，带动减少化肥和化学农药使用，提升了绿色生产水平。福建、浙江、广东等主产省大力发展生态茶园，福建省发布实施《生态茶园建

设与管理技术规范》《茶庄园建设指南》等生态茶园标准；浙江省建成省级生态示范茶园 178 个 7 033 hm²、各级生态茶园 646 个近 1.33 万 hm²；广东省创建和认定 122 家企业的生态茶园认定，覆盖主要茶区，辐射带动面积达 1.33 万 hm² 以上；陕西建成秦岭南部、巴山腹地超 6.67 万 hm² 绿色生态茶叶带。有机认证茶园面积大幅提高，据国家市场监督管理总局认证监管司发布的《中国有机产品认证与有机产业发展》报告显示，2018 年茶叶有机种植面积（含转换期）为 11.1 万 hm²，比 2013 年增长 1.1 倍。随着绿色生产水平提升，茶叶质量品质稳定提高，2020 年农业农村部组织开展 4 次国家农产品质量安全例行监测（风险监测），茶叶抽检合格率达 98.1%。

（三）融合发展加快推进，产业水平明显提高

"十三五"期间，融合发展成为茶产业新增长点。一是茶文旅融合发展，延长了消费链条。各地以茶为核心的景点和线路日趋丰富，以茶促旅，以旅带茶，在促进茶企增效、农民增收方面取得新成效。二是茶电商模式，拓宽了销售渠道，显著提高了市场覆盖率和购茶便捷性。三是新茶饮蓬勃发展，扩大了消费人群，特别是吸引年轻人消费茶产品。

我国茶叶产业化水平明显提升，龙头企业和茶农专业合作社数量增加、质量提高。据不完全统计，截至 2020 年，涉茶农业产业化国家重点龙头企业达 109 家，省级龙头企业 1 139 家，茶叶专业合作社达 26 800 余家。在做强做大龙头企业基础上，茶产业启动推进产业集群建设，2020 年中央财政资金首批支持了浙江浙南早茶、安徽徽茶、福建武夷岩茶 3 个茶产业集群建设。在农业农村部支持下，200 多家龙头企业和涉茶单位自发组建中国茶产业联盟，茶产业联谋发展、联促创新、联创品牌、联拓市场、联合维权的能力显著增强。

（四）政策法规更加完善，科技推广支撑有力

"十三五"以来，茶产业发展的法律法规和政策支撑力度明显增强，《福建省促进茶产业发展条例》发挥重要作用，《贵州省茶产业发展条例》《湖北省促进茶产业发展条例》于 2021 年初相继实施，为保障茶产业高质量发展提供了有力的法规依据和坚实的法治基础；2016 年原农业部发布《关于抓住机遇做强茶产业的意见》，2020 年农业农村部发布《关于促进贫困地区茶产业稳定发展的指导意见》，各产茶省出台了一系列扶持茶产业发展的政策意见，投入了大量财政经费，在基地、加工和品牌建设等方面发挥了重要作用，取得积极进展。

湖南农业大学刘仲华教授 2019 年当选中国工程院院士；黑茶提质增效关键技术创新与产业化应用、茶叶中农药残留和污染物管控技术体系创建及应用两项成果先后获国家科学技术进步奖二等奖；中国种茶树全基因组信息实现破解；国家自然科学基金申报指南将"茶学"归入"园艺与植物营养学"，设立申请代码"C1504"。上述重大成果和进展提升了茶学地位，给予茶学研究者巨大激励。"十三五"期间，我国累计登记茶树品种 90 个；以国家茶叶产业技术体系为核心的茶学科研队伍在化肥农药减施增效、夏秋茶利用、黑茶加工等方面取得一批先进技术成果；各级农技推广部门在茶产业标准建设、有机肥替代化肥试点等重大项目实施，绿色防控等重大技术推广以及品牌打造等方面发挥重要作用，为茶产业提供了有力的科技支撑。

三、我国茶产业发展存在的主要问题

（一）产品结构与消费需求不完全匹配

近年来，我国茶产业经历了规模高速增长的发展阶段，未来 3 年我国还有 53 万 hm^2 以上幼龄茶园投产，生产能力将大幅提高，产量增速明显大于消费增速，茶叶销售压力越来越大。而目前茶叶产品风格不够丰富，同质化产品过多，高价位茶叶比例偏大，适应大众消费水平的平价优质茶比例偏小，适合年轻人消费的创新茶产品种类偏少，有机茶比例偏低。与消费需求尤其是满足人民美好生活的需求未完全匹配，产业持续高质量发展面临较大挑战。

（二）生产水平与满足茶业高质量发展要求存在差距

总体上看，茶产业生产基础薄弱，生产方式和技术水平与推进农业现代化的要求存在较大差距。一是品种老化。我国茶树品种普遍不适应机采要求，老茶园品种更新滞后，影响名优茶品质提升。二是机械化率低。受制于茶园条件和关键性设备缺乏，名优茶仍依赖人工采摘，另外耕作、施肥、除草等环节机械化率也不高，用工难、用工贵问题日益突出。据农机部门调查，全国茶园管理作业机械化率不足 10%，与大田作物相比存在巨大差距。三是防灾能力弱。近年来，我国极端天气频发，茶园几乎每年都遭受倒春寒、长季节干旱和洪涝灾害，由于大部分茶园缺少防霜冻、排灌等设施设备，防灾减灾能力弱，常造成减产和品质下降。四是资源利用率低。许多茶区仅生产春茶，缺少夏秋茶高值利用模式和技术，夏秋茶资源大量浪费。

（三）产业主体带动做强茶产业能力不足

目前，总体上我国茶叶企业规模仍然偏小，具备国际市场开拓能力和产业发展引领能力的大型龙头企业数量稀少；茶叶品牌竞争力不强，缺少有国际影响的大品牌和市场占有率高的国民品牌。尤其中西部地区茶叶企业规模普遍偏小，缺少品牌和销售渠道，互联网销售等营销人才匮乏，销售乏力，难以带动产业发展。

第二节　茶叶绿色高质高效生产技术模式的意义与作用

一、全面推进乡村振兴战略的迫切需要

实施乡村振兴战略，是决战全面建成小康社会、全面建设社会主义现代化国家的重大历史任务，是新时代"三农"工作的总抓手。党的十九大报告提出，实施乡村振兴战略，坚持农业农村优先发展，建立健全城乡融合发展体制机制和政策体系，加快推进农业农村现代化。乡村振兴，关键是产业振兴。2020年年底召开的中央农村工作会议提出全面实施乡村振兴战略的7方面任务，其中第一项任务就是加快发展乡村产业，顺应产业发展规律，立足当地特色资源，推动乡村产业发展壮大。

绿色发展是任何产业实现高质量发展的必然选择，要将生态和绿色铸造为产业发展的基因和灵魂。中国农业已经从传统的保持农产品稳定供给和增加生产者收入的"两目标"走向新时代包括保持农产品稳定供给、增加生产者收入以及增强农业可持续性的"三目标"。农业发展三目标齐头并进，推动中国农业提高资源使用效率、提升产品质量、增加产业经营效益，不断增强国际竞争力，这是农业现代化以及实现乡村产业振兴的必由之路。茶产业是我国最重要、最具特色的乡村产业，具有良好的生态基础和资源优势。构建茶叶绿色高质高效生产技术模式，打造绿色产业、生态产业，促进一二三产业融合发展，将茶产业与健康、旅游、文化等产业贯通起来，拓展茶产业吃、住、行、观光、消费体验等一体化服务功能，将极大地振兴茶产业，带动乡村经济发展，

为全面乡村振兴提供巨大助力。

二、全面推进生态文明建设的必然选择

建设生态文明，是关系人民福祉、关乎民族未来的长远大计。面对资源约束趋紧、环境污染严重、生态系统退化的严峻形势，必须树立尊重自然、顺应自然、保护自然的生态文明理念，把生态文明建设放在突出地位，融入经济建设、政治建设、文化建设、社会建设各方面和全过程，努力建设美丽中国，实现中华民族永续发展。习近平总书记一直十分重视生态环境保护，十八大以来多次对生态文明建设作出重要指示，不同场合反复强调"绿水青山就是金山银山"。党的十九大报告中提出了生态文明体制改革，建设美丽中国的重要发展目标，这要求在现代化建设当中要坚持人与自然和谐共生的现代化，既要创造更多物质财富和精神财富以满足人民日益增长的美好生活需要，也要提供更多优质生态产品以满足人民日益增长的优美生态环境需要。必须坚持节约优先、保护优先、自然恢复为主的方针，形成节约资源和保护环境的空间格局、产业结构、生产方式、生活方式，还自然以宁静、和谐、美丽。构建茶叶绿色高质高效生产技术模式是践行生态文明思想的重要举措，将有助于建立茶园化学投入品减施增效长效机制，是推进茶区和茶产业生态文明建设的重要途径，一方面保护茶区生态环境，另一方面激活茶区生态价值，实现产业发展和生态建设的双丰收。

三、促进茶产业提质增效的重要途径

当前我国的茶叶生产面临一系列挑战，持续健康发展的压力逐步增大。茶叶质量安全关注度高、容忍度低的现状未发生变化，国内外质量安全标准趋严，而依赖化肥、农药的传统种植模式还未彻底改变，确保茶叶质量安全及保护茶区生态环境的压力不断加大，当前的茶叶产品的种类、品质等无法完全满足消费者日益增长的美好生活需要，茶叶生产资料和劳动力投入等生产成本持续增加，以上问题严重影响茶业增效和茶农持续增收。因此，应构建茶叶绿色高质高效生产技术模式，集成现代农业和传统生态农业技术，提高茶叶质量品质，开发新型茶叶产品，赋予茶叶品牌绿色生态属性，提高品牌价值，增强茶产业竞争力，推动茶产业提质增效发展。

第三节　茶叶绿色高质高效生产技术模式的
主要内容

一、优选品种

在新茶园发展和老茶园更新改造基础上，优选优质高抗品种，优先选择国家级和省级无性系良种。选择的无性良种对当地生态条件具有较好的适应性，冬季绝对气温低于 −6℃的高山茶区，要选择抗寒力较强的品种，选择的品种对当地茶类有较强的适制性。生产名优绿茶为主的茶区应该选择发芽早、氨基酸含量高、酚氨比低的品种。规模茶叶生产基地应避免品种单一化，应合理搭配不同萌发期、不同茶类适制性的良种，便于多茶类开发，适应市场需求变化。

二、生态建设

（一）建设复合生态系统

在垂直空间结构上，从山顶到山脚形成由林地植被、茶树、隔离带和生态功能带等组成的植被复合体斑块；在横向空间结构上，根据茶园地形地貌规划设置生态功能带，形成茶树-茶园次要植物块状复合群落结构；构建"乔木-灌木（茶树）-草本"多层次立体复合生态系统。利用茶园生态用地规划种植茶园次要植物，每个地块种植 2 种以上，不同类群植物宜重叠、交叉种植。茶园次要植物包括影响茶园生态系统第一营养级（茶树）的伴生植物，影响第二营养级（害虫或病原菌）的驱避植物、屏障植物、诱集植物、指示植物及影响第三营养级（害虫天敌）的蜜源植物、载体植物和栖境植物等。

（二）生物覆盖

冬季、春季在茶树行间铺草，并在茶园周边和梯壁保留一定数量的杂草，以增大环境异质性。用稻草、麦秆、豆秸、油菜秆、绿肥、麦壳、豆壳、菜籽壳、落叶、树皮、木屑等，均匀摊放在茶行间，覆盖厚度一般为 8 ～ 10 cm。以防寒增温为主时，在土壤冻结之前进行铺草；以防旱为主时，在干旱季节开始之前，土壤水分比较充足的时候进行铺草。

（三）套种绿肥

茶树行间及周边套种豆类、芝麻等作物，为瓢虫、草蛉、捕食螨等害虫天敌创造良好的栖息、繁殖场所和补充食料。茶园套种作苕子、紫云英、黄花苜蓿、白三叶草、鼠茅草等绿肥，也可间作大豆、绿豆、蚕豆、豌豆、罗顿豆、油菜、萝卜、辣椒、土豆、甘薯、玉米等农作物。间作绿肥在其生物量最大时进行刈割，农作物收取收获物（如籽粒或块根）后，将其他生物质留在茶园，覆盖于地表或翻入土壤。

三、绿色高效施肥

针对茶园养分投入过量和比例不合理问题，兼顾茶叶高产和优质对养分的需求，应用以"氮肥总量控制、优化磷钾配比、养分合理运筹、有机肥科学替代"为核心内容的茶园绿色高效施肥技术。

（一）氮肥总量控制

名优绿茶、红茶为 $200 \sim 300$ kg/km^2，大宗绿茶、乌龙茶、黑茶为 $300 \sim 450$ kg/km^2。

（二）优化磷钾配比

氮磷钾比例，绿茶（黑茶）为 $1:(0.2 \sim 0.3):(0.4 \sim 0.5)$，红茶为 $1:(0.3 \sim 0.4):(0.4 \sim 0.5)$，乌龙茶为 $1:(0.2 \sim 0.3):(0.3 \sim 0.4)$。

（三）养分合理运筹

制定全年养分运筹策略，提出最优化的基肥追肥养分分配比例及施肥时间节点。只采春茶茶园氮肥"一基二追"（5∶3∶2）分 3 次施用；全年采摘茶园氮肥"一基三追"（3∶3∶2∶2）分 4 次施用；磷钾肥全部作为基肥在秋冬季一次性施用。

（四）有机肥科学替代

替代比例为 25%（以 N 计）。

四、病虫草害绿色防控

以建设生物多样性丰富的茶园生态系统为基础，创造不利于病虫草等有害生物滋生和有利于害虫天敌繁衍的生态环境；综合运用生态防治、农业防治、物理防治、生物防治和化学防治技术，采用茶树修剪、灯光诱控、信息素诱控、色板诱控、释放害虫天敌和种植趋避植物等技术措施，优先使用植物源、矿物源和微生物源农药，减少化学防治次数和化学农药用量，不使用禁止在茶树上使用的农药，不使用化学除草剂，形成生态友好、安全高效的茶园病虫害绿色防控技术体系。

五、机械化生产

加强农机农艺结合，推广茶园机剪、机采、机耕、机防等茶园生产机械化技术。合理运用定型修剪、轻修剪、深修剪、重修剪、台割机械修剪技术，以及浅耕、中耕、深耕等机械化耕作技术。使用物理和机械防治技术进行茶园中的病虫害防治，根据品种、茶类、茶季、采摘批次等多种因素确定机械采摘适期和采摘批次。

六、高质高效加工

基于六大茶类的加工工艺建立标准化的加工工艺流程，配套清洁化的现代加工设施和机械，组装形成高质高效茶叶加工生产线。创新茶叶产品，应用超微绿茶粉（抹茶）、低咖啡因茶、高 γ - 氨基丁酸茶等新型茶产品的加工技术。

第二章

绿茶绿色高质高效生产技术模式

第一节　品种选择

　　茶树品种是茶叶生产的重要物质基础，是影响茶叶产量、品质和种植区域的重要因素。品种是指在一定的栽培条件下，依据形态学、细胞学、分子生物学等特异性以与其他群体相区别，个体间的主要性状相对相似，以适当的繁殖方式能保持其重要特性的一个栽培茶树群体。因此，作为一个可以推广的品种必须具备特异性、一致性和稳定性3种必备的基本属性，即必须通过无性繁殖的无性系材料才能称为茶树品种。另外，根据《中华人民共和国种子法》的要求，品种在推广前应当依法进行登记。良种是优良品种的简称，即在适宜的地区，采用优良的栽培和加工技术，能够生产出高产、优质茶叶产品的品种，一般认为，在一定地区的气候、地理栽培条件及采制制度下，能够达到高产稳产，制茶品质优良，有较强的适应能力，对病虫害和自然灾害抵抗能力较强的品种，即为良种。

一、品种选择的基本原则

我国茶区幅员广阔，因此，在科学选种上，需要注意遵守以下原则。

（一）适制性原则

良种的选择要与当地茶产业的现状密切结合，要选择与本地区的优势产品适制的品种，才能充分发挥品种的经济效益。

（二）适应性原则

良种都有一定的适应种植区域，对光温环境特别是温度有特定要求，因此，在选种之前要充分了解品种的登记适应区域和选育报告，把握品种对环境的要求，避免盲目引种。此外，品种最好还具有较强的病虫害抗性，以减少农药使用，提高茶叶安全质量水平。

（三）合理搭配原则

一是要考虑品种物候期的搭配，在较大栽培范围内，在气候较温和、无明显"倒春寒"的地区，一般特早生∶早生∶中生的比例为3∶5∶2或4∶4∶2，在经常出现"倒春寒"的茶区，则应适当降低特早生种的比例，可适当增加中生种的比例。二是注意品种的搭配，大中型茶园要考虑适制不同类型茶叶品种的搭配。

（四）良种良法配套原则

每个品种都有其特殊的种性，良种良法配套是实现茶叶高产、优质和高效的基础。现在打造的"品种、品质、品牌"和"标准化"生产，归根结底就是要实现良种良法配套，实现茶叶生产的效益最大化。因此，在选种的时候要仔细了解品种的特性及其对栽培、加工的要求，充分发挥良种的优势。

中华人民共和国成立以来，我国茶树品种选育取得了巨大的成就，育成了世界上品种数量最多、种类最丰富的品种，满足了不同阶段产业生产的需要。根据新形势下茶产业发展的要求和趋势，重点推荐符合当前生产的具有较大推广潜力的品种，供生产者选用。

二、适制绿茶品种

绿茶是我国最主要的茶叶品类，种植面积广，区域跨度大，适制绿茶的品种很多。根据各个绿茶主产区的自然条件、茶类结构、主产茶类、消费发展趋势及种植效益，适合各绿茶主产区种植的品种推荐如下。

1. 龙井43

该品种为灌木型，中叶类，特早生种。中国农业科学院茶叶研究所选育，在全国大部分绿茶主产区有引种，浙江、江苏、贵州、四川、江西等省有较大面积栽培。1987 年，全国农作物品种审定委员会认定为国家品种，编号 GS13007–1987。春季萌发期特早，芽叶生育力强，发芽整齐，耐采摘，持嫩性较差，芽叶纤细，绿稍黄色，春梢基部有一点淡红，茸毛少。春茶一芽二叶干样约含茶多酚 15.3%、氨基酸 4.4%、咖啡碱 2.8%、水浸出物 51.3%。适制绿茶，品质优良。外形色泽嫩绿、香气清高，滋味甘醇爽口，叶底嫩黄成朵，尤其适制扁形绿茶。抗寒性强，抗高温和炭疽病较弱。扦插繁殖力强，移栽成活率高。适宜单条或双条栽茶园规格种植，选择土层深厚、有机质丰富的土壤栽培。需分批及时嫩采，春梢需预防"倒春寒"危害。应及时防治炭疽病，夏季防止高温灼伤。

2. 中茶 108

该品种为灌木型，中叶类，特早生种。中国农业科学院茶叶研究所从龙井 43 辐射诱变后代中选育，浙江、四川、湖北、江西、江苏、陕西、山东等省有栽培。2010 年，全国茶树新品种鉴定委员会鉴定为国家品种，编号国品鉴茶 2010013。2021 年，通过农业农村部非主要农作物品种登记，登记号 GPD 茶树（2021）330016。芽叶生育力强，持嫩性强，芽叶黄绿色，茸毛较少，一芽三叶百芽重 36.7 g。春茶一芽二叶干样约含茶多酚 15.8%、氨基酸 4.6%、咖啡碱 3.3%、水浸出物 47.9%。产量高。适制扁形、烘青、针形等名优绿茶，品质优，制烘青绿茶，外形绿润紧结，茶汤嫩绿明亮，清香浓馥，滋味鲜爽，叶底绿亮显毫；制扁形茶，外形光扁挺直匀整，翠绿鲜艳，清气，滋味鲜爽，叶底嫩绿。抗寒性、抗旱性较强，较抗病虫，尤抗炭疽病。适宜在江南、江北绿茶产区栽培。

3. 中茶 302

该品种为灌木型，中叶类，早生种。中国农业科学院茶叶研究所选育，浙江、四川、湖北、江苏、陕西等省有栽培。2010 年，全国茶树新品种鉴定委员会鉴定为国家品种，编号国品鉴茶 2010014。2021 年，通过农业农村部非主要农作物品种登记，登记号 GPD 茶树（2021）330015。芽叶生育力强，持嫩性强，芽叶黄绿色，茸毛中等，一芽三叶百芽重 39 g。春茶一芽二叶干样约含茶多酚 15.8%、氨基酸 4.6%、咖啡碱 3.3%、水浸出物 47.9%。产量高。制绿茶品质优，适制单芽或一芽一叶类名优茶，外形肥壮嫩绿，茸毫披露，汤色嫩绿明亮，清香高锐，滋味清爽，叶底嫩绿明亮。抗寒性、抗旱性较强，较抗病虫。适宜在江南、江北绿茶产区栽培。

4. 鄂茶 1 号

该品种为灌木型，中叶类，中生种。湖北省农业科学院果树茶叶研究所以福鼎大白茶种为母本、梅占为父本，采用杂交育种法育成。在湖北咸宁、英山、竹溪、郧县、孝感、武昌等地有栽培，浙江、江苏、四川、湖南、贵州、福建、河南等省有引种。2002 年，全国农作物品种审定委员会审定为国家品种，编号 GS2002013。芽叶生育力和持嫩性强，黄绿色，茸毛中等，节间较长，一芽二叶百芽重 22.3 g。春茶一芽二叶干样约含茶多酚 18.1%、氨基酸 3.4%、咖啡碱 2.9%、水浸出物 50.7%。产量高。制绿茶，色苍绿稍翠，香气似栗香，味鲜醇。抗寒性、抗旱性强。移栽成活率高、抗逆性强。

5. 鄂茶 5 号

该品种为灌木型，中叶类，特早生种。湖北省农业科学院果树茶叶研究所从劲峰种自然杂交后代中采用单株育种法育成。湖北英山、咸宁和孝昌等地有较大面积栽培，浙江、江苏、湖南、贵州、福建、河南等省有少量引种。2010年，全国茶树品种鉴定委员会认定为国家品种，编号国品鉴茶 GS2010018。发芽密度大且整齐，芽叶持嫩性强，黄绿色，肥壮，茸毛特多，一芽二叶百芽重 23.8 g。春茶一芽二叶干样约含茶多酚 17.3%、氨基酸 3.1%、咖啡碱 2.9%、水浸出物 51.9%。适制绿茶，外形扁平，色泽尚绿显毫，汤色嫩绿明亮，清香尚持久，滋味鲜醇，叶底黄绿，品质优良。尤宜制作碧雪迎春。5 年生茶树每亩产鲜叶 221 kg。抗性强，移栽成活率高，扦插出圃率高，适应性强，繁殖系数大。

6. 中茶 602

该品种为灌木型，中叶类，早生种。中国农业科学院茶叶研究所选育，2020 年通过农业农村部非主要农作物品种登记，登记号 GPD 茶树（2020）330025。芽叶浅绿色，茸毛中等，持嫩性好。春季第一轮一芽二叶干样约含茶多酚 18%、氨基酸 4.2%、咖啡碱 3.5%、儿茶素 12.4%、水浸出物 48.2%。产量较高。适制绿茶和红茶，制烘青绿茶，外形细紧、肥嫩披毫、嫩绿鲜润，汤色浅嫩黄，清澈明亮，香气嫩（栗）香持久，滋味甘鲜嫩爽。夏秋季鲜叶制红茶，汤色橙红，较明亮，香气甜香显，略有栗香、花香，滋味较醇。抗炭疽病，较抗寒、抗旱。适宜在江南茶区浙江、湖南，西南茶区重庆、贵州、四川春季或秋季种植。因品质较好，易受小绿叶蝉为害，所以要及时采取绿色防治措施防治小绿叶蝉为害。

7. 中茶 502

该品种为灌木型，小叶类，早生种。中国农业科学院茶叶研究所选育。2020 年通过农业农村部非主要农作物品种登记，登记号 GPD 茶树（2020）330023。芽叶黄绿色，较肥壮，茸毛较少。春季一芽二叶干样约含茶多酚 18.96%、氨基酸 4.4%、咖啡碱 3.1%、水浸出物 49.73%。产量高。适制绿茶，制成的烘青绿茶外形紧结，汤色嫩绿，清澈明亮，香气清高、尚高鲜，滋味清爽、尚浓醇，叶底嫩匀明亮。抗寒性较强，抗病性强。发芽整齐，轮次多，育芽能力强，适合机采。适宜在浙江杭州、安徽黄山、河南信阳、湖北武汉等地区种植。

8. 鄂茶 6 号

该品种为灌木型，中叶类，早生种。湖北省农业科学院果树茶叶研究所从福安 2 号自然杂交后代中采用单株育种法育成。湖北省英山、咸宁等地有较大面积栽培，浙江、江苏、湖南、贵州、福建、河南等省有少量引种。2002 年，湖北省农作物品种审定委员会审定为省级品种，编号鄂审茶 002–2002。芽叶黄绿，富光泽，茸毛多，一芽二叶百芽重 24.9 g。春茶一芽二叶干样约含茶多酚 17.8%、氨基酸 2.7%、咖啡碱 2.9%、水浸出物 52.2%。制绿茶品质优。产量较高，5 年生茶树产量与福鼎大白茶种相当。移栽成活率高，抗逆性、适应性强。

9. 中黄 1 号

灌木型，中叶类，中偏晚生种。中国农业科学院茶叶研究所等单位选育，浙江、四川、贵州、安徽、江苏、重庆等省（市）有栽培。2019 年通过农业农村部登记，登记编号 GPD 茶树（2019）330033。春季新梢鹅黄色，颜色鲜亮，夏秋季新梢亦为淡黄色，成熟叶呈黄绿色，芽叶纤细，发芽密度高。育芽能力强，产量中等。春茶一芽二叶干样约含茶多酚 14.7%、氨基酸 6.9%、咖啡碱 3.1%、水浸出物 40.8%。适制绿茶、红茶。春茶一芽二叶制烘青绿茶，外形细嫩绿润透金黄，汤色嫩绿清澈透黄，香气嫩香，滋味鲜醇，叶底嫩黄鲜艳；夏秋季鲜叶加工工夫红茶，汤色红浓，较明亮，香气高甜、浓郁、桂圆香，滋味较浓醇、尚甘，品质较好。耐寒性及耐旱性均强，适应性较好。因直立性强，需要适当缩小行距，增加种植密度。属于光敏型黄化变异，幼龄茶园可以适当遮阴以利于提高成活率和长势，而成龄茶园以不遮阴为宜，否则影响黄化程度。对温度敏感，春季发芽期温度较高的地方也影响黄化程度，需慎重引种。

10. 中黄 2 号

灌木型，中叶类，中生种。中国农业科学院茶叶研究所等单位选育，浙江、四川、贵州、安徽、江西等省有栽培。2019 年通过农业农村部登记，登记编号 GPD 茶树（2019）330034。春茶新梢为葵花黄色，茸毛稀少。育芽能力较强，发芽密度较大，持嫩性强。春茶一芽二叶干样约含茶多酚 14%、氨基酸 7.7%、咖啡碱 2.9%、水浸出物 44.3%。产量中等。适制名优绿茶，春茶一芽二叶制烘青绿茶，外形金黄透绿，汤色嫩绿明亮透金黄，香气清香，滋味嫩鲜，叶底嫩黄鲜活，呈现出"三黄透三绿"的独特品质特征，品质优异。耐寒性及耐旱性均强，适应性好。属于光敏型黄化变异，幼龄茶园可以适当遮阴以利于提高成活率和长势，而成龄茶园以不遮阴为宜，否则影响黄化程度。

11. 中白 1 号

灌木型，小叶类，晚生种。中国农业科学院茶叶研究所等单位选育。2020 年通过农业农村部非主要农作物品种登记，登记号 GPD 茶树（2020）330019。新梢茸毛较少。春季芽叶乳白色，随着新梢长到一芽四五叶开始逐渐转绿；夏、秋季新梢芽叶乳黄色；芽叶肥壮，育芽能力强，产量中等，投产茶园春季亩产干茶 7 kg 以上。春茶一芽二叶干样约含茶多酚 17.6%、氨基酸 6.3%、咖啡碱 4.3%、水浸出物 44.4%。制绿茶外形细紧，嫩绿稍带嫩黄鲜润，汤色嫩绿清澈，香气嫩香或清香，滋味鲜嫩醇爽，叶底玉白成朵，叶脉绿色。耐寒性、耐旱性较强，适应性较好。适宜在江南和江北茶区年活动积温 3 200℃以上的浙江、江苏、山东、贵州、湖北及其他相似地区栽培。

12. 浙农 139

小乔木型，中叶类，早生种。浙江大学茶叶研究所育成。浙江、重庆、江西等省（市）有引种。2010 年全国茶树新品种鉴定委员会鉴定为国家品种，编号国品鉴茶 2010011。2021 年，通过农业农村部非主要农作物品种登记，登记号 GPD 茶树（2021）330013。芽叶生育力较强，持嫩性强，绿色，芽形较小，茸毛较多。春茶一芽二叶干样约含茶多酚 12.4%、氨基酸 4.5%、咖啡碱 2.9%、水浸出物 49%。产量高。适制绿茶，品质优良，外形紧实、绿润、显毫，汤色黄绿明亮，香气高鲜持久，具花香，滋味清爽带鲜，叶底柔软明亮。抗寒性、抗旱性、抗虫性均较强，扦插繁殖力强。适宜浙江、福建、四川省等茶区推广。

13. 浙农 117

小乔木型，中叶类，早生种。浙江大学茶叶研究所育成。2010 年全国茶树新品种鉴定委员会鉴定为国家品种，编号国品鉴茶 2010012。2021 年，通过农业农村部非主要农作物品种登记，登记号 GPD 茶树（2021）330029。芽叶生育力强，持嫩性好，色绿，肥壮，茸毛中等偏少。春茶一芽二叶干样约含茶多酚 17.2%、氨基酸 3.2%、咖啡碱 2.9%、水浸出物 46.7%。产量高。适制红茶、绿茶，品质优良。制绿茶，外形细嫩紧结，深绿显芽，汤色嫩绿明亮，花香浓，滋味鲜爽，叶底柔软明亮，尤宜制针形或单芽名优绿茶；制红碎茶，香高带甜香，味鲜浓强。抗寒性强，特别对"倒春寒"有较强的抗性，抗旱性强，抗螨、抗蚜虫和抗象甲能力较强，抗小绿叶蝉能力稍弱，抗病性强。扦插繁殖力强。适宜浙江、福建、湖北、四川省等茶区推广。

14. 鄂茶 10 号

该品种为半乔木型，中叶类，中生种。由湖北省宣恩县特产技术推广服务中心从恩施苔子茶群体种中采用单株育种法育成。湖北省恩施等地有较大面积栽培。2007 年，湖北省农作物品种审定委员会审定为省级良种，编号为鄂审茶 2007001。芽叶嫩绿，茸毛较少，一芽三叶平均长 12.8 cm，一芽二叶百芽重 20.8 g。春茶一芽二叶干样春季萌发较早，2010 年和 2011 年在武汉市江夏区金水闸观测约含茶多酚 16.3%、氨基酸 3.1%、咖啡碱 2.8%、水浸出物 52.8%。产量高，每亩产鲜叶 177 ～ 142 kg，甚至更高。适制绿茶，品质优异。抗寒性、抗旱性较好，移栽成活率高，适应性强。

15. 鄂茶 11 号

该品种为灌木型，中叶类，早生种。由湖北省农业科学院果树茶叶研究所从龙井 43 自然杂交后代中采用单株育种法育成。在湖北武汉、咸宁、孝感等地有较大面积栽培。2011 年，湖北省农作物品种审定委员会审定为省级品种，编号鄂审茶 2011001。芽叶生育力较强，持嫩性强，淡绿色，粗壮，茸毛中等，一芽二叶百芽重量 17.8 g。春茶一芽二叶干样约含茶多酚 16.4%、氨基酸 3.8%、咖啡碱 2.8%、水浸出物 54%。产量高，5 年生茶树鲜叶产量每亩达 270.8 kg。适制绿茶，制烘青绿茶，外形细嫩绿润显毫，汤色黄绿明亮，清香尚持久，滋味醇厚，叶底嫩绿明亮。抗寒性、抗旱性强，抗病虫能力较强。移栽成活率高，成园快。

16. 鄂茶 12 号

该品种为灌木型，中叶类，中生种。由湖北省农业科学院果树茶叶研究所从福鼎大白茶种自然杂交后代中采用单株育种法育成。在湖北武汉、咸宁、孝感等地有较大面积栽培。2011 年，湖北省农作物品种审定委员会审定为省级品种，编号鄂审茶 2011002。发芽整齐，萌芽力强，持嫩性较好，节间较短，芽叶淡绿色，茸毛中等，一芽二叶百芽重 30.1 g。春茶一芽二叶干样约含茶多酚 21.6%、氨基酸 3.1%、咖啡碱 2.7%、水浸出物 52.1%。产量高，5 年生茶树每亩鲜叶产量 214.2 kg。适制绿茶，品质优良。制绿茶，外形翠绿显毫，汤色嫩绿明亮，嫩香尚持久，滋味鲜醇，叶底嫩绿明亮。抗寒性、抗旱性强，抗病虫能力较强。移栽成活率高，成园快。

17. 金茗 1 号

该品种为灌木型，中叶类，中生种。由湖北省农业科学院果树茶叶研究所从本地群体种的实生苗后代中选择优良单株经无性繁殖育成的茶树品种。湖北武汉、咸宁、孝感等地有较大面积栽培。2013 年，通过湖北省农作物品种审定委员会审（认）定，编号鄂审茶 2013001。育芽能力强，芽形紧凑，节间较短，茸毛多，叶质较柔软，一芽二叶百芽重 30 g 左右。发芽整齐，芽叶生长较快，持嫩性强。武汉地区一芽一叶盛期 3 月下旬。经农业农村部茶叶质量监督检验测试中心测定，约含茶多酚 10.2%、氨基酸 4.1%、咖啡碱 2.9%、水浸出物 48.6%。春茶一芽二叶绿茶样外形紧细有毫，墨绿润，汤色绿明亮，香气清香持久，滋味醇厚，叶底绿尚亮。耐寒性、耐旱性较强。

18. 黔茶 8 号

小乔木型，中叶类，早生种。贵州省茶叶研究所选育。2014 年，经全国茶树品种鉴定委员会鉴定为国家级良种，编号国品鉴茶 2014004，2016 年，获得植物新品种权，品种权号 CNA20080572.X，并于 2019 年通过农业农村部品种登记，登记号 GPD 茶树（2019）520008。发芽密度中等，育芽力强，茸毛多，持嫩性强。春茶一芽二叶干样约含茶多酚 21%、氨基酸 5.1%、咖啡碱 4.4%、水浸出物 46.6%。制绿茶，外形条索紧细，色泽翠绿油润，毫显；汤色嫩绿明亮，带花香，滋味鲜爽，叶底嫩黄明亮。抗茶白星病，抗小绿叶蝉、茶棍蓟马、黑刺粉虱能力较强。适宜在江南茶区、华南茶区及西南茶区种植。

19. 黔茶 1 号

灌木型，中叶类，早生种。贵州省茶叶研究所选育。2016 年，获得植物新品种权，品种权号 CNA20080571.1，2019 年 4 月通过农业农村部品种登记，登记号 GPD 茶树（2019）520007。发芽密度中等，育芽力强，芽直而壮，茸毛中等，持嫩性强。产量高。春季一芽二叶干样约含茶多酚 17.18%、氨基酸 4.8%、咖啡碱 3.89%、水浸出物 45.9%。制绿茶，外形条索紧实，卷曲，绿润披毫，汤色嫩黄明亮，花香显，滋味清鲜，甘滑，叶底绿亮显芽；制红茶，外形条索紧实，卷曲，显金毫，乌褐润，汤色红明亮，香气清鲜，滋味甘醇，叶底软匀有芽，较红亮。抗小绿叶蝉、茶棍蓟马、黑刺粉虱能力较强。适宜在全国各茶区种植。

20. 保靖黄金茶 1 号

灌木型，中叶类，特早生种。由湖南省农业科学院茶叶研究所等单位育成。2010 年，通过湖南省农作物品种审定委员会审定，编号 XPD005-2010。2019 年，通过农业农村部非主要农作物品种登记，编号 GPD 茶树（2019）330022。芽叶黄绿色，茸毛中等，持嫩性强，发芽密度高。春茶一芽二叶干样约含茶多酚 14.6%、氨基酸 5.8%、咖啡碱 3.7%、水浸出物 45.5%。产量较高。适制绿茶、红茶，品质优良。制绿茶，色泽翠绿，汤色黄绿明亮，香气高长，回味鲜醇；制红茶乌黑油润显金毫，滋味醇和甘爽，香气高长。适宜在湖南茶区推广。

21. 湘妃翠

灌木型，中叶类，早生种。由湖南农业大学育成。2014 年，通过全国农业技术推广服务中心和国家茶树品种鉴定委员会的鉴定。芽叶生育力较强，浅绿色，茸毛多。春茶一芽二叶干样约含茶多酚 17.4%、氨基酸 5.9%、咖啡碱 4.6%、水浸出物 48.2%。产量较高。适制绿茶。制绿茶，外形条索紧细，修长，绿翠，内质香气高锐，滋味醇爽，汤色与叶底黄绿明亮。抗寒性、抗旱性好，移栽成活率高。适宜在长江南北绿茶茶区推广。

22. 黄金茶 2 号

灌木型，中叶类，特早生种。由湖南省茶叶研究所等单位选育而成，2019 年通过农业农村部非主要农作物品种登记，编号 GPD 茶树（2019）330021。芽叶黄绿色，茸毛中等，持嫩性强。春季一芽二叶干样约含茶多酚 17.5%、氨基酸 5.4%、咖啡碱 3.9%、水浸出物 38.6%。适制绿茶，制名优绿茶外形色泽绿翠带毫，汤色绿亮，香气嫩香清鲜持久，味醇爽较鲜，叶底嫩匀绿亮。中抗茶炭疽病、茶饼病、假眼小绿叶蝉和茶橙瘿螨，抗寒性、抗旱性较强。适宜湖南省茶区种植。

23. 巴渝特早

又名福选9号。小乔木型，中叶类，特早生种。重庆市农业技术推广总站育成。2014年通过全国农业技术推广服务中心和国家茶树品种鉴定委员会的鉴定，编号国品茶2014001。芽叶萌发力强，绿色，茸毛较多，产量高。一芽二叶干样约含茶多酚16.3%、氨基酸3.3%、咖啡碱3.5%。适制绿茶，花香明显高锐，滋味鲜爽浓醇，品质优。适宜重庆、四川、湖北、浙江等茶区种植。

24. 川茶6号

小乔木，中叶类，早生种。四川农业大学等单位选育。2018年通过农业农村部非主要农作物品种登记，编号GPD茶树（2018）510008。春季芽叶黄绿色，有茸毛。春季一芽二叶干样约含茶多酚19.37%、氨基酸4.02%、咖啡碱3.93%、水浸出物45.6%。适制绿茶、红茶等。制烘青绿茶，外形肥壮、较紧实，绿润，嫩香高长，汤色绿亮，滋味爽，叶底肥实；所制红茶外形肥壮，显金毫，香气甜浓，汤色红浓较亮，滋味浓甜，叶底红匀。中抗炭疽病和小叶绿蝉，抗寒性强，适应性较强。适宜四川海拔1 200 m以下的茶区种植。

25. 茶农98

灌木型，中叶类，早生种。安徽农业大学选育。2019年通过农业农村部非主要农作物品种登记，编号GPD茶树（2019）520002。芽叶浅绿色，生育力强，有茸毛，持嫩性强。产量高。春季一芽二叶干样约含茶多酚18.58%、氨基酸4.11%、咖啡碱4.36%、水浸出物46.72%。适制绿茶、红茶。制烘青绿茶外形紧结，汤色嫩绿、明亮，香气高爽，有栗香，滋味甘醇、鲜爽，叶底嫩绿明亮；制工夫红茶，条索细紧，色乌润，香高味浓鲜。对茶炭疽病和茶小绿叶蝉中抗。抗寒性、抗旱性强。适宜浙江、安徽、湖北、河南等省及生态条件相同的地区栽培。

26. 桂茶2号

灌木型，中叶类，早生种。由广西壮族自治区桂林茶叶科学研究所育成。2020年通过农业农村部非主要农作物品种登记，编号GPD茶树（2020）450022。芽叶浅绿色，茸毛中等，持嫩性强。产量高。春季一芽二叶干样约含茶多酚13%、氨基酸6.2%、咖啡碱3.42%、水浸出物47.4%。适制绿茶。所制绿茶外形嫩绿显毫，紧细，汤色嫩绿明亮，香气清香浓长，有花香，滋味鲜醇回甘，叶底细嫩有芽，柔软明亮。对茶小绿叶蝉高感，抗茶炭疽病，抗寒、抗旱性强。适宜广西茶区种植。

27. 赣茶 2 号

灌木型，中叶类，早生种。由江西省婺源县茶叶科学研究所从福鼎大白茶与婺源种自然杂交后代中采用单株育种法育成。主要在江西东北部栽培。1993年江西省农作物品种审定委员会审定为省级品种。2002 年，通过全国农作物品种审定委员会审定，编号国审茶 2002006。芽叶生育力强，淡绿色，茸毛多，一芽三叶百芽重 71.7 g。春茶一芽二叶干样约含茶多酚 18.7%、氨基酸 3.5%、咖啡碱 3.7%、水浸出物 47.9%。产量高，每亩可产干茶 150 kg。适制绿茶，品质优良。抗寒性、抗旱性强。

28. 舒茶早

灌木型，中叶类，早生种。舒城县农业委员会（原舒城县农业局）、舒茶九一六茶场从当地群体种中采用单株系统选育法育成。安徽省舒城、岳西、桐城、金寨、潜山、霍山、东至、宣城、黄山、祁门、石台、庐江等县（市）及河南、浙江、山东、福建、四川均有引种。2002 年，通过全国农作物品种审定委员会审定，编号国审茶 2002008。芽叶生育力强，持嫩性强，发芽整齐，长势强，淡绿色，茸毛中等，一芽三叶百芽重 58.2 g。春茶一芽二叶干样约含茶多酚 14.3%、氨基酸 3.7%、咖啡碱 3.1%、水浸出物 49.1%。产量高，国家区试每亩平均产鲜叶 775.63 kg，是对照种的 238.1%。适制绿茶，具兰花香。所制"舒城小兰花"为历史名茶，外形芽叶相连，色泽翠绿，兰花清香持久，滋味鲜醇回甘。抗寒性、抗旱性强，尤抵御早春晚霜能力强。扦插繁殖能力较强。

29. 桂绿 1 号

灌木型，中叶类，特早芽种。由广西桂林茶叶科学研究所从浙江瑞安市"清明早"有性群体种中采用单株选育而成，在广西茶区有一定规模的种植。2004 年，通过全国茶树品种鉴定委员会鉴定，编号国品鉴茶 2004001。春茶芽叶黄绿色，茸毛中等，嫩叶背卷，夏茶新梢呈淡紫色，一芽三叶百芽重 64 g。春茶一芽二叶干样约含茶多酚 23.3%、氨基酸 4.4%、咖啡碱 2.2%、水浸出物 47.1%。产量高，每亩产鲜叶 782 kg。适制绿茶、红茶和乌龙茶。制绿茶，条索紧细，色泽翠绿，汤色嫩绿明亮，香气高雅，滋味鲜爽亮。该品种产量高，抗高温干旱、抗寒、抗病害能力较强，但易受小绿叶蝉及螨类为害。

30. 名山白毫 131

灌木型，中叶类，早生种。由名山县茶业局于 1982 年从四川省名山县境内群体茶园中采用单株选择、系统分离培育而成，已推广至重庆、贵州、云南、湖南、湖北、河南、陕西、甘肃等省（市）。2006 年，通过全国茶树品种鉴定委员会鉴定，编号国品鉴茶 2006001。发芽整齐，密度大，持嫩性强，芽叶黄绿色，茸毛特多，一芽三叶百芽重 67.1 g。春茶一芽二叶干样约含茶多酚 15.1%、氨基酸 3.2%、咖啡碱 3.3%、水浸出物 34.6%。产量高，每亩可产干茶 163.5 kg。适制绿茶。成品茶外形紧结、绿润、显毫，内质清香纯正持久，滋味鲜浓尚醇。抗寒性强，高抗茶跗线螨、小绿叶蝉。

31. 尧山秀绿

灌木型，中叶类，特早种。由广西桂林茶叶科学研究所从鸠坑种有性系茶园中采用系统选育法育成。目前，在广西茶区有小面积种植。2010 年，通过全国茶树品种鉴定委员会鉴定，编号国品鉴茶 2010008。芽叶翠绿色，一芽三叶百芽重 54 g。2013 年，春茶一芽二叶干样约含茶多酚 16.2%、氨基酸 4.4%、咖啡碱 2.1%、水浸出物 43.2%。产量高，每亩产鲜叶 759 kg。适制高档烘青绿茶，制出的绿茶外形紧细绿润，汤色黄绿明亮，香气显花香，滋味鲜爽含花香。抗旱性、抗寒性、抗虫性较强，适应性广，易于种植，成园快。

32. 玉绿

灌木型，中叶类，早生种。由湖南省农业科学院茶叶研究所以日本薮北种为母本，用福鼎大白茶、槠叶齐、湘波绿和龙井 43 号等优良品种的混合花粉经人工杂交授粉采用杂交育种法育成。湖南、湖北茶区有较大面积栽培，四川、河南等省有引种。2010 年，通过全国茶树品种鉴定委员会鉴定，编号国品鉴茶 2010010。芽叶生育力较强，绿色或黄绿色，肥壮，茸毛特多，一芽三叶百芽重 130 g。春茶一芽二叶干样约含茶多酚 21%、氨基酸 4.2%、咖啡碱 3.9%、水浸出物 48.2%。产量高，每亩可产干茶 150 kg 以上。适制绿茶，品质优，尤宜制毛尖、高档名优绿茶，具有"三绿"特征，成茶色泽绿、汤色绿、叶底绿，特别是滋味醇，爽度好。抗寒性、抗旱性较强，抗病性亦强。

33. 锡茶 5 号

灌木型，大叶类，早生种。由江苏省无锡市茶叶品种研究所于 1970—1987 年从宜兴群体种中采用单株育种法育成。在江苏宜兴、无锡、仪征、高淳有栽培，安徽、湖南、山东、河南等省有引种。1994 年，通过全国农作物品种审定委员会审定，编号 GS13005-1994。芽叶生育力强，发芽整齐，绿色，肥壮，茸毛较多，一芽三叶百芽重 77.4 g。春茶一芽二叶干样约含茶多酚 16.4%、氨基酸 4.8%、咖啡碱 2.6%、水浸出物 49.4%。产量中等，每亩可产鲜叶 210 kg。适制绿茶，香味鲜爽，品质优良。耐寒性较强。

34. 信阳 10 号

灌木型，中叶类，中生种。由河南省信阳市茶叶试验站于 1976—1994 年从信阳群体中采用单株育种法育成。河南信阳、南阳等地有分布，河南南部茶区有较大面积栽培，湖南、湖北、山东、安徽、陕西等省有少量引种。1994 年，通过全国农作物品种审定委员会审定，编号 GS13011-1994。芽叶生育力较强，淡绿色，较肥壮，茸毛中等，一芽三叶百芽重 41 g。2010 年，在河南信阳取样，春茶一芽二叶干样约含茶多酚 17.9%、氨基酸 3.1%、咖啡碱 2.6%、水浸出物 43%。产量中等，每亩可采鲜叶 200 kg 以上。适制绿茶，品质优良，外形色泽翠绿，白毫显露，尤宜制信阳毛尖茶等。抗旱性、抗寒性强。扦插繁殖力较强，成活率高。

第二节　绿茶种植

一、茶园环境和种植

（一）园区规划与建设

按照园区地貌和管理要求，对茶场划区分片，设置园区道路、水利系统和生态建设区（带）。

1. 道路优化

茶场道路包括主道、支道、步道和地头道，连通茶场总部和各区（片、块）的茶园，满足物资和鲜叶等的运输要求。主道与场外的公路相通，路面宽度一般不小于 5 m，适合 2 辆车并行通过，路面硬化处理，主道两侧设置排水沟，栽种行道树。以茶场总部为中心建设支道，连通各区片茶园，承担场内运输、耕作、采摘等机具运行的道路，路面宽度一般不小于 3 m，最大纵坡不大于 10%，在适当距离内设置错车道。步道为连接支道与各块茶园的道路，便于耕作机械和人员进出，宽度不小于 2 m。在茶园纵向茶行的两端设置地头道，用于耕作机械调头。

2. 水利系统

为满足保水、灌水、排水等方面要求，茶园应设置水利系统，做到大雨排水，小雨能蓄水，由主沟、支沟、隔离沟、水塘等组成。平地茶园主沟沿支道平行开设，山地梯级茶园与支道或步道相给合开设主沟；主沟深度根据流水量多少决定，一般沟深 0.4 ～ 0.5 m，地下水位较高或有积水时应达到 0.8 m 深。支沟沿步道设置，一般沟深 0.3 m，与主沟相连接。在茶园和林地或竹园的交界处设置隔离沟，防止林木和竹子的根系伸入茶园内，坡地隔离沟沿等高线开设。隔离沟深度视坡度、雨量大小、集水面积而定，一般沟深 0.5 ～ 1 m，宽 0.4 ～ 0.6 m。主沟、支沟、隔离沟的转弯处应开设沉积坑，沉积的土壤要定期清理还园。梯级茶园沿梯壁修建枝沟并与主沟相连，选择洼地修筑水塘、水池，作为灌溉、施肥、治虫等用水来源。

3. 生态建设

茶园或茶场应专辟生态建设用地。研究与实践表明，茶园生态环境对茶叶品质有重要影响。茶园周边森林植被丰富或有防护林调节气温、空气相对湿度和光照强度，增加漫射光，从而改善茶叶品质。在茶园周边、道路和沟渠旁边种植防护林（或灌木），山地茶园在山顶、山脊、急坡、风口、土层浅薄等区域，开垦时保留林木植被或开垦后种植林木（或灌木、草类），避免大范围集中连片开垦种植。用作防护林时宜采用防风效果好的高大乔木（如杉木、松树、杨树等）。用作茶园与大田作物种植区、交通繁忙的道路和居民集中居住村镇隔离区的，可种植绿化樟树、花叶美丽的观赏林木（如樱花、乌桕、银杏、桂花等）或经济林木（如杜仲、板栗、桃、柿子、葡萄、柑橘、梨等），起防护林或隔离作用时应有一定宽度，选择的树种病虫害发生少，不与茶树病虫害形成寄宿主关系。与茶园相接或在茶园里混作时，要通过整形修剪保持合理的树幅和冠层，茶树的遮阴度以 30% ～ 40% 较适宜。

（二）园地开垦

园地开垦是茶园基础建设工作之一，根据坡度、地形等条件选择适宜的开垦时间和施工方法，防止引起水土流失。采用挖掘机进行初垦，挖掘深度 80 cm 左右，若有硬塕土层，例如黄棕壤的黏盘层、水稻土的犁底层，则必须打破。开垦时将表层土壤翻到深处，下层土壤翻到表层，耕翻后的下层土块经烈日暴晒或严寒冰冻，有利于土壤熟化。缓坡地（坡度≤10°）沿等高线横向开垦，陡坡地（坡度＞10°）自下而上修筑水平梯级茶园，即从坡脚开始，里挖外填，采用生土筑壁，整理出第一级梯级，然后将上一层坡面的表土取下，作为第一级的梯面用土。之后，修筑第二层梯级，将第三层表土覆盖在第二层梯面上，依次逐层向上修筑，达到了"生土筑壁，表土盖面"的要求。梯面外高内低，呈"倒坡形梯面"。地势平坦的园地可以选择夏季或冬季进行初垦，坡地茶园应选择降水少特别是暴雨机会少的季节进行初垦或筑梯。初垦后进行复垦，进一步清除杂草，平整地面。如复垦后离种植茶苗还有一段时间，可以种植豆科绿肥，改良土壤，减少水土流失。

（三）绿茶种植

按照品种分类，我国绿茶有中小叶种和大叶种。本章介绍中小叶种茶树的种植方式，大叶种茶树的种植方式在红茶绿色高质高效生产技术模式（第三章）中介绍。

1. 种植方式

绿茶种植的方式主要有单条栽和双条栽两种。单条栽种植行距1.5 m，丛距25～33 cm，每丛种植2～3株，每亩用苗2 500～4 000株。在气温较低或海拔较高的茶区，行距可适当缩小到1.2～1.3 m，丛距缩小到20 cm左右。双条栽每2条以30 cm的小行距相邻种植，大行距为1.5 m，丛距25～33 cm，每丛种植2～3株，每亩用苗4 000～6 000株。与单条栽相比，双条栽成园和投产较快，同时又保持了日后生产管理的便利性。

2. 施足底肥

茶苗定植前施入底肥，以增加茶园土壤有机质，促进土壤熟化，提高土壤肥力，为以后茶树生长、优质高产创造良好的土壤条件。经初垦和复垦的茶园，沿种植方向开挖宽60 cm，深度50～60 cm的施肥沟，每亩施用15～20 t堆肥或2～3 t畜禽粪肥，加250～400 kg磷矿粉或钙镁磷肥。施肥时分两层施用，施入一半的肥料后盖土10～15 cm，用挖掘机的料斗把肥料和土壤拌匀；再施入另一半的肥料，再盖土10～15 cm，用挖掘机的料斗把肥料和土壤拌匀，此后把所有的土回填到施肥沟中，沉降2～3周后再种植茶树。

3. 移栽茶苗

选择茶苗地上部处于休眠时期进行移栽，有利于茶苗成活，避免在干旱和严寒时期移栽，大部分茶区可在秋末冬初或早春时进行移栽。秋冬季干旱或冰冻严重的地区，应选择温度稳定回升后的春初或降水较为充沛时期进行移栽。取苗前 1 d 浇湿苗圃地，减少取苗时伤根。从外地调运茶苗，要注意包装与通气，并浇水提高其成活率，必要时用黄泥浆沾茶根来提高茶苗的成活率。移栽前先开种植沟，沟深 20 ~ 25 cm，宽 15 cm 左右，茶苗根系在土中力求舒展，然后覆土踩紧，防止上紧下松，让泥土与茶根密切结合。如苗木质量较好，在移栽定植后进行第 1 次定型修剪，既增加成活率，也能促进茶树生长。定植后在茶树两旁各 20 cm 内铺上稻草，厚度 10 cm 左右，上压碎土，保持水分，增强抗旱抗寒能力，同时减少杂草。

4. 幼龄茶园护苗

定植后的茶树根系在移栽中受到损伤，应特别注意浇水保苗，移植后若连续晴天，隔 3 ~ 5 d 浇水 1 次，每次浇水要浇透，使根部土壤全部湿润；在此后的高温干旱季节，应及时浇水保苗，及时防治病虫害。幼龄茶园（种植 1 ~ 3 年内）地表裸露多，容易滋生杂草，遇大雨时易水土流失，可以通过间作绿肥或农作物，减少杂草生长，减弱径流和减少土壤流失，增加水分渗透。常见茶园间作的绿肥有鼠茅草、黑麦草、紫云英、苕子、苜蓿、三叶草、圆叶决明、肥田萝卜、怪麻等，油料作物如花生、大豆和油菜等，粮食作物如玉米、小麦和水稻等，蔬菜作物如蚕豆、绿豆、豌豆、罗顿豆、白菜、萝卜、辣椒、吊瓜、大蒜、土豆和红薯等。茶园间作物种应具备以下条件：一是对气候、土壤等适生条件要求与茶树基本一致。二是与茶树共生互利，空间和土壤资源利用互补，无明显养分、水分竞争。三是病虫害发生少，不与茶树病虫害形成寄宿主关系。在具体配置上，要注意适宜的配置密度，以不影响茶树生长为原则。

（四）绿茶树冠培育

通过修剪和合理采养技术，并配合相应的农业技术措施，培养优质的茶树树冠。绿茶树冠培育目标为：一是有适中的高度，一般在 80 cm 左右，确保有一定的覆盖度，便于采摘。二是保持宽大的采摘面，种植行距为 1.5 m 的茶园树幅保持在 1.2 ~ 1.3 m，茶园树冠覆盖度在 85% 以上。三是有合理的分枝结构，骨干枝粗壮且分布均匀，分枝层次多而清楚，生产枝健壮而茂密。四是树冠面维持 10 ~ 15 cm 厚的叶层，叶面积指数 3 ~ 4。

1. 幼龄茶树定型修剪

茶树幼龄期共进行 3 次定型修剪。

（1）第 1 次定型修剪 茶树 2 足龄，苗高 30 cm 以上，离地 5 cm 处茎粗超过 0.3 cm 并有 1～2 个分枝时进行第 1 次定型修剪，在离地 15～20 cm 处剪去上部所有枝叶，剪后当年留养新梢，定型修剪在春茶前进行。苗木质量好时在移栽时进行定型修剪，对于生长较差的茶苗，宜推迟进行。

（2）第 2 次定型修剪 在上次定型修剪 1 年后进行，上次剪口向上 15 cm 处剪去所有枝叶，同样以春茶前进行为宜，并在当年各个茶季视生长情况进行打顶，进一步促进分枝，扩大树冠。

（3）第 3 次定型修剪 在第 2 次定型修剪后 1 年进行。对树势旺盛、肥水条件好的茶树，春茶早期可嫩采名优茶，20 d 后结束采摘，再进行第 3 次定型修剪，在第 2 次剪口上 15 cm 处剪去所有枝叶，夏秋茶时进行打顶养蓬。经过 3 次定型修剪后，树冠迅速扩展，已具有坚强的骨架，此后 1 年春茶前期多采名优茶，中期提前结束采摘，在上年剪口上再提高 5～10 cm 进行整形修剪，使树冠略呈弧形，可正式投产。

2. 成龄茶树修剪

成龄茶树培育分为平面树冠和蓄梢采摘树冠修剪。

（1）平面树冠修剪 通过轻修剪和深修剪措施，保持旺盛的生长势和整齐的树冠采摘面，发芽多而壮。只剪去树冠面上的突出枝条或剪去树冠表层 3～5 cm 枝叶称为轻修剪，每年进行 1～2 次。名优绿茶茶园，在春茶后或秋茶结束气温降低到 15℃ 以下后进行轻修剪。机采茶园由于采摘强度大，一般不再进行轻修剪，只在每次采后修平树冠，便于下次机采。在茶树出现树高增加、"鸡爪枝"多、茶叶产量和品质下降的现象后进行深（重）修剪。深修剪一般剪去树冠面上 10～15 cm 深的一层"鸡爪枝"；重修剪通常是剪去大部分甚至全部绿叶树冠，对树势的复壮能力更强。深（重）修剪在春茶结束（一般 4 月下旬至 5 月中旬）进行，修剪后留养至 7 月上中旬再次修剪，保留新梢留下面的 2～3 片成熟叶，此后，对再次萌发的新梢进行打顶采摘，至 10 月底进行轻修剪，形成弧形树冠，翌年春茶手采或机器采摘。深修剪、重修剪效果一般可以保持 3～5 年，所以对于成龄采摘茶园一般按 3～5 年间隔进行。

（2）蓄梢采摘树冠修剪 春茶采摘结束后离地 40～60 cm 处进行重修剪，

重修剪之前进行施肥，施用茶树专用肥（N–P₂O₅–K₂O–MgO 为 18-8-12-2 或相似配方）30 ～ 40 kg/ 亩，行间开 15 cm 沟施用，用后覆土。修剪枝条留于行间。夏秋期间留养新梢，至 11 月气温降至 15℃以下时打顶，促进枝条木质化。为减少腋芽萌发，7 月中下旬对特别强壮的枝条留 2 叶修剪。留养期间注意病虫害防治。与平面树冠相比，蓄梢树冠可提前春茶采摘 1 ～ 3 d，新梢较为粗壮，但采摘时期缩短，抵御低温、雪灾和倒春寒能力有所降低。

二、绿茶施肥

（一）施肥原则

成龄采摘茶园处于生长发育相对稳定时期，对养分的吸收也相对稳定。这一时期茶树吸收的养分主要用于新梢生长，形成产量。成龄采摘茶园对养分的需求量比较高。施肥主要原则如下。

1. 以氮肥为主，配合施用磷、钾肥和中微量元素，保持养分平衡

氮在茶树体内直接参与蛋白质、核酸、酶等重要生命物质的构成，叶绿素、维生素等也含有氮。因此，氮素营养对茶树生长和产量的形成具有重要的作用。茶树对氮的需求量大，施用氮肥的增产效果最为显著。同时，氮还是茶叶品质成分氨基酸、咖啡碱等化合物的重要组成部分，茶叶的氨基酸含量随着氮肥施用量的提高而增加，对改进绿茶的鲜爽度有良好的作用。缺氮时，茶树生长不良，叶片叶绿素减少，颜色变黄，新梢萌发能力减弱，发芽密度下降，发芽轮次减少，新叶变小、节间长度缩短，对夹叶增多，产量和品质明显下降。因此，在茶叶生产中氮肥被作为茶园最主要和最常用的肥料。

磷参与茶树中核酸、磷脂、蛋白质等物质的形成，在物质和能量代谢中起着非常重要的作用。施磷肥促进茶树根系的生长，与茶树的碳、氮代谢密切相关，施磷肥能提高绿茶的茶多酚、氨基酸和水浸出物等含量，从而改善名优绿茶的品质。

钾在茶树体内主要以离子状态存在，作为各种酶的活化剂参与许多生理代谢活动。钾促进茶树对氮素的吸收、同化及氨基酸的合成。因此，施钾肥能提高茶叶的氨基酸特别是茶氨酸的含量，有利于提高绿茶的品质。除了氮、磷、钾之外，镁、锌、硼、钼等中微量元素对茶叶的品质也有重要的影响。肥料用

量需要根据采摘标准、产量水平和土壤条件进行调整，采摘名优绿茶茶园氮肥适宜总用量为 13 ～ 20 kg/ 亩，大宗绿茶氮肥适宜用量为 20 ～ 30 kg/ 亩，白化品种氮肥适宜用量 13 ～ 17 kg/ 亩，磷肥（P_2O_5）用量范围为 4 ～ 6 kg/ 亩，钾肥（K_2O）用量 4 ～ 8 kg/ 亩，镁肥（MgO）的用量为 2 ～ 3 kg/ 亩。茶树对氮、磷、钾等养分的配比有一定要求，必须注意三者用量的比例，从养分功能特性来看，茶树营养生长需要较多的氮，而生殖生长需要较多的磷和钾。磷有促进茶树生殖生长的作用，氮、磷比例失调促进茶树开花，增加茶籽数量，对茶叶产量和品质产生不利影响。采摘绿茶茶园氮、磷（P_2O_5）、钾（K_2O）肥的比例以（3 ～ 4）∶1∶（1 ～ 2）为宜。

2. 有机肥与化肥配合施用，有机肥替代部分化肥

施用有机肥可以改善土壤物理、化学和生物特性，提高土壤肥力，减少养分固定，提高肥料的利用率。茶园土壤肥力是茶树生长并形成产品茶叶的物质基础，良好的土壤肥力是生产优质高产茶叶的前提条件。土壤有机质作为土壤肥力高低的重要指标，施用有机肥在保持和提高土壤肥力中起着举足轻重的作用。茶树施用有机肥后，其分解过程中产生的有机胶体物质与土壤无机胶体结合，形成不同粒径的有机无机团聚体，对改善低丘红壤茶园物理性质是极为重要的。有机肥料中的有机物是各种土壤微生物生长和繁衍的物质和能量来源，施用有机肥增加固氮菌、纤维分解菌等微生物种群数量和活动，加快土壤熟化进程。有机物含有丰富的有机酸和腐殖质酸，对许多金属元素有很强的螯合能力，可有效防止营养元素被土壤固定，提高磷肥的肥效。有机肥是一种养分完全的肥料，含有茶树生长必需的所有营养元素，而且主要营养元素的含量比例协调，利于茶树吸收。

尽管有机肥具有许多优点，但存在着养分含量低、肥效释放缓慢、体积大、使用不方便等缺点。化肥则正好与此相反，养分含量高，肥效发挥快，使用方便等，但是养分比较单一、改土培肥土壤效益不强。因此，有机肥与化肥配合，将有机肥料培肥土壤地力作用、化肥速效和增产提质作用强的特性相互促进、取长补短、缓急相济。研究表明，有机肥氮占全年总氮用量的适宜比例为 20% ～ 30%，化肥氮的适宜比例为 70% ～ 80%。有机肥可单独使用或与磷、钾化肥等一起用作基肥。为克服有机肥体积大、养分含量低等问题，通过工厂化生产将腐熟的有机肥与化肥相结合制成茶叶专用有机无机复合肥，在生产中发挥了很好的效益。

3. 基肥与追肥配合施用

茶树系多年生作物，在其年生长周期中对养分的吸收利用有着明显的季节性和轮次性。增加春茶产量，改善春茶品质，是提高茶叶生产效益的关键所在，其中的一个重要措施就是要加强基肥的施用。研究表明，茶树具有明显的养分储存和再利用特性。在秋、冬及早春，茶树基本处于休眠状态，新梢停止生长，但是根系还能吸收部分养分，茶树叶片的光合作用仍在进行，茶树可将这些光合产物和养分储存于根、茎和叶中，翌年运输到新梢，对春茶的早发、旺发和肥壮起到决定性的作用。春茶的产量和品质并不单纯取决于春茶期间的突击施肥，而是在很大程度上取决于上年秋冬季节茶树对养分和光合作用产物的累积。茶树休眠期间吸收的养分约占春茶氮素需求量的70%。施用基肥补充树体养分储备，增强茶树在秋冬季的活动，加强光合作用和越冬抗寒能力，以利于翌年春茶的早发和旺发。我国长江中下游绿茶区，茶树地上部在10月上旬开始进入休眠期，9月下旬至11月下旬根系生长较为活跃，11月下旬根系活动转向停止。因此，茶园基肥施用时间为10月，冬季来临早的江北茶区或高山茶园，基肥施肥时间还要再适当前移至9月下旬。不能在严冬季节施用基肥，一方面，开沟施肥对茶树根系将造成伤害而难于恢复，对茶树越冬和春茶产量将产生严重危害；另一方面，茶树根系活动减弱，对施入肥料的的吸收能力低。作为基肥施用的肥料，既要求它含有较高的有机质以便培肥土壤，改善土壤的理化性质，提高土壤保肥供肥的能力，又要求基肥含有较高较全面丰富的速效营养成分，以利于茶树越冬之前能吸收足够的养分，为越冬作好准备。同时，还要求从秋冬至早春的漫长时间里都能供给茶树一定的养分，并适应茶树在越冬期间养分吸收慢的特点，因此，基肥还应是一种缓慢释放的长效肥料。茶园基肥首选各类有机肥，例如饼肥、堆肥和厩肥。各类有机肥的养分含量不一，对茶树的营养能力和改土作用不尽相同，例如各类饼肥尤其是菜籽饼的含氮水平较高，对茶树的营养能力较好，但是饼肥的碳氮比较低，改土培肥能力较弱。相反，堆肥和厩肥的含氮量较低，对茶树的供养能力较弱，但其碳氮比较宽，相应的在提高土壤有机质方面的作用较为明显。

在我国大部分茶区，茶树旺盛生长期养分吸收中占总吸收的65%～70%。不同茶季茶树对养分的吸收量明显不同，春茶是一年中生长最迅猛的时期，产量高，茶树的吸收力强，所需的养分远高于夏、秋茶，占旺盛生长期总吸收量的 40% ～ 45%。为满足新梢迅速生长的需要，茶树除利用贮存在树体内的养分外，还要从土壤中吸收大量的营养元素。根据茶树吸肥和需肥特点，生产上通常进行多次施肥，即在加强基肥施用的同时，还要注重追肥。

追肥次数与肥料品种和性质有关，速效氮肥在土壤中的变化复杂，损失途径较多，一次大量施用极易造成损失，需要分次施用；缓控释氮肥释放速度慢，有效期长，施肥次数可适当减少。磷钾肥在土壤中的移动性低，损失相对较少，可以一次性施用。茶树追肥次数与年生育周期有紧密关系，江南绿茶产区茶树全年一般萌发 4 ～ 5 轮，速效氮肥追肥一般分为 3 ～ 4 次；在生长期短、茶芽萌发轮次少的北方茶区，速效追肥 2 ～ 3 次；生长期长、茶芽萌发轮次多的茶区，速效追肥数量 3 ～ 5 次，采用缓控释肥辅加速效氮肥时追肥次数可比单纯的速效氮肥追肥减少 1 ～ 2 次。

春茶前的追肥俗称催芽肥，目的为促进春茶早发和旺发，施好春茶催芽肥对名优茶生产尤为重要。根据茶树对氮肥的吸收规律，催芽肥时间与当年气温、品种发芽特性有关，如果早春气温高或茶树发芽早的品种如乌牛早、龙井 43 等，施肥的时间要适当提早。根据有关试验，名优绿茶应在春茶采摘之前 30 ～ 40 d 施用催芽肥，大宗绿茶在春茶采摘之前 20 ～ 30 d 施用催芽肥。

4. 在合适的位置施肥

（1）肥料种类　移动性强的肥料如尿素可以适当浅施，可以采取开浅沟（5 ～ 10 cm 深），施后盖土减少挥发损失，也可以地表撒施后利用旋耕机将肥料与土混合，减少挥发和径流损失。移动性弱的肥料如磷肥、钾肥、复合肥等应适当深施，有机肥必须深施才能发挥改土效果好的作用。所有肥料都不应该在地表直接撒施。

（2）施肥时期　基肥施在茶树根系附近，由于茶树的吸收根主要分布于土壤深度 0 ～ 40 cm，结合深耕深施至 20 cm 左右，便于茶树的吸收，减少养分流失，提高肥料的利用率。同时，利用茶树根系的向肥性，诱导茶树根系向深层土壤发展，提高茶树对土壤养分和水分的利用能力，增强茶树抗旱和抗寒能力。根系的水平生长范围稍大于树冠的扩张面，因此，可在树冠边缘垂直下方稍外一侧部位开沟（10 ～ 20 cm 深）施用。氮肥追肥可以适当浅施。

（二）绿茶高质高效施肥技术模式

1. 名优绿茶"有机肥 + 茶树专用肥"高质高效施肥技术模式

对于只采春茶名优绿茶（采摘标准为单芽、一芽一叶或一芽二叶初展）茶园，可以采取以下施肥模式。

（1）基肥　9月下旬至10月中旬，饼肥100～150 kg/亩或畜禽粪商品有机肥150～200 kg/亩，茶树专用肥（N：P_2O_5：K_2O 为 18：8：12 或类似配方）20～30 kg/亩。有机肥和专用肥拌匀后开沟15～20 cm深或结合深耕施用。

（2）第1次追肥　春茶开采前40～50 d，尿素8～10 kg/亩，开浅沟5～10 cm深施用，或地表撒施后机械浅旋耕与土混匀。

（3）第2次追肥　春茶结束后或重修剪前，尿素8～10 kg/亩，开浅沟5～10 cm深施用，或地表撒施后机械浅旋耕与土混匀。

对于全年采摘名优绿茶茶园，可在7月底至8月初增加1次追肥，肥料用量和方式同第2次追肥。

2. 大宗绿茶"有机肥 + 茶树专用肥"高质高效施肥技术模式

对于全年采摘大宗绿茶（采摘标准为一芽二叶或一芽三叶及以上）或春茶采摘名优绿茶、夏秋茶采摘大宗茶的茶园，产量明显高于名优绿茶，养分需求量较大，可以采取以下施肥模式。

（1）基肥　9月底至10月中旬，200～300 kg/亩商品畜禽粪有机肥、30～50 kg/亩茶树专用肥（氮磷钾配比为18：8：12或相近配方），有机肥和专用肥拌匀后开沟15～20 cm深或结合深耕施用。

（2）第1次追肥　春茶开采前30～40 d，尿素8～10 kg/亩，开浅沟5～10 cm施用，或表面撒施 + 施后浅旋耕（5～8 cm）混匀。

（3）第2次追肥　春茶结束后，尿素8～10 kg/亩，开浅沟5～10 cm施用，或表面撒施 + 施后浅旋耕（5～8 cm）混匀。

（4）第3次追肥　夏茶结束后，尿素8～10 kg/亩，开浅沟5～10 cm施用，或表面撒施 + 施后浅旋耕（5～8 cm）混匀。

3. 白化品种绿茶"有机肥 + 茶树专用肥"高质高效施肥技术模式

对于新梢白化、黄化等突变体品种，可以采取以下施肥模式。由于产量低于常规绿色品种，施肥量相应降低。

（1）基肥　9月底至10月上中旬，100～150 kg/亩菜籽饼肥，或施150～200 kg/亩畜禽粪商品有机肥，加20～30 kg/亩茶树专用肥（氮磷钾配比为18：8：12或相似配方）；有机肥和专用肥拌匀后开沟15～20 cm深或结合深耕施用。

（2）第1次追肥　春茶开采前40～50 d，尿素5～6 kg/亩，开浅沟5～10 cm深施用，或地表撒施后机械浅旋耕与土混匀。

（3）第2次追肥　春茶结束重修剪前或6月下旬，尿素5～6 kg/亩开浅沟5～10 cm深施用，或地表撒施后机械浅旋耕与土混匀。

4. 绿茶"水肥一体化"高质高效施肥技术模式

绿茶"水肥一体化"高质高效施肥采用总量控制、分次使用的方法（表2-1），肥料和水分一起随滴灌管道施用，优点是肥效快，养分利用率提高，劳动力使用减少。需要采用水溶性肥料、固态肥料与水混合搅拌成液肥，必要时过滤避免出现沉淀等。施肥前先用水湿润土壤，接着施用肥料溶液滴灌施肥，结束前用不含肥的水清洗灌溉系统。

表 2-1　绿茶"水肥一体化"高质高效施肥技术模式

茶园类型	基肥	滴灌施肥	树冠培养
名优绿茶	9月下旬至10月底前，土壤亩施100～150 kg饼肥，或亩施150～200 kg畜禽粪肥；开沟15～20 cm深施肥，施后覆土	2月中旬、3月初、4月初、5—6月、8月中旬，基肥后滴灌施肥，每次亩施水溶性肥 N、P_2O_5、K_2O、MgO 分别为1.3～1.5 kg、0.3～0.5 kg、0.4～0.6 kg 和 0.1～0.2 kg	无冻害地区，10月中下旬至11月上旬（日平均气温15℃以下）3～5 cm轻修剪；春茶结束后离地40～50 cm处重修剪
白化品种	9月下旬至10月底前，土壤亩施100～150 kg饼肥，或亩施150～200 kg畜禽粪肥；开沟15～20 cm深施肥，施后覆土	2月底、3月中旬、4月初、5—6月、8月中旬，基肥后滴灌施肥，每次亩施水溶肥 N、P_2O_5、K_2O 分别为1～1.2 kg、0.2～0.4 kg、0.6～0.8 kg	
名优绿茶＋大宗茶、大宗绿茶	9月下旬至10月底前，土壤亩施150～200 kg饼肥，或亩施200～300 kg畜禽粪肥；开沟15～20 cm深施肥，施后覆土	春茶开采前40～50 d、春茶开采前20～30 d、春茶结束、7月中旬、8月中旬，基肥后滴灌施肥，每次亩施水溶性肥 N、P_2O_5、K_2O、MgO 分别为2～2.2 kg、0.5～0.7 kg、0.6～0.8 kg 和 0.2～0.3 kg	每次机采后进行掸剪，剪去采摘面上突出枝叶，连续机采4～5年后离地40～50 cm处重修剪

第三节　绿茶加工

一、采收

绿茶鲜叶的收获过程主要是指适时且及时地从茶树上采摘新梢或幼嫩芽叶，作为加工绿茶的原料。采摘的鲜叶原料的质量是形成绿茶品质的基础，一颗茶树的采叶量又影响到整个茶园的产量，开采的时间也直接关系到所产生的的经济效益，因此，该过程至为重要。茶叶采摘应当选择合适的季节、恰当的开采期，符合合理采摘的原则以及选择适当的采摘方法。

（一）采摘季节

茶季没有统一的划分标准，有的按时令分：清明至小满为春茶，小满至小暑为夏茶，小暑至寒露为秋茶；有的也以时间分：5 月底以前采收的为春茶，6 月初至 7 月中旬采收的为夏茶，7 月中旬开始采收的为秋茶。不同茶季的茶叶品质有明显差异，春茶品质好，秋茶次之，夏茶品质差，典型的名优绿茶多数在春季采收与制作。

（二）开采期

在手工采摘的条件下，茶树开采期宜早不宜迟，以略早为好，特别是春茶采收。提早采收的优点在于延长采期、降低生产原料进厂的峰值。一般手工采摘的大宗红、绿茶区，春茶以茶树冠面上 10% ～ 15% 的新梢达到采摘标准就可以开采，夏秋茶以 5% ～ 10% 的新梢达到采摘标准则应开采。

（三）采摘原则

采摘应因地、因时、因树制宜，从新梢采摘而来的芽叶，须符合所要加工的绿茶原料的基本要求；采摘要兼顾质量和数量，发挥最佳的经济效益；在采摘的同时，适当留叶养树，维持茶树旺盛的生长势，确保茶树可持续发展；采茶必须结合水肥、修建管理等栽培技术措施，保证茶树萌发出数多质优的新梢，满足茶叶采收的需要。

（四）采摘方法

茶叶采摘方法主要有两种，即手工采茶和机械采茶。

（1）手工采茶　根据采摘程度，手工采茶方法可分为打顶采摘法、留鱼叶采摘法、留真叶采摘法。打顶采又称打头、养蓬采，是一种以养为主的采摘方法，适用于扩大茶树树冠的培养阶段；留鱼叶采摘法是一种以采为主的采摘方法，为成年茶园的基本采法，适合名优茶和大宗红绿茶的采摘；留真叶采摘法是一种采养结合的采摘方法，既注重采，也重视留，具体视树龄树势而定。采摘的手法因手指动作、手掌朝向和手指对新梢着力的不同，形成多种方式，主要有折采、提手采，而使用如捋采、扭采、抓采等不适当的采姿将严重影响采摘鲜叶的质量。折采是对细嫩标准采摘所应用的手法，左手接住枝条，右手的食指和拇指夹住细嫩新梢的芽尖和 1～2 片细嫩叶，轻轻用力将芽叶采下。这种方法采摘量少，效率低。提手采为应用广泛的手采方式，大部分茶区的红绿茶，适中标准采，大都采用此法。掌心向上或向下，拇指、食指配合中指，夹住新梢所要采的部位向上着力采下芽叶。

（2）机械采茶　多采用往复切割式采茶机进行采茶。往复切割式采茶机由 0.6～14 W 的小汽油机或 40 W 左右的微电机驱动，动力由软轴传至手携采摘装置，驱动切割器（有双动刀和单动刀两种）和集叶装置作往复运动。采下的茶叶在风机或扫叶轮作用下送入集叶袋。采摘质量好，芽叶完整率可达 70% 左右，是非选择性采茶机发展的主要类型。如果操作熟练，管理得当，机械采茶对茶树的生长发育、茶叶的产量、质量不会产生太大影响，且能减少采茶劳动力，降低生产成本，提高经济效益。因此，近年来，机械采茶越来越受到茶农的青睐，机采茶园的面积一年比一年扩大。

茶叶采摘既是茶叶栽培的收获过程，也是增产提质的重要栽培管理技术措施。茶叶采摘是否合理，不仅直接关系到茶叶产量的高低、品质的优劣，而且关系到茶树生长的盛衰、经济生长年限的长短。总体来说，手采技术对各类茶叶的采摘标准及茶叶的采留结合比较容易掌握，但效率相对较低；机械采摘的鲜叶质量一般比手工采摘差，对叶梢选采性能差，但能克服采茶用工困难和工时费用的增加，降低生产成本。

绿茶的花色品种较多，既有龙井、毛峰、碧螺春等形态各异的特种名优绿茶，又有眉茶、珠茶、烘青等大宗茶。不同绿茶对鲜叶的嫩度、新鲜度和匀净度的要求各不相同。因此，应当针对特定绿茶加工要求，选择相应的采摘方法。一般建议追求质量的特种名优绿茶选择容易掌握采摘标准的手工采摘，对于追求产量的大宗绿茶选择机械采摘来降低成本；茶季开采前期用手采，后期用机采；春茶以手采为主，夏秋茶以机采为主，手工采摘与机械采摘有机结合，发挥茶园的最大效益。

（五）鲜叶管理

（1）鲜叶质量要求　鲜叶质量主要包括鲜叶嫩度、匀净度和新鲜度等品质要求及农残、重金属、微生物等卫生要求两大类。鲜叶理化品质要求是原料分级的主要考虑因素，其中，嫩度为首选条件，鲜叶嫩度好，成茶品质就好。我国衡量鲜叶嫩度标准主要根据鲜叶正常芽叶的组成比例、芽叶大小、茸毛多寡、叶质柔软程度、芽叶持嫩性及内含有效成分等综合因素进行评定。目前，我国不同品牌和企业都有各自的鲜叶标准，一般而言，名优绿茶鲜叶原料以单芽或一芽二叶为主，分 3～5 个级别对鲜叶原料等级进行划分，完整、匀净、新鲜。另外，不同类型名优绿茶对外形也有一定的适制性要求，如扁形茶要求选用芽叶角度小、节间短、茸毛少的鲜叶原料，毛峰和卷曲型茶芽叶细长、显毫等（表 2-2）。

表 2-2　龙井茶各级鲜叶质量要求

级别	质量要求
特级	一芽一叶初展，芽叶角度小，芽长于叶，芽叶匀齐，芽叶长度约为 2.5 cm
一级	一芽一叶至一芽二叶初展，以一芽一叶为主，一芽二叶初展在 10% 以下，芽梢长于叶，压叶完整、匀净，芽叶长度不超过 3 cm
二级	一芽一叶至一芽二叶初展，一芽二叶初展在 30% 以下，芽与叶长度基本相等，芽叶完整，芽叶长度不超过 3.5 cm
三级	一芽二叶至一芽三叶初展，以一芽二叶为主，一芽三叶不超过 30%，叶长于芽，芽叶完整，芽叶长度不超过 4 cm
四级	一芽二叶至一芽三叶，一芽三叶不超过 50%，叶长于芽，幼部分嫩的对夹叶，长度不超过 4.5 cm

（2）鲜叶原料管理　鲜叶质量好坏直接影响茶叶品质，因此，在加工前应注重鲜叶管理工作。在鲜叶采运过程中，应严格田间管理、采摘方法及其贮运工具，加强鲜叶的安全卫生质量和嫩度、匀度、新鲜度和净度等理化质量。注重田间的农药使用方法和管理技术；采用单手或双手提采，严格按分级要求采摘，不采紫色芽叶、不采病虫芽叶、不采碎叶，不带老叶、老梗、杂物、夹蒂

等；采用透气性的专用茶篓盛装，不挤压和日晒、雨淋，保持茶叶的新鲜度。

盛装和贮运鲜叶的器具应采用清洁、通风性能良好的竹编茶篮或篓筐，不得使用布袋、塑料袋等软包装材料，防止重力挤压鲜叶。采下后的鲜叶需及时运达工厂进入必要处理，防止长时间堆放和多次翻动损伤，最忌发热红变。鲜叶到厂后，应按鲜叶分级标准进行验收和处理，特别是检查原料嫩度和外形是否符合加工要求；鲜叶大小、色泽是否均匀，有无非茶杂物；鲜叶是否新鲜、完整。不合要求的原料应拒收或采取相应的处理，如外观差异较大的茶叶应分别摊放和加工。

二、典型名优绿茶加工技术

名优绿茶是一类造型独特、风格各异、品质超群的特色绿茶，具有种类丰富、特色鲜明、产量低、影响力大、对原料要求严格以及加工技术独特的特点，在我国茶叶生产和消费中占据重要的地位。我国名优绿茶花色品种众多，从外形上可分为扁形、针形、毛峰形、卷曲形、珠形、颗粒形、条形等主要类型。

（一）扁形名优绿茶

在扁形名绿茶中，加工技术最为精湛又最有代表性的一种为龙井茶。传统扁形名茶都采用手工炒制，近年来，随着劳动力成本的不断提高，加工方式有所改变。目前，扁形名优茶的加工可分为全手工炒制、全程机制和半机制3种方式，其中，传统的高档西湖龙井茶加工仍采用手工炒制，中低档龙井茶及一般扁形名茶加工开始普及机械炒制。

1. 手工制作流程

目前，龙井茶手工制作基本工艺流程一般为：鲜叶摊放→青锅→回潮与分筛→辉锅→干茶分筛→复辉（挺长头）与归堆→贮藏等多道工序。其中，青锅和辉锅是整个炒制作业的关键工序。

（1）摊放　一般应根据鲜叶嫩度、环境温湿度情况和摊放方式而定，并可根据加工要求适当进行调整。摊放环境一般应保持清洁、阴凉、透气，避免阳光直射和高温摊放；传统的摊放方式下，高档龙井茶鲜叶摊放厚度在2～3 cm，中档龙井茶鲜叶摊放厚度为7～10 cm为宜，低档龙井茶鲜叶摊放厚度一般在 12 ～ 15 cm；摊放时间要视天气而定，一般为 8 ～ 24 h，以茶叶失水率10% ～ 15%，含水量在 70% 左右为度（外观色泽由鲜活翠绿转变为暗绿，叶面光泽基本消失，青草气减，散发出花果清香，叶质变得较柔软），若摊放过度，会造成茶叶汤色发黄，影响品质。

具体操作上，阴雨天或低温天可以摊得薄一些，或开启门窗，使室内外空气流通，让鲜叶表面水分散发得快一些；晴天、干燥天可以摊得厚一些；如果天气干燥，温度也较高，茶叶来不及炒制，可以关闭门窗，或加盖湿布以降低水分蒸发速度。鲜叶在摊放过程中要适当翻动，使鲜叶水分均匀地散发与分布，一般 4 h 就要轻轻翻叶 1 次。如果有经济条件，可购买可控温控湿的摊放机，也可通过车间改造建立可控温的摊放间，以减少对环境的依赖，方便管理。一般温度控制在 20 ～ 25℃，湿度控制在 75% 左右为佳。

（2）青锅　一般应根据鲜叶的品种、季节和嫩度等情况而定，可通过改变投叶量、温度和时间、压力等参数进行调整。青锅炒制时间一般为 12 ～ 20 min，整个过程大致可分成 3 个阶段。第 1 阶段历时 3 ～ 5 min，主要目的是高温杀青。操作上，当温度达到要求后，擦拭少量龙井茶炒制专用油，然后投入一定量的鲜叶，采用轻抓、松抖、轻拓等手法炒制，要求抖得散而匀，使茶叶均匀受热，并充分散发水汽。第 2 阶段历时 2 ～ 4 min，主要目的是散发水汽，开始初步做形。操作上，适当降低锅温，采用抖、抹等手法结合炒制，将茶叶初步理直。第 3 阶段历时 6 ～ 10 min，主要目的是进一步蒸发水分，初步做形。操作上，主要采用抖、搭、拓、抹和捺等手法炒制，当茶叶柔软，手捏茶不粘连时开始加压（水分 50% ～ 55%），起始要轻，然后逐渐加重搭、拓的用力程度，缓慢地使多数茶叶在手中攒齐成扁平，匀齐不乱，最后增加捺的手法，手贴茶，茶贴锅，加快炒制的运动速度和增加用力程度，炒至加工叶舒展扁平，含水率降为 20% ～ 30% 时起锅，具体参数见表 2-3。

表 2-3　龙井茶青锅关键技术参数

级别	投叶量（g）	锅温（℃）	时间（min）
高档龙井茶（特级、1 ～ 2 级）	100 ～ 150	（140 ～ 160）/（100 ～ 120）	12 ～ 15
中低级龙井茶（3 ～ 4 级）	200 ～ 400	（160 ～ 180）/（110 ～ 130）	15 ～ 20

注：锅温采用远红外温度仪测定，数值为 6 点平均温度，第 1 阶段 / 第 2 ～ 3 阶段。

（3）"回潮"和分筛 龙井茶青锅后需要进行"回潮"和分筛，其目的是均匀茶叶水分、内含物质的有益转化、便于辉锅做形。"回潮"一般经 1 ～ 2 h，时间过长，青锅叶色泽黄暗，影响品质，必要时可覆盖干净的纱布。为提高茶叶的匀齐度，青锅叶需要进行分筛，一般采用两把不同孔径的竹筛将青锅叶分成 3 档，即头子、中筛和筛底，并簸去片末。

（4）辉锅 龙井茶辉锅工艺参数一般应根据茶叶级别、青锅叶情况而定（表 2-4）。通常高档茶炒制时间为 15 ～ 20 min，中档茶为 25 ～ 30 min，整个过程可粗分成 3 个阶段。第 1 阶段历时 6 ～ 8 min，主要目的是预热和理条。操作上，当锅温到达要求后，投入一定量的"回朝"青锅叶，采用轻拓、轻抖、梢搭、理条等手法，使茶叶整理得均匀整齐，并散发水汽。第 2 阶段历时 6 ～ 10 min，主要目的通过理条、压扁、磨光等手法基本完成造型。待手感茶叶"热"时，首先采用搭、拓、捺等手法，把茶叶齐直地攒在手中，并适当加力，然后当茶身渐趋直时，逐步以抓、推的手法代替搭、拓的手法，用抓、推、捺等手法相互交替、密切配合，使茶叶在手中"里外交换"吞吐均匀。第 3 阶段历时 5 ～ 8 min，主要目的是干燥茶叶，形成特有的色、香、味品质。当茶身出现灰白（即茶的茸毛显露）时，可略提高锅温（有烫手感），采用抓、推、磨、压等手法，通过茶叶对茶叶、茶叶对锅壁、手对茶叶之间的相互挤压摩擦，使茶毛起球脱净，茶叶光、扁、平、直。最后适当降低温度，"守住"茶叶，尽量不让茶叶逃出手外，使"守"在掌中的茶叶齐而不乱。当含水量达到 6% 左右（最大的茶叶一折就断时），即可起锅。

表 2-4 龙井茶辉锅关键技术参数

级别	投叶量（g）	锅温（℃）	时间（min）
高档龙井茶（特级和 1 ～ 2 级）	150 ～ 200	60/70 ～ 80	15 ～ 20
中低档级龙井茶（3 ～ 5 级）	200 ～ 300	70/80 ～ 90	25 ～ 30

注：锅温采用远红外温度仪测定，数值为 6 点平均温度，第 1 阶段 / 第 2 ～ 3 阶段。

（5）干茶分筛 干茶分筛的目的主要是提高龙井茶的外观匀净度。炒制好的干茶经摊晾，应视茶叶等级选用不同孔径的竹筛组合，通常选用 2 ～ 3 把不同孔径的筛子将茶叶分出 3 ～ 4 档，最长 1 档叫筛头（长头），2 档叫中筛，3 档叫 3 筛，4 档叫底末。特级和高级茶一般较短小匀净，分筛后，筛头少，中筛多，底筛少，只分 3 档。中级茶长短大小较不匀，长而大的占多数，多留筛头。

（6）复辉（挺长头）和归堆 分筛后，根据茶叶分档情况，可考虑复炒，又称"挺长头"。复辉（挺长头）锅温一般保持在60℃左右，一般采用抓、推、磨、压等手法结合，达到平整外形、透出润绿色、均匀干燥程度及色泽的目的。通常特级茶和1～2级挺头，3～5级茶的中筛茶也需挺炒，但3筛不挺。挺好的长头再过筛，使长短划一。各级的长头经过筛分，撩出部分过长、过大的。过筛的中筛长头全部筛下，各级茶均要从底筛中提出茶末，簸去片张。然后依据色泽及大小，把同一级别的各档筛号茶进行合并和归堆，分别标上日期、等级、数量后包装、贮藏。

2. 机制加工技术

传统名绿茶都采用手工制作，工效太低，劳动强度大。近年来，旋转长板式龙井茶炒制机等设备的研制成功，使扁形茶机制化取得了明显进展（图2-1）。长板式名茶炒制机主要由长形半圆炒叶锅、长形炒叶板、传动机构、热源装置、控温仪表和机架等组成。经过不断的改进和完善，目前，已实现龙井茶为主的扁形茶加工机制化，加工的茶叶质量有了较大的提高，外观扁平，色泽黄绿明亮，香气滋味尚纯正，但存在条形不够直和光泽度、紧结度不够等缺陷。

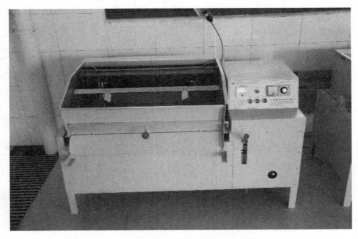

图2-1 旋转长板式龙井茶炒制机

旋转长板式名茶炒制机的加工工艺流程一般为：鲜叶摊放→青锅→回潮与分筛→辉锅→加工后处理。

（1）摊放处理 鲜叶的采摘、管理以及摊放方式和控制指标等与手工炒制也大体一致，摊放叶水分控制在70%左右为佳。

（2）青锅　主要应把握投叶量、温度、时间、压力等工艺参数。投叶量控制在 140 ～ 180 g，下叶锅温一般在 130 ～ 160℃（红外线测定），加压采取逐渐加压的方式，青锅时间一般为 5 ～ 8 min，整个操作过程大致可分成两个阶段。第 1 个阶段历时 2 ～ 3 min，主要目的是高温杀青和蒸发水分。将炒手与锅体的间隙调整到合适位置，以保证对加工叶的正常翻动和理条，当锅温达到要求后，先擦拭少量茶叶炒制专用油，然后投入一定量的鲜叶，不加压情况下炒制 1 ～ 2 min，只用板形长炒手对鲜叶进行翻炒，并蒸发一部分水分。第 2 阶段历时 3 ～ 5 min，主要目的是初步做形，为辉锅打下基础。通过脚踏板加压或摇动加压手轮调整炒板对茶叶进行加压，加压程度以炒制叶手感湿软而不触手、不结块为宜。当炒至茶叶舒展扁平，茶叶含水率降为 20% ～ 30% 时出茶。旋转长板式扁形茶炒制机青锅主要技术参数见表 2-5。

表 2-5　旋转长板式扁形茶炒制机青锅主要技术参数

	投叶量（g）	时间（min）	锅温（℃）	压力方式
第一阶段	140 ～ 180	2 ～ 3	130 ～ 160	空压
第二阶段	/	3 ～ 5	110 ～ 130	逐渐加压

（3）回潮与分筛　通常将理条压扁的青锅叶摊晾集中后，盖上洁净棉布，使茶叶内外水分重新分布均匀，转潮回软。回潮时间一般掌握在 1 ～ 2 h。青锅叶"回潮"后，需对茶叶进行分筛。根据茶条的大小及均匀程度，用 2 ～ 3 把筛孔大小不同的方眼竹筛将回潮叶进行筛分，筛分出的各档茶均要筛去片、末。

（4）辉锅　一般应根据青锅叶情况和炒制设备特点而定。投叶量一般控制在 140 ～ 160 g，锅温一般控制在 70 ～ 100℃，采取先低后高的原则。采用逐渐加压的炒制方式，整个炒制时间一般为 5 ～ 6 min，操作上可分为两个阶段。第 1 阶段历时 1 min，主要目的是预热和理条。操作上，当锅温到达要求后，投入一定量的"回朝"青锅叶，在空压下利用炒板长手对茶叶进行加热和整理，并散发水汽。第 2 阶段历时 4 ～ 5 min，主要目的通过炒板及长手对茶叶进行理条、压扁等，完成干燥和定型。待茶叶"热"时，逐渐加压，使茶叶扁平，再炒制中后期应逐渐提高温度，将香气逼出，最后降温减压炒至茶叶含水率达 6% ～ 7%（略大点的茶条一折即脆断）时出茶。鉴于机器存在缺陷，该工序也可用手工炒制来完成。

（5）加工后处理　由于机制扁形茶在干燥后期易造成碎茶，因此，一般可采用多功能机、滚筒提香机等进行脱毛和提香干燥，使茶叶水分真正控制在 6%。另外，与手工炒制龙井茶一样，为提高茶叶的外观匀净度，干茶经摊晾还需要进行分筛处理，并可根据茶叶外形情况，采用手工炒制方法进行复辉（挺长头）和归堆处理（具体方法参见手工炒制）。对归堆的筛号茶标上日期、等级、数量后包装、贮藏。

（二）针形名优绿茶加工技术

传统针形绿茶因外形似针状而得名，如南京雨花茶、安化松针等。针形绿茶因其种类多样、外形紧秀、香气馥郁、汤色碧绿、滋味鲜醇等优异品质深受广大消费者的青睐。20 世纪 90 年代以来，以芽或一芽一叶为原料的针状芽形茶因效益显著，产销量持续增加。

针形绿茶机械化加工工艺流程一般为：摊放→杀青→冷却→揉捻→初烘→整形→足干。

（1）摊放　鲜叶采摘后应立即摊放于洁净的软匾或篾簟上，厚度视天气和老嫩程度而定，一般为 1 ～ 2 cm，使鲜叶失水均匀。摊放地点要求阴凉，不受阳光直射，清洁卫生，空气流通，无异味。不同等级、不同品种的鲜叶要分别摊放，雨叶和上下午的鲜叶应分别摊放，分别付制，摊放时间为 4 ～ 12 h，其间轻轻翻动 1 ～ 2 次，摊放时的含水率掌握在 70% 左右。

（2）杀青　针芽形绿茶的杀青设备多采用滚筒杀青机，在杀青机的出叶口下端配置 1 个快速鼓风吹叶装置，使经杀青出来的芽叶能迅速冷却，并使完整的芽叶与其中的鱼叶、鳞片等夹杂物吹离。

开机后开始加温，待筒体进口约 20 cm 处温度上升至 120 ～ 130℃、手感到灼热、出口温度 80 ～ 90℃时，方可投叶，此时放入的鲜叶会产生"噼啪"声响。刚投叶时，应先投入 2 ～ 3 把 300 ～ 400 g，接着以小把（约 50 g）匀速投入。同时，打开筒体出口下方的吹气风扇，使出筒体的叶子迅速冷却。出叶后，观看杀青叶是否杀透杀匀，以调整进叶速度。投入鲜叶速度的快慢，以观察筒口有少量水蒸汽直冲上升为依据。投入少则易产生焦边，投入多则杀青叶含水量太高，偏嫩，筒体出口处水蒸汽太多，易使杀青叶黏附在出口处，产生焦叶。滚筒杀青机的台时产量：30 型小叶种早春茶控制在 25 ～ 28 kg，晚春茶和秋茶 30 ～ 35 kg，夏茶 35 ～ 40 kg；40 型小叶种早春茶控制在 30 ～ 40 kg，晚春茶和秋茶控制在 50 ～ 70 kg，夏茶 70 ～ 100 kg。若是大叶种，因鲜叶含水量较高，杀青机的台时产量应降低，一般是小叶种的80%左右。若是全芽，因芽的含水量比叶高，其杀青速度也应放慢，且大叶种的芽比中、小叶种的芽含水量高，其杀青速度只有正常速度的50%，即用30型的微型滚筒杀青机，台时产量控制在12～14 kg。采用滚筒杀青机，杀青时间约为1.5 min，杀青叶的失重率在30%～40%。杀青适度的杀青叶色泽由青绿转变为翠绿，青草气转变为良好的茶香，梗子折之不断，手握成团，抛之即散。杀青叶应摊放在洁净的竹垫上，静置"回潮"，使芽内外走水均匀。

（3）冷却　为防止杀青叶堆积闷黄，应及时摊开，有条件的应采用风机、快速冷却机等装备将茶叶快速吹风降温。

（4）揉捻　针芽形名优绿茶的加工大多数不经过揉捻，仅有少部分采用此工序。揉捻时一般不加压，用手揉或使用小型揉捻机，揉捻时间较短，3～7 min一次完成。主要目的在于去除少量焦边，茶条匀直。

（5）初烘　利用小型自动烘干机，采用薄摊快烘的方法。进风气温掌握在130～140℃，烘干时间中小叶种为3～4 min，大叶种为5～6 min，失重率掌握在30%～40%，此时，在制叶的含水量约为30%，中途翻动茶叶1～2次，烘至稍有触手感即可下烘。从烘干机出来的叶应立即摊晾散热，冷却后回潮15～20 min。

（6）整形　呈芽形的针芽形茶，整形采用往复式理条机，温度控制在100℃左右，每槽的投叶量60～80 g，必要时可加重量较轻的加压棒，在不压扁茶叶的前提下，保证芽头更挺直，时间5～8 min，待芽头变直即可出锅。呈松针形的针芽形茶，整形多采用6CRJ-24型和6CRJ-14型等精揉整形机。搓板温度掌握在70～90℃，投叶量一般为6CRJ-14型的每锅3～4 kg，6CRJ-24型的每锅6～8 kg，时间为40～50 min。制叶在精揉整形机揉手的不断作用下逐渐被理直炒紧，呈松针状，待含水量降至10%～12%时出锅。

（7）足干　已成形的茶叶需进一步干燥，以利品质保持与贮藏，足干也采用小型炒干机，进口温度控制在90～100℃，此时温度不宜太高，否则会影响干茶翠绿鲜活色泽的形成，时间视上烘茶叶含水量的高低加以调整，一般烘至含水量在5%～7%，下机冷却后收藏。

（三）毛峰形名优绿茶加工技术

毛峰形茶的主要加工工艺为：鲜叶→摊青→杀青→揉捻→烘干（做形提毫）→足火等多道工序。传统毛峰茶的炒制以手工为主，随着人工成本的上升，普遍实现了机械化加工。毛峰茶产品类型较多，炒制技术和工艺总体基本相同，仅在后期加工方式上略有区别。以黄山毛峰茶炒制加工为例说明毛峰茶的手工炒制技术。

1. 黄山毛峰手工炒制

黄山毛峰形似雀舌，匀齐壮实锋显毫露，色如象牙，鱼叶金黄，清香高长，汤色清澈，滋味鲜浓、醇厚、甘甜，叶底嫩黄，肥壮成朵。黄山毛蜂炒制技术分为杀青、揉捻、烘焙3道工序。

（1）杀青　用直径50 cm左右的桶锅，锅温要先高后低，投叶时锅温要在250℃以上（表面温度计测定），每锅投叶量为特级200～250 g，一级以下500～700 g，鲜叶下锅时，要听到有轻微的水爆声为适度，炒制时以单手翻炒，手势要轻，翻炒要快，每分钟翻炒50～60次，鲜叶扬得要高，要求离开锅面20 cm左右，撒得要开，捞得要净。杀青程度要求适当偏老，即芽叶质地柔软，表面失去光泽，青气消失，茶香显露。

（2）揉捻　特级和一级原料，在杀青达到适度时，继续在锅内抓带几下，起到轻揉的作用。2～3级原料杀青起锅后，及时散失热气，轻揉1～2 min，使之稍卷曲成条即可，揉捻时速度宜慢，压力宜轻，边揉边抖，以保持芽叶完整，白毫显露，色泽绿润。

（3）烘焙　分初烘和足烘。初烘是每只杀青锅配4只烘笼，火温先高后低，第1只烘笼烧明炭火，烘顶温度90℃以上，以后3只温度依次下降到80℃、70℃、60℃左右，边烘边翻，顺序移动烘笼。初烘结束时，茶叶含水率约为15%。初烘过程翻叶要勤，摊叶要匀，操作要轻，火温要稳。初烘结束后，茶叶放在簸箕中摊晾30 min，以促进叶内水分重新分布均匀。然后将8～10只烘笼的茶叶并到1只烘笼中，进行足烘，足烘温度60℃左右，文火慢烘，至足干。拣别去杂后，再复火1次，促进茶香透发，趁热装入铁筒，封口贮存。

2. 信阳毛尖的炒制

根据绿茶初制的基本原理和传统制作工艺，信阳毛尖茶机械加工工艺流程确定为：筛分→摊放→杀青→揉捻→解块→理条→初烘→摊晾→复烘。

（1）筛分　选用6CXF-70型鲜叶分级机对鲜叶进行分级，特别是中、低档茶鲜叶，通过筛分，将老嫩大小不一的鲜叶区分，实现分级付制。

（2）摊放　鲜叶经筛分后，应及时摊放。薄摊在篾席上或篾筐中，摊放厚度 4 ～ 5 cm，每隔 2 h 翻动 1 次，摊放时间 6 ～ 8 h。至叶质变软，叶色由鲜绿变暗绿，鲜叶减重率为 12% 左右时为宜。

（3）杀青　摊放后的鲜叶，用 30 型或 40 型滚筒杀青机杀青，滚筒前端空气温度控制在 115 ～ 120℃，均匀投入鲜叶，杀青时间掌握在 2.5 ～ 3 min，以鲜叶失去光泽，梗折不断，叶质柔软，手捏成团并稍有弹性，无青草气为适度。鲜叶杀青后要立即摊晾，开启电风扇，降低叶温。

（4）揉捻　用 6CR 系列揉捻机进行，按照揉捻机投叶量要求投入杀青叶，揉捻压力掌握"轻-重-轻"的原则，高档茶揉捻程度宜轻或不加压，中、低档茶适当增大压力。高档茶揉捻时间 6 ～ 10 min，中低档茶揉捻时间 15 ～ 20 min，揉捻至茶条卷拢，茶汁稍沁出，成条率 95% 以上，即可下机解块。揉捻过重，虽能揉紧茶条，但茶汁被挤出附于叶表，易使茶多酚被氧化，叶绿素脱镁变色，成茶色泽灰暗。

（5）解块　揉捻叶下机后，用 6CJF-40 型解块机进行解块。

（6）理条　选用系列往复理条机，锅温控制在 90 ～ 100℃（温度表显示），每台理条机投叶量 0.75 ～ 1 kg 揉捻叶，炒至条索紧直，含水量 25% 左右时即可出锅，时间 5 ～ 6 min。

（7）初烘　采用连续烘干机。将理条的茶叶均匀摊放在传送网上，厚度约 1 cm，控制温度 120℃ 左右，烘干时间 8 ～ 10 min，烘至含水量 10% ～ 15% 即可。

（8）摊晾　初烘后的茶叶要充分摊晾，摊晾时间 4 ～ 6 h，促使茶叶内含水分重新均匀分布，以利于茶叶继续烘干。

（9）复烘　用连续烘干机或烘笼进行。采用低温慢烘方法，温度 80℃ 左右，时间 25 ～ 30 min，烘至茶叶含水量 5% ～ 6%，充分摊晾后包装密封。

（四）卷曲形名优绿茶加工技术

1. 手工炒制

卷曲形茶以碧螺春为代表，主要包括高温杀青、热揉成形、搓团显毫、文火干燥等 4 道工序。

（1）高温杀青　采用电炒锅杀青，每锅投叶量 0.5 kg，下锅温度为 150 ～ 180℃（温度计显示），二档电力开关控制温度，高档茶温度稍低，低档则稍高，杀青时间为 3 ～ 4 min。手法是双手或单手反复旋转抖炒，动作轻快。先抛后闷，抛闷结合，杀透杀匀。青叶于锅心发白时投入，开始以抛为主，以散发水分、挥发育臭气。随后以闷为主，提高茶叶温度，加速抑制酶的活性，保持茶叶汤色清，叶底匀。如抛得过长则不利杀透，易产生红茎，只闷不抛，有黄熟味。以茶叶略失光泽、手感叶质柔软、稍有黏性、始发清香、失重约2成为掌握程度。

（2）热揉成形 锅温控制在65～75℃，时间为10～15 min。采用"加温热揉，边揉边抖"的方式，用双手或单手按住杀青叶，沿锅壁顺一个方向盘旋，叶在手掌和锅壁间进行公转与自转，叶边揉边从手掌边散落，不使揉叶成团，开始时旋3～4转即抖散1次，以后逐渐增加旋转次数，减少抖散次数，基本形成卷曲紧结的条索。以揉叶成条，不粘手而叶质尚软失重约5成半为宜。

（3）搓团显毫 锅温控制在55～60℃。将揉叶置于两手掌中搓团，顺一个方向搓，每搓4～5转解块一下，要轮番清底，边搓团，边解块，边干燥，锅温控制"低-高-低"程序。搓团初期火温要低，温度过高则水分散失多，干燥快，条索松，中期茸毛初显时要提高温度，促使茸毛充分显露，后期要降温，否则毫毛被烧，色泽泛黄。用力要"轻-重-轻"。以茸毛显露，条索卷曲，失重7成为宜，一般历时12～15 min。

（4）文火干燥 锅温控制在50～55℃。将搓团后的茶叶，用手微微翻动或轻团几次，达到有触手感时，即将茶叶均匀摊于洁净纸上，放在锅内再烘一下，茶叶有触手感觉，成茶的水分低于8%为度，一般历时6～7 min。

2. 机械炒制

由于碧螺春手工炒制工效低，劳动强度大，通过多年的技术发展，已逐渐形成了碧螺春机械化炒制技术。

（1）摊青 采回鲜叶要及时摊放在阴凉通风处，时间4～6 h，厚度为3 cm，其间翻动1～2次。

（2）杀青 一般采用30型、40型名茶杀青机或65型滚筒杀青机。待滚筒杀青机进口温度达到140℃，出口温度达到120℃时，开始投叶，投叶时要先多后匀，防止焦叶，杀青时温度力求稳定，要求杀透杀匀，清香显露。杀青叶要及时摊晾，在杀青机出口处，用鼓风机把杀青叶吹开，让杀青叶快速散热并带走水蒸汽，防止杀青叶堆积变黄并产生水闷气，快速冷却杀青叶是制好绿茶的重要措施。以手握茶叶柔软，有1/3左右叶缘略卷，手握稍有触手感为度。

（3）第一次揉捻 选用25型或35型名茶揉捻机。根据杀青叶的数量选择机械，一般放满 1 筒杀青叶，空揉 10 min，要求条索形成即可下机。

（4）初烘　选用 6CH-941 型碧螺春烘干机。当风温达到 90 ～ 100℃时投叶，将揉捻叶铺开，边烘边翻，使其散发水分，一般不要搓团，当叶子比较爽手后，约 6 成干时即可下机摊晾。

（5）第 2 次揉捻　选用 25 型或 35 型名茶揉捻机。装满 1 筒第 1 次烘干摊晾的回软叶，一般空揉 2 min，待揉筒内叶条全部翻动即可加中压 3 min，然后空压 3 min，再加重压 3 min，达到条索紧细，茸毫显露，不断碎。一般在重压状态下停机下叶，有利于保持卷曲的外形。

（6）烘干搓毫　选用 941 型碧螺春烘干机。当烘干风温达到 80℃时投叶，投入的烘干叶可分成几等份，分别用手轻轻搓团，直至茶叶卷曲成螺，茸毫显露，达 8 成干时停止搓团。此时，温度控制在 70℃，茶叶继续在烘干机上烘至含水量达 6% 左右，下机摊晾。搓团时应注意用力要均匀，"轻-重-轻"，搓团后期要轻，以免芽叶断碎，茸毫脱落。搓团烘干用时 15 min 左右。

（五）珠形名优绿茶加工技术

外形圆紧似珍珠的绿茶，鲜叶经杀青，揉捻后，炒干工艺中注重运用推炒手法使茶条逐渐圆紧呈颗粒状而成，如浙江的珠茶、安徽的涌溪火青、江西宁都的盘古龙珠等。珠形绿茶机械化加工工艺流程一般为：摊放→杀青→揉捻→二青→做形→干燥→拣选。

（1）摊放　鲜叶采摘后应立即摊放于洁净的软匾或篾簟上，厚度视天气和老嫩程度而定，按品种、级别、批次分别摊放，特级、一级鲜叶摊放厚度 4 ～ 6 cm，二级鲜叶摊放厚度 6 ～ 10 cm，摊放过程中翻叶 1 ～ 2 次。摊放程度以摊放叶含水量 68% ～ 70%，叶质较柔软、散发清香为适度。

（2）杀青　珠形绿茶的杀青设备宜选用 6CST-60、6CST-70、6CST-80、6CST-110 型连续滚筒杀青机。6CST-60、6CST-70 型杀青机投叶时滚筒内壁（离进叶口 1 m 处）温度 280 ～ 320 ℃，杀青时间 90 ～ 150 s；6CST-80、6CST-110 型杀青机投叶时滚筒（离进叶口 1 m 处）温度 300 ～ 380 ℃，杀青时间 150 ～ 210 s。杀青程度以杀青叶含水量 58% ～ 60%，叶质柔软、手握茶坯可慢慢散开，清香显露，无生青、爆点为适度。

（3）揉捻　选用 6CR-45、6CR-55、6CR-65 型揉捻机作业。6CR-45 型揉捻机投叶量 15 ～ 25 kg，揉捻时间 10 ～ 15 min；6CR-55 型揉捻机投叶量 25 ～ 35 kg，揉捻时间 8 ～ 12 min；6CR-65 型揉捻机投叶量 45 ～ 55 kg，揉捻

时间 8 ～ 12 min。揉捻过程中不加压或轻压，揉捻完成后及时抖散茶坯。揉捻程度以 80% 以上的杀青叶初卷成条索，并保持芽叶完整为适度。

（4）二青　选用 6CGT-60、6CGT-80 型滚筒炒干机作业。二青投叶时滚筒内壁（离进叶口 1 m 处）温度 180 ～ 220 ℃，根据含水量不同炒 1 ～ 3 次，每次炒制完后需要摊晾回潮。程度以二青叶含水量 40% ～ 44%，初下机时叶质稍硬，冷却回潮后柔软，稍有弹性为适度。

（5）做形　珠形绿茶采用 2 次做形。第 1 次做形选用 50 型曲毫炒干机。投叶量 2.8 ～ 3.2 kg，锅温 110 ～ 130 ℃，摆幅频率 90 ～ 100 次 /min，炒制时间 60 ～ 90 min。出锅后需摊晾回潮。第 1 次做形完成含水量控制在 20% ～ 24%，感官上 80% 茶叶卷成盘花状。第 2 次做形选用 50、60 型曲毫炒干机。50 型曲毫炒干机，投叶量 3.8 ～ 4.2 kg，锅温 90 ～ 100 ℃，摆幅频率 70 ～ 80 次 /min，炒制时间 50 ～ 70 min。60 型曲毫炒干机，投叶量 8 ～ 10 kg，锅温 90 ～ 100 ℃，摆幅频率 70 ～ 80 次 /min，炒制时间 50 ～ 70 min。出锅后需摊晾回潮。第 2 次做形完成含水量控制在 10% ～ 12%，感官上呈圆珠状或颗粒状。

（6）干燥　选用 6CH-10、6CH-20 型链板式烘干机作业。烘干机进风口温度 90 ～ 110 ℃，摊叶厚度 2 ～ 4 cm，烘 1 ～ 2 次，每次下烘均需摊晾冷却。茶叶含水量控制在 6% 以下，手搓捻茶叶即成粉末状为干燥充分。

（7）拣选　根据成品茶要求筛分分大小，风选去片末，拣剔去杂。

三、机采名优绿茶加工技术

随着劳动用工紧缺矛盾不断凸显，茶叶全程机械化生产逐渐开始为人们所重视。目前，大多数外形为卷曲形（或颗粒形）、长条形、中低档毛峰形和扁形的优质绿茶较适合机采鲜叶加工的品类，下面分别就卷曲形（颗粒形）、长条形、毛峰形和扁形机采名优绿茶加工技术进行详细介绍。

（一）卷曲形名优绿茶机采鲜叶初制加工技术

卷曲形或颗粒形名优茶具有卷曲成螺或呈腰圆形、圆形外观特征，是我国重要的名优绿茶类型，也是机采叶较为适合加工的名优绿茶类型。其中，颗粒型的勾青茶是最具代表性的一类产品，下面以勾青茶为例，介绍卷曲形优质绿茶加工技术。

1. 分级处理

勾青茶外观呈腰圆形或圆形，一般是揉捻叶在曲毫机炒制部件的外力作用下卷曲成形的。一般较嫩的芽叶、对夹叶、单片等鲜叶均可成形，因此，勾青茶对鲜叶的嫩度和完整度要求相对不高，非常适合机采鲜叶的加工。为保证茶叶加工品质和加工效率，应尽量提高机采鲜叶的完整度和嫩度。当完整度低于50%时应进行必要的分级处理，可以采用各种茶鲜叶分级机对机采的鲜叶进行系统分级，去除梗末和茶片，割除大叶和老叶，提高鲜叶的均匀性和净度。

2. 勾青茶加工工艺

机采鲜叶勾青茶加工工艺流程为：摊放→杀青→去片与回潮→揉捻去杂→毛火→摊晾回潮→炒制做形→足火提香→整理。

（1）摊放　摊放是勾青茶热加工前调整鲜叶理化品质的重要工序，不仅可以改善鲜叶中的风味物质构成，还可以降低水分、软化叶质，便于后序的加工。

勾青茶机采鲜叶摊放与传统方法基本一样，摊放环境应选择清洁卫生、阴凉、无异味、空气流通、不受阳光直射的场地。机采鲜叶分级或去除碎末后应及时分类摊放，摊放应使用竹匾、篾垫等专用工具或摊青槽、摊青机等专用设施。摊放工艺与传统手采鲜叶基本相同，不同品种、不同采摘时间、不同级别鲜叶，以及雨水叶与晴天叶应分开摊放。摊放厚度 5 ～ 10 cm，分级后差异较大的鲜叶分别摊放，嫩叶薄摊、老叶厚摊，雨水叶应薄摊，并通风散热。摊放时间因叶因时而定，由于机采鲜叶的新鲜度好于手采鲜叶，时间会较同等手采鲜叶的传统工艺略长，一般为 6 ～ 12 h，以叶色变暗、叶质柔软、露清香、含水率70% 左右为宜。摊放过程中要适当翻叶，翻叶时应轻翻、翻匀，减少机械损伤。

（2）杀青　与手工采摘鲜叶相比，机采鲜叶一般量大，但鲜叶的匀度较差。因此，一般应选用中大型滚筒杀青机进行杀青，杀得透、杀得匀。为提高机采鲜叶杀青的均匀性，可选用具有高、中、低 3 段温度自控系统的电磁滚筒杀青机，可以较好地适应老嫩和大小不一的机采鲜叶。另外，对品质要求高的产品，分级后的鲜叶应分别进行杀青。

具体杀青工艺参数与传统工艺基本相似。杀青时，先开动机器运转，同时加热，在机器筒壁温度升至200 ～ 220℃时均匀投叶，开始投叶量稍多，以防少量青叶落锅后成焦叶，产生爆点，之后均匀投叶。6CS-60 型滚筒杀青机每小时投叶 50～60 kg，6CS-70 型每小时投叶 60～80 kg，6CS-80 型每小时投叶 80～100 kg，6CS-90 型每小时投叶 150～200 kg。在杀青过程中，应开启排湿装置或使用风扇、鼓风机等辅助排湿，出叶后及时摊晾，防止堆积闷黄。叶色转暗绿，手握叶质柔软，青气消失，散发出良好的茶香，杀青叶含水率 55%～60%，无红梗红叶、焦叶、爆点为杀青适度。

（3）去片与回潮　单片多是机采鲜叶的一大特点，因此，杀青叶下机后应采用风扇或专用风力分选机等装置与设备去除单片，并通过风力大小和方向的调节去除杀青叶中的黄片、老片和碎叶片，同时降低杀青叶的温度。之后，使用竹匾、篾垫或专用设施对杀青叶进行摊晾，时间 20 min，至叶温降到常温即可。充分摊晾后的杀青叶应进行堆放回潮，回潮时间略长于传统手采鲜叶，60～90 min。茶梗与叶片中的水分分布基本均匀，手捏茶叶成团不刺手为回潮适度。

（4）揉捻和解块去杂　揉捻是勾青茶的初步做形工序，考虑到机采鲜叶的嫩度和匀度大都比传统手采鲜叶差，故一般应选用中型以上揉捻机做形，而分级后较嫩鲜叶可借鉴传统工艺。杀青叶经摊晾回潮后应及时进行揉捻，工艺参数掌握与常规手采鲜叶基本相似。根据机型大小、叶质老嫩决定投叶量，6CR-45 型揉捻机每筒投杀青叶 30～35 kg，6CR-55 型揉捻机每筒投杀青叶 45～50 kg。采用中压长揉方式，加压应遵循"先轻后重、逐步加压、轻重交替、最后松压"的原则。揉捻叶成条率达到 70% 以上为适度，揉捻时间一般为 60～120 min，具体根据原料叶嫩度不同而确定。揉捻叶下机后应及时解块。由于机采鲜叶中老片、黄片甚至老梗、老叶含量较多，这些叶片在揉捻中容易破碎，产生较多的碎末片茶。为了减少这些碎末片茶在后续工作中对茶叶品质的影响，需要采用分筛机去除。

（5）毛火（烘二青）　与传统工艺基本一致，一般采用热风烘干机进行初步烘干，以薄摊快烘为主。摊叶厚度较传统工艺适当提高，一般为 3～5 cm，初烘温度 110～120℃，初烘时间 10～15 min，烘至含水率 30%～40%，手捏茶有扎手感即可。二青叶烘制时，要求烘干机温度均匀、热效率高，茶叶失水均匀。对于因差异较大而分级的鲜叶加工的揉捻叶应分别烘干，嫩叶薄摊，老叶厚摊。

（6）摊晾回潮　二青叶出叶后要及时摊晾。由于机采鲜叶的匀度较差，毛火初烘后的茶叶水分差异也会较手工鲜叶大，体型较小的叶片有可能比较干燥，直接做形会导致产生碎片，因此，必须进行充分的摊晾回潮，均匀水分。

一般使用摊晾平台、回潮机等专用设备或竹匾、篾垫等传统工具进行摊晾，时间略长于同等嫩度的手采鲜叶，时间为 60 ～ 120 min，至手捏茶叶基本回软，稍有触手感为宜。对品质要求较高的产品，可以对二青叶筛分后分别加工。

（7）炒制做形　一般采用曲毫炒干机进行炒制，工艺参数与传统手采鲜叶基本一致。首先是初炒，茶叶投满炒手板上部锅体 3/5 位置，锅体温度 80 ～ 100℃，初炒时间为 90 ～ 100 min，炒至含水量 12% ～ 15% 为宜。然后进行拼堆，采用摊晾平台、回潮机等专用设备或竹匾、篾垫等传统工具进行摊晾。最后进行拼锅再炒，如果大小差异较大的或需要加工更为精细的，可以筛分后，对不同颗粒大小茶叶分别拼锅炒制，仍采用曲毫炒干机，将初炒拼堆后的茶叶投满炒手板上部锅体 2/3 位置，锅体温度 70 ～ 90℃，复炒时间为 90 ～ 110 min，炒至含水率 7% ～ 8% 为宜。

（8）足火提香　完成炒制做形的茶叶，回潮后进行足火提香，目的是使茶叶足干，并进一步提高茶叶香气。足火提香一般采用热风烘干机、提香机或滚筒炒干机。烘干方式的摊叶厚度一般为 2 ～ 3 cm，风温控制在 110 ～ 115℃，烘至含水率 6%，手捏茶叶成细粉，下机冷却，充分摊晾后包装密封。

（二）长条形茶机采鲜叶初制加工技术

长条形茶即长炒青，是我国传统大宗绿茶产品，也是我国主要出口的绿茶类型，国内市场销售量也较大。随着人们生活水平的提高，人们对茶叶品质的要求不断提升，各类高档炒青被逐渐开发出来，较好地适应了国内消费升级的需要。松阳香茶就是优质长炒青绿茶的典型代表，下面以松阳香茶为例，介绍机采优质长炒青绿茶加工技术。

1. 分级处理

松阳香茶外形呈略有卷曲的长条形，主要是通过揉捻和干燥过程中的滚动炒制等外力作用逐渐成形的。一般是较嫩的完整芽叶易于成条，因此，用于加工松阳香茶的机采鲜叶，对芽叶的完整度有一定要求，而对鲜叶的嫩度和匀度要求相对来说不高。与机采鲜叶的要求及处理方法参见勾青茶。

2. 初制工艺

松阳香茶机采鲜叶加工工艺流程为：摊放→杀青→去片与回潮→揉捻去杂→循环滚炒（滚二青）→摊晾回潮→滚毛坯（做三青）→摊晾回潮→滚足干（提香）→整理。

摊青、杀青和去片与回潮等工序。参见颗粒形或卷曲形名优茶相应工艺参数。

（1）揉捻和解块去杂　揉捻可以塑造香茶外形，促使茶汁容易泡出，增进茶汤滋味，是香茶加工过程中最重要的做形工序。考虑到机采鲜叶大都比传统手采鲜叶的嫩度差，而产量一般较大，所以一般应采用中型以上揉捻机进行做形，特别是对分级后的大叶加工处理。杀青叶经充分摊晾回潮后进行揉捻。投叶量一般根据机型大小、叶质老嫩情况而定，6CR-45型揉捻机每筒投叶30～35 kg，6CR-55型揉捻机每筒投叶45～50 kg。为获得紧结细秀的香茶外形，应适当重揉、长揉，使茶条紧而不松，圆而不扁，整而不散。加压应遵循"先轻后重、逐步加压、轻重交替、最后松压"的原则，揉捻时间根据原料嫩度不同控制在60～150 min，以嫩叶成条率达到85%～95%为适度，其中，高档香茶揉捻加压则以轻压、中压为主，揉捻时间60～70 min；中档优质香茶以中压为主，适当结合重压，揉捻时间90～120 min。揉捻叶下机后应及时解块，并采用分筛机去除碎末片茶，以减少碎末片茶在后续作业中对茶叶品质的影响。

（2）循环滚炒（滚二青）　香茶做二青大多采用大型滚筒杀青机（导叶条高度低于4 cm）进行循环滚炒，也有用烘干机烘二青的。具体操作时，当筒体出叶端向里30 cm中心空气温度达到90℃时投叶。6CS-70型滚筒杀青机每小时投叶30～35 kg，6CS-80型每小时投叶50～55 kg，6CS-90型每小时投叶70～75 kg，连续循环滚炒。滚炒过程中，要求"高温、快速、少量、排湿"，以保持叶色翠绿。以手捏茶叶松手不黏，稍感触手，有弹性，含水率35%～40%为适宜。滚二青叶下机后应及时摊晾回潮，时间一般应较同等嫩度手工鲜叶传统制作工艺长。在摊晾期间，应对老叶黄片进行首道拣别，提高香茶净度。对品质要求较高的产品，可以对滚二青叶筛分后分别加工。

（3）滚毛坯（做三青）　滚二青叶经30～40 min的摊晾回潮，至手捏茶叶基本回软，稍有触手感后进行滚毛坯。香茶一般采用滚筒杀青机来完成做三青。当筒体出叶端向里30 cm中心空气温度达到75～85℃时投叶，开始滚炒时温度宜高，以后逐步降低，通常经往返5～6次滚炒，中低档原料应适当增加次数，直到条索细紧，有明显触手感，色泽乌绿，香气初显，含水率达到12%～14%为适宜。滚毛坯过程中应使用风扇和鼓风机辅助排湿，出叶后及时摊晾。

（4）滚足干（提香）　也称"过香"，该工序对茶叶香气发展起着至关重要的作用，同样采用滚筒杀青机循环滚炒提香。该加工过程中温度和时间参数的掌握极为重要，一般当筒体后端温度达到80℃时投叶，6CS-70型滚筒杀青机每小时投叶量为28～30 kg，6CS-80型每小时投叶量为46～48 kg，6CS-90型每小时投叶量为64～66 kg。滚炒提香一般为3～4次滚炒，时间15～20 min，至含水率6%，手握茶叶有烫手感、手捻茶叶能成细粉为宜。最后1～2次循环，应适当提高温度，并及时排风，以促进高香形成，排出茶末、碎片，但要切忌高火香和焦味产生。出叶后要迅速摊开散热，充分摊晾后包装密封。

（三）毛峰形茶机采鲜叶初制加工技术

毛峰形绿茶即称毛峰茶，传统毛峰茶又称毛尖茶，属烘青型名优绿茶，一般采用多茸毛细嫩芽叶为原料，经杀青、揉捻、初干显毫后烘干而成，是一种生产量较大的名优绿茶。

1.分级处理

毛峰茶外形呈略有卷曲的长条形，且要求茸毫披露，显芽锋，一般采用嫩度为一芽一叶至一芽二三叶为主的鲜叶进行加工，对鲜叶嫩度、芽叶完整度和匀净度都比香茶和勾青茶要求高。一般情况下，加工毛峰茶的机采鲜叶质量要求较勾青和香茶为高，应杜绝连带老叶、老梗的机采鲜叶。具体方法可参见勾青茶的鲜叶分级处理方法。

2.加工工艺

机采鲜叶毛峰茶加工工艺流程：鲜叶处理→摊放→杀青→去片与回潮→揉捻去杂→初烘→摊晾回潮→复烘（提香）→整理。

摊青、杀青和去片与回潮等工序，参见颗粒形或卷曲形名优茶相应工艺参数。

（1）揉捻和解块去杂　揉捻是毛峰茶的主要做形工序。一般采用中小型揉捻机进行，按照揉捻机投叶量要求投入杀青叶，揉捻压力掌握"轻-重-轻"的原则。分类加工时，工艺参数应根据鲜叶嫩度情况分类对待：①压力，高档毛峰茶揉捻程度宜轻，中低档毛峰茶适当增大压力。揉捻过重，虽能揉紧茶条，但茶汁易被挤出附于叶表，而使茶多酚被氧化，叶绿素脱镁变色，成茶色泽灰暗。②时间，高档毛峰茶揉捻时间一般为6～10 min，中低档茶为15～20 min，揉捻至茶条卷拢，茶汁稍沁出，成条率95%以上即可。下机后应及时解块，并采用分筛机去除碎末片茶，以减少这些碎末片茶在后续工作中对茶叶品质的影响。

（2）初烘与去片　一般采用烘干机进行初步烘干，工艺参数与手采鲜叶基本相似，揉捻叶摊放厚度 1～2 cm，热风温度 110～120℃，烘干时间 8～10 min，烘至含水率 15%～20% 即可。初烘叶下机后直接采用风选机或简易风扇去除初干叶中的单片和黄片。

（3）摊晾回潮　初烘与去片后的茶叶应尽快摊晾回潮，并采用风扇等设施吹风散热，以减少茶叶的热氧化，促使茶叶内含水分重新均匀分布，以利于茶叶继续烘干。考虑到机采鲜叶的匀度较差，毛火初烘后的茶叶水分差异也会较手采鲜叶大，为提高后期干燥的均匀性和干燥效率，必须进行摊晾回潮，均匀水分。一般使用摊晾平台、回潮机等专用设备或竹匾、篾垫等传统工具进行摊晾，时间略长于同等嫩度手采鲜叶加工的在制叶，一般为 2～3 h，至手捏茶叶基本回软，稍有触手感为宜。

（4）复烘　工艺参数与手采鲜叶基本相似，用烘干机进行低温慢烘，温度 80～90℃，时间 20～25 min，烘至茶叶含水率 5%～6%，充分摊晾后包装密封。

（四）扁形茶机采鲜叶初制加工技术

扁形茶是在干燥过程全部采用炒干方式加工的名优茶，也是市场上平均售价最高的名优茶，以最著名的西湖龙井为代表，在国内外市场上享有盛誉。

1. 扁形茶鲜叶的基本要求与处理

扁形绿茶"扁平挺直"的形状是通过做形工序中外力作用下收紧和压扁而成形的。传统高档扁形茶对芽叶的嫩度、完整度和长短要求都较高，高档扁形茶鲜叶嫩度要求为一芽一叶至一芽二叶初展，中低档扁形茶对鲜叶完整度和嫩度要求相对较低，为一芽二叶至一芽四叶，而目前机采鲜叶组成以一芽二叶至一芽四叶居多，单片多，大小差异较大，还有一些老片和黄片等。但机采鲜叶和在制品若通过分级处理，并配套特殊工艺措施，则完全具备加工中档扁形茶的潜力。加工中低档扁形茶的机采鲜叶可参见勾青茶的鲜叶分级处理方法。

2. 初制工艺

机采鲜叶的扁形茶加工工艺流程：摊放→杀青→去片与回潮→切断整理→初炒做形→回潮和分筛→复炒做形→后期整理。

（1）摊放　与传统手采鲜叶的加工工艺基本一致，参见勾青茶摊放工艺参数。

（2）杀青　考虑到机采叶的芽叶组成特点，宜采用同时具有杀青和理条功能的名茶多功能机进行作业。可考虑采用 6CMD-450 型等多槽式扁形茶炒制机，槽锅温度 180℃ 左右，时间约 8 min，投叶量 0.5 kg 左右。杀青叶色泽转暗绿，手握叶质柔软，青草气消失，散发出良好的茶香，含水率 55% 左右，幼嫩芽叶基本理直为适度。鲜叶分级出的各档芽叶差异较大时应分别单独杀青。

（3）风力去片和摊晾回潮　杀青叶下机后，采用排风扇或专用风力分选机等风力去片设备或装置去除杀青叶中的黄片、老片和碎叶片，并及时摊晾。使用竹匾、篾垫或专用设施进行摊晾，时间应控制在 20 min 以内，至叶温降到常温即可。充分摊晾后的杀青叶使用摊放平台堆放回潮，促使茶梗与叶片中的水分重新分布，回潮时间一般为 40 ~ 90 min，以手捏茶叶成团不刺手为宜。

（4）切断整理　鲜叶分级出的较大、较长杀青叶可以直接采用专用的茶叶切断机将茶叶切断，数量较少时可以与其他杀青叶拼合加工，若数量较大时应单独处理加工。切断后长度可根据产品整体要求统一确定，一般为 4 ~ 6 cm。

（5）初炒做形　一般采用单锅或多锅长板式扁茶炒制机进行初炒做形。长板式扁茶炒制机是 21 世纪初才研制成功的专用于扁形茶加工的设备，该设备在青锅工序中可实现杀青、初步压扁等功能。机采鲜叶的特殊机械组成特点，采用多槽式扁形茶炒制机完成了鲜叶的杀青、理条，因此该工序中长板式扁茶炒制机主要是完成初步压扁任务。由于机采叶片多，为提高制得率，与传统工艺比较，宜适当增加投叶量，以紧缩身骨。一般杀青叶投叶量控制在 120 ~ 180 g，炒制时间 4 ~ 5 min，整个操作过程大致可分成两个阶段。第 1 阶段，历时 0.5 ~ 1 min，锅温 110 ~ 130℃，主要目的是使茶叶回软和蒸发水分，不加压。第 2 阶段历时 3 ~ 4 min，锅温 100 ~ 110℃，逐步加压，主要目的是初步做形，为辉锅打下基础。炒制过程中应保持炒制叶手感湿软而不触手、不结块为宜，当炒至茶叶舒展扁平，茶叶含水率降为 20% ~ 30% 时出茶。

（6）回潮和分筛　由于机采鲜叶机械组成的差异较大，茶叶在压扁做形过程中芽叶形状形成和水分散失都会出现较大的差异，更需要进行回潮和分筛，以提高初步做形茶叶的均匀性。通常将初步做形的茶叶摊晾集中后，盖上洁净棉布，使茶叶内外水分重新分布均匀，转潮回软。回潮时间一般掌握在 2 h 左右。茶叶"回潮"后，对茶叶进行分筛。根据产品定位和茶条的大小及均匀程度，用 2 ~ 3 只筛孔大小不同的方眼竹筛对回潮叶进行筛分，分筛后的各档茶均要割除片、末。

（7）复炒做形　相当于传统扁形茶加工中的辉锅工序，是扁形茶做形和干燥的关键工序，其主要目的是干燥茶叶、做形和形成扁形茶的风味品质。采用长板式扁茶炒制机，投叶量 200 ～ 250 g，锅温 90 ～ 110℃，先低后高，逐渐加压，整个炒制时间一般为 5 ～ 7 min，操作上可分为 2 个阶段。第 1 阶段历时 1 ～ 2 min，不加压，主要目的是使茶条回软。操作时，当锅温到达要求后，投入规定量的回潮初干叶，在空压下利用炒板长手对茶叶进行加热和整理，并散发水汽。第 2 阶段历时 4 ～ 5 min，逐步加压，最后松压，主要目的是对茶叶进一步压扁，并蒸发水分，完成干燥和定型。炒制过程中应掌握逐渐加压，使茶叶扁平，后期应逐渐提高温度，将香气逼出，炒至茶叶含水率达 6% ～ 7%（略大点的茶条稍折即脆断）时出茶。

（8）后期整理　在茶叶干燥后期，需要进行后期处理。一般采用圆筒式辉锅机进行脱毛和提香干燥，投茶量应尽可能多，以作业时茶叶不会从筒体涌出为度，如使用筒体直径为 60 cm 的 6CHT-2 型茶叶辉干机，投叶量应达 4 kg 左右，筒体温度 80 ～ 100℃，时间 45 min 左右，至茶叶含水率达到 6% 以下，完成辉干脱毫。另外，为进一步提高茶叶的外观品质，干茶经摊晾后，可进行适当的筛分、切断、拼配和归堆处理。

四、大宗绿茶初制加工

（一）炒青绿茶加工

炒青绿茶是我国绿茶产区最广、产量最多的一种绿毛茶，由于其干燥方式采用炒干，习惯上称其毛茶为"炒青"。炒青的品质要求，外形条索紧直、匀整，有峰苗，不断碎，色泽绿润，调和一致，净度好，内质香高持久，最好有熟板栗香，汤色清澈，黄绿明亮；滋味浓醇爽口，忌苦涩味；叶底嫩绿明亮，忌红梗、红叶、焦斑、生青及闷黄叶。虽然各产区炒青绿茶初制加工方法不尽相同，但主要工序均为杀青、揉捻和干燥 3 道工序。

1. 摊青

鲜叶要按鲜度、净度、匀度、嫩度的不同要求，严格验收，分级摊晾。摊晾时不能让鲜叶直接接触地面，可在竹席等竹器上摊晾。摊叶厚度最多不超过 30 cm，摊晾时间以 4 ～ 12 h 为好，最多不能超过 16 h。摊放过程中适时翻动，一般要使鲜叶温度不宜超过 25℃。摊晾程度应以叶质微软、青香透出、含水量 70%、失重不超过 5% ～ 10% 为宜。达到适度后应及时进行加工。劣变叶不得用来制茶。

2. 杀青

常用机型为滚筒式连续杀青机、滚筒式（100 型）间歇杀青机。使用滚筒式连续杀青机时，当机内进叶端温度上升接近 280℃，滚筒局部有些泛红，立即开始投叶。投叶量随温度的升高而增加，当温度达到 280℃时，投叶量保持恒定。杀青结束前 10 min 开始降温并逐渐减少投叶量。烧焦的杀青叶应与正常叶分开，另作处理，绝对不能混淆。使用滚筒式（100 型）间歇杀青机时，当筒体受热局部泛红时即可投叶，投叶量 12 kg 左右，有类似炒芝麻的声音即为合适的杀青温度。嫩度高或水分含量多的鲜叶，投叶量适当减少；反之，投叶量适当增加。杀青温度先高后低，杀青时间约 7 min。杀青程度为当芽叶失去光泽，叶色暗绿，叶质柔软、萎卷，嫩梗折而不断，杀青叶手握成团，松手不易散开，略带有黏性，青草气散失，显露清香，即为杀青适度。

3. 揉捻

常用揉捻机机型为 35 型、40 型、45 型、55 型、65 型。投叶量 35 型 6 ～ 8 kg、40 型 10 ～ 15 kg、45 型 20 ～ 25 kg、55 型 30 ～ 35 kg、65 型 55 ～ 65 kg 杀青叶。原则上松散装满为度，一般比揉桶上沿低 5 cm 左右，不可过满。加压应掌握"轻—重—轻"的原则，嫩叶要"轻压短揉"，老叶要"重压长揉"。一般小型揉捻机揉捻时间 25 min 左右，大型揉捻机 45 min 左右。揉捻程度为揉捻适度的叶子，高档嫩叶成条率达 80% 以上，低档粗叶成条率达 60% 以上，碎茶率不超过 3%，茶汁溢附叶面，手握有粘手感。揉捻叶下机后要及时解块、筛分。

4. 二青

分为炒二青或烘二青。炒二青用 110（100）型滚筒炒干机，筒温 150 ～ 120℃，投叶量 15 ～ 20 kg，揉捻叶时间 15 ～ 20 min，适度后下机摊晾 30 min。烘二青烘干机进风口温度 120 ～ 130℃，摊叶厚度 1 ～ 1.5 cm，时间 10 ～ 15 min，适度后下机，摊晾 30 min。二青程度为待减重达 25% ～ 30%，含水量不低于 35% ～ 40%，手握叶质尚软，茶条互不粘连，稍能成团，松手能散开，富有弹性，稍感刺手，青草气消失。

5. 三青

用 110（100）型滚筒炒干机，筒温 90 ～ 110℃，投叶量 20 ～ 30 kg 二青

叶，时间 45 min，下机摊晾 60 min，用 16 孔筛隔除碎、片、末，分段干燥。三青程度为炒至含水量 15%～20%，条索基本收紧，部分发硬，茶条可折断，手捏不会断碎，有刺手感即可。

6. 足干

用 110（100）型滚筒炒干机，筒温 70～80℃先高后低，投三青叶 35～40 kg，炒 60～90 min。足干程度为炒至含水量 4%～6%，条索紧结、匀整、色泽绿润，茶香浓郁，手捻茶条全成粉末，折梗即断。待摊晾至室温后包装入库。

（二）烘青绿茶加工

烘青绿茶，除少量以烘青产品在市场直接销售外，大多数的烘青作为窨制花茶的茶胚，通过窨花，加工成花茶，供应喜喝花茶的人们消费。如中国的东北、华北、西北和四川成都等地区，每年需用大量的花茶。烘青绿茶的制法分杀青、揉捻、干燥 3 个工艺过程。

杀青：杀青的目的和方法，与炒青绿茶基本相同，无甚差异。

揉捻：由于烘青绿茶绝大部分内销，要求耐冲泡，条索完整。因此，揉捻程度要比炒青绿茶轻些，为了保持条索完整而又紧结，揉捻中最好采用分筛后，筛面茶短时复揉的方法，老嫩混杂的原料，其效果尤为显著。

干燥：烘青绿茶干燥工序分为毛火与足火，可以采用人工烘焙和机制烘焙两种的方法。

1. 人工烘焙

人工烘焙是在专用的篾质焙笼上进行的，也可在自备小型烘房中进行。

（1）打毛火　烘茶前 0.5 h，置木炭于焙灶（或火盆）中生火（或用煤炭，须采用间接火温，要安护条，上覆盖铁锅）。待烟头全部烧尽后，上盖一层灰，中厚四周薄，待火温从四周上升，用焙笼烘焙时，焙心受热要均匀。烘茶前，把焙笼置于焙灶上，烘热焙心。打毛火时，焙心温度要求到 90℃时开始上茶，上茶时焙笼应移到簸箕内，摊叶要中间厚四周薄。每笼摊揉捻叶 0.75～1 kg。上好茶后，用双手在焙笼两边轻轻一拍，使其碎末茶落入簸箕中，以免烘焙时落入火中生烟。然后将焙笼轻轻移放在焙灶上烘焙。烘焙过程中，每隔 3～4 min 翻茶 1 次。翻茶时应将焙笼移到簸箕内，以左手指按住焙心，右手将焙笼倾向胸前掀起，使茶胚翻至一边。然后放平焙笼，双手捞起茶叶，均匀撒摊于焙心上，再轻轻拍打一下焙笼，小心放回焙灶上。如此翻茶上烘，经 5～7

次，达 5 成干左右，即可下焙摊晾。如用煤火干燥，必须采用间接火温，避免吸收异味。打毛火总的要求是掌握"高温薄摊快速"的原则。

（2）摊晾　打毛火后，须进行 20 ～ 25 min 的薄摊，使水分重新分布。

（3）打足火　打足火则采用"低温侵烘"，温度由 70℃左右逐渐下降到 60℃左右。每笼摊叶 2 ～ 2.5 kg，每隔 5 ～ 8 min 翻焙 1 次，待手捏茶叶成粉末时，即可下烘，完成烘青绿茶的手工作业。

2. 机制烘青

所谓机制烘青，就是绿茶的干燥作业借用烘干机完成。烘干机的种类有手拉百页式烘干机和自动烘干机两种。

（1）手拉百页式烘干机　打毛火，烘前 0.5 h 把火烧好，然后开动鼓风机，使热空气进入烘箱。当进风口温度达到 110℃左右时，开始上茶，用手将揉捻叶均匀地撒在顶层百页板上，摊叶厚度约 1 cm。烘 2 ～ 3 min，拉动第 1 层百页板，使茶胚落入第 2 层，再在第 1 层板上均匀撒上揉捻叶，这样依次上叶并拉动各层百页板的把手，使茶胚逐层下落，当茶胚落入第 6 层后（最底层），应在小窗口随时检查烘干程度，调整撒叶厚度及拉把手时间。烘干程度同样是掌握 5 成干左右，即手握茶胚不粘手，稍感刺手，但仍可握成团，松手会弹散。条索卷缩，叶色乌绿，减重25% ～ 30%，含水量40% ～ 45%。茶胚落入出茶口后，及时掏出，摊晾 20 ～ 25 min 后，打足火。打足火时的方法与打毛火的操作大体相同。不同之处是，进风口的温度比打毛火时低，一般为 80 ～ 90℃，摊叶厚度比打毛火时稍厚，通常为 1.5 ～ 2 cm。

（2）自动烘干机　茶胚由输送带自动送入烘箱，每分钟上叶 3 ～ 4 kg。摊叶厚度掌握在 1 ～ 1.5 cm，最后自动卸叶。烘焙时间快速约 10 min，中速约 15 min，慢速约 20 min，生产上一般多采用快速或中速。不过，当前自动烘干机的种类（型号）较多，快、中、慢速因机型不同而略有差异，在生产中要不断总结经验，灵活掌握。同时，必须根据揉捻叶含水量，调节烘箱温度和上叶量，如揉捻叶含水量较高，则烘箱温度相应地要高些，上叶量则应减少，含水量较低，则相反。打足火后的茶胚同样要及时摊晾，烘箱底部的脚茶箍常清理，分开摊放。打足火时，温度与手拉百页式烘干机一样，比打毛火时低，为 80 ～ 90℃，适宜中速或慢速。

要注意的是，不管炒青绿茶，还是烘青绿茶，初制后的成茶，必须摊晾后才能装入口袋运往仓库。

第四节　病虫草害防治

绿茶是我国最主要的茶类,各产茶省均有绿茶生产。绿茶产区的病虫草害发生情况可代表我国各茶类生产区域的情况。因此,其他茶类的病虫草害防治技术可参见本章。

一、害虫防治技术

为害茶树芽叶、枝干、根部、花果、种子等部位的害虫,种类繁多,据不完全统计有 800 余种。这些害虫大都为昆虫,部分为螨类。除造成茶叶减产外,还可降低茶叶品质。由于栽培技术的变革和使用化学农药品种的变化,近 40 年我国茶园害虫发生较大变化。演替规律可归纳为如下 3 点:由鳞翅目食叶类害虫向吸汁害虫演替;蓟马、叶蝉、网蝽、螨类、粉虱类害虫的发生有上升趋势;由发生代数少的种类向发生代数多的种类演替,部分茶区象甲、叶甲有爆发趋势。根据为害特点,可将茶树害虫分为吸汁害虫、食叶害虫、钻蛀害虫、地下害虫、其他害虫等 5 类。

(一)吸汁害虫

吸食茶树养分、水分,导致枝叶凋萎、枯竭的害虫,包括半翅目的叶蝉、粉虱、蚧、蜡蝉、盲蝽、网蝽,缨翅目的蓟马,蜱螨目的害螨等。叶蝉类,主要指茶小绿叶蝉,是我国茶树重要害虫,为害幼嫩芽叶,夏、秋茶受害最重。害螨包括瘿螨、细须螨、跗线螨、叶螨等 4 类,主要为害夏、秋茶。蓟马类,主要有茶棍蓟马、茶黄蓟马,锉吸为害嫩叶。蝽类,主要有绿盲蝽、茶角盲蝽、茶网蝽等,刺吸为害幼芽或成叶、老叶。蚧类,中国茶树蚧类害虫有上百种,刺吸为害芽叶和枝干,可诱发煤病。粉虱类,主要有黑刺粉虱、通草粉虱,刺吸为害叶片,并可诱发煤病。此外,吸汁性害虫还包括茶蚜、蜡蝉等。

1. 茶小绿叶蝉

茶小绿叶蝉属半翅目叶蝉科小绿叶蝉属,学名 *Empoasca onukii* Matsuda。茶小绿叶蝉在我国各茶区发生普遍,是我国茶园为害最严重的一类害虫,也是我国茶园叶蝉的优势种,数量占99%。茶小绿叶蝉以若虫和成虫刺吸茶树嫩茎、嫩叶。受害轻者,芽叶失绿、老化,影响茶叶产量、品质;受害重者,顶部芽叶呈枯焦状,茶芽不发,无茶可采。

(1)形态特征 成虫长 3.1 ～ 3.8 mm,淡绿至黄绿色。头顶有 2 个绿点,头前有 2 个绿色圈(假单眼),复眼灰褐色。中胸小盾板有白色条带,横刻平直。前翅前缘基部色较深,绿色,翅端部透明无色或浅烟褐色。第 3 端室长三角形,前后两端脉基部起自 1 点。足与体同色,但胫节端部及跗节绿色。卵新月形,乳白至淡绿色。若虫 5 龄,初期乳白色,后渐转黄绿色,3 龄翅芽始露。

(2)生物学特性 长江流域 1 年发生 9 ～ 11 代,福建 11 ～ 12 代,广东、广西 12 ～ 13 代,海南 15 代。多以成虫越冬,但广东、云南等地无明显越冬现象。长江流域,3 月中下旬越冬成虫开始活动并产卵,4 月上中旬出现第一代若虫。此后,隔 15 ～ 30 d 发生 1 代。由于成虫寿命、产卵期较长,第 1 代后世代重叠。茶小绿叶蝉每年有 2 个发生高峰,第 1 高峰在 5 月下旬至 7 月上旬,为害夏茶;第 2 高峰在 8 月中下旬至 11 月上旬,为害秋茶。雌成虫将卵产于嫩茎组织内,以顶芽下第 2 ～ 3 叶的茎内最多。卵也可产在叶柄、主脉和蕾柄上。若虫孵化后常在嫩叶背面静伏、取食,3 龄后善爬跳,常横行。成虫飞翔力弱,嗜好金黄色。成虫、若虫均怕水湿畏强光。

(3)防治技术 ①人工捕杀:及时分批勤采,可随芽叶带走大量的虫卵和低龄若虫,同时恶化食源,控制种群密度。②物理诱杀:每 1.2 hm² 放置 1 台天敌友好型杀虫灯,灯管下端位于茶棚上方 40 ～ 60 cm,3 月下旬开灯、11 月关灯,每日日落后工作 3 小时自动灭灯;春茶结束修剪后,每亩悬挂 20 ～ 30 块天敌友好型的黄红双色诱虫板,可减少第一发生高峰虫口数量。③生物防治:及时喷洒 5% 除虫菊素水乳剂 900 ～ 1 000 倍液,或 1% 印楝素乳油 750 ～ 1 000 倍液,或 30% 茶皂素水剂 500 ～ 800 倍液。若严重发生,可间隔 5 ～ 7 d,连喷 2 次。④化学防治:防治指标为夏茶,6 头若虫每百片叶;秋茶,12 头若虫每百片叶。当虫口超防治指标时,及时喷洒 30% 唑虫酰胺悬浮剂 1 500 ～ 2 200 倍液,或 24% 虫螨腈悬浮剂 1 500 ～ 2 200 倍液,或 15% 茚虫威乳油 1 800 ～ 3 000 倍液,或 2.5% 高效氯氟氰菊酯乳油 450 ～ 750 倍液,或 2.5% 联苯菊酯乳油 550 ～ 1 100 倍液,或 30% 唑虫酰胺·茚虫威悬浮剂 800 ～ 1 300 倍液等化学药剂。

2. 茶黄蓟马

茶黄蓟马属缨翅目蓟马科硬蓟马属,学名 *Scirtothrips dorsatis* Hood,俗名茶叶蓟马、茶黄硬蓟马。该虫在我国海南、广东、广西、云南、贵州等地的茶区普遍发生。成虫和若虫均锉吸植株幼嫩芽叶的汁液为害，甚至也可为害老叶、叶柄和嫩茎，受害叶片背面出现纵向的红褐色条痕，条痕相应的部位微卷，叶正面略凸起，失去光泽。秋季为害重及虫口多时常整片叶褐变，芽叶卷曲，甚至枯焦、脱落，严重影响产量和品质。

（1）形态特征　雌虫体长 0.7 ～ 0.9 mm，体黄色。触角 8 节，淡褐色，只第 1 ～ 2 节淡黄，第 2 节最粗，第 3 ～ 4 节上各有 1 "V" 形感觉锥。复眼红褐色，单眼 3 个，具单眼间刚毛 3 对，第 3 对单眼刚毛位于 2 个后单眼之间。前胸背后侧有粗鬃毛 1 根。前翅狭长淡黄褐色，有 2 条翅脉，腹部第 2 ～ 7 节背面各有囊状暗褐色斑纹，前胸背板布满横纹，前翅上脉端部具 3 根刚毛，后缘缨毛直形；腹部第 3 ～ 8 节暗斑且具暗前脊线。雄虫形态结构与雌虫相似，但体形较雌虫瘦小，约为 0.7 mm。卵肾形，长约 0.25 mm，宽约 70 μm，乳白至淡黄色，半透明。若虫有 4 个龄期，初孵若虫白色透明，没有翅芽；2 龄和 3 龄若虫黄色，3 龄具有翅芽和发育不完全的触角，又称预蛹；4 龄若虫黄色，在头部具有发育完全的触角、扩展的翅芽及伸长的胸足，具 8 个腹节，又称蛹。

（2）生活习性　1 年发生多代，室内可完成 11 代，室外约 10 代，世代重叠。在广东、广西、云南、贵州等南方茶区，无明显越冬现象，低于 5℃ 的寒潮过后继续活动。12 月至翌年 2 月冬季仍可在嫩梢上找到成虫和若虫，但在浙江、江西等偏北的茶区，以成虫在茶花内越冬。在南部茶区，一般 10 ～ 15 d 即可完成 1 代，在广东以 9—11 月发生最多，为害最重，其次是 5—6 月；苗圃和幼龄茶园发生更严重。成虫活跃，1 日中以 9—12 时和 15—17 时飞翔最强，中午日光强烈时多栖息于叶背和芽内，阴天全天活动，雨天或低温的日子，活动性差，雨后天晴则特别活跃。茶黄蓟马以两性生殖为主，亦可见孤雌生殖，在茶园自然状态下，一般雄虫较少，雌雄性比为 1∶0.24 至 1∶0.28。卵产于芽或嫩叶叶背表皮下，初孵若虫从叶肉爬出后，在原产卵叶上活动，活跃程度随取食及日龄的增加而增加，1 ～ 2 龄若虫在嫩梢为害，在叶背取食；3 龄时停止取食，称之为预蛹；4 龄若虫称为蛹，分布在茶丛下部或近土面枯叶下。

（3）防治技术　搞好肥培管理，分批及时采茶，采茶的同时可摘除部分卵和若虫，以便压低虫口基数，控制害虫的发生。利用趋色性，用草坪绿色粘虫板诱杀。有机茶园可用 5% 除虫菊素水乳剂 500 ～ 1 000 倍液防治。采摘茶园虫梢率大于 40% 的应全面喷药防治。药剂可选用 60% 乙基多杀菌素悬乳剂 1 100 ～ 2 200 倍液，或 24% 虫螨腈悬浮剂 1 500 ～ 2 200 倍液，或 2.5% 联苯菊酯乳油 550 ～ 1 100 倍液等化学药剂。秋茶采摘结束后，将 45% 石硫合剂按照 120 ～ 180 倍液稀释后，在秋冬季气温不低于 4℃时，每亩用水量 75 L，全园喷透。

3. 茶棍蓟马

茶棍蓟马属缨翅目蓟马科棍蓟马属，学名 *Dendrothrips minowai* Priesner，又称茶棘皮蓟马、米氏棍蓟马。分布于我国福建、广东、广西、海南、湖南、贵州、浙江、江西、重庆、云南、四川及山东等地。若虫和成虫均锉吸幼嫩芽叶的汁液为害，有时也可为害叶柄、嫩茎和老叶。夏茶初期，虫口密度低，新梢叶片轻度受害，叶片微卷，叶色暗淡；后期虫口密度高，受害叶片褐变，背面出现条形疤痕状，正面凹凸状，叶片失去光泽，并微卷；受害严重时，叶背的条痕合并成片，叶质硬化变脆，直至枯焦或脱落，影响茶叶产量和品质。

（1）形态特征　成虫触角 8 节，第 3 ～ 4 节上各着生 1 角状感觉锥，第 6 节上着生 1 芒状感觉锥。翅狭长微弯，后缘平直，前翅黑色，仅 1 条翅脉，翅中央偏基部有 1 白色横带。雌成虫体长 0.8 ～ 0.9 mm，长为宽的 3 ～ 4 倍，近黑褐色。雄成虫体型较小，长 0.6 ～ 0.65 mm，腹部背面中央呈白色。卵白色，肾形，约 0.1 mm。若虫有 4 龄，初孵若虫乳白色，头扁细长，复眼鲜红；2 龄扁肥，浅黄色，复眼红黑色，体长 0.4 ～ 0.5 mm；3 龄橙红色，复眼暗红色，体长 0.5 ～ 0.6 mm；4 龄若虫（预蛹）黄色，体长 0.6 ～ 0.8 mm。蛹黄褐色，体长 0.7 ～ 0.85 mm。

（2）生活习性　在多地茶园 1 年发生 8 ～ 9 代，世代重叠现象严重。冬季仍见成虫产卵和若虫孵化。卵历期 5 ～ 7 d，成虫 7 ～ 10 d。卵散产于芽下 1 ～ 3 叶，以芽下第一叶最多。每雌成虫平均产卵约 30 粒。若虫多晨昏孵化，初孵若虫不活跃，群体聚集现象明显，常 10 至数十头聚于叶面叶背甚至潜入芽缝取食。高龄若虫转入土壤缝隙及枯枝落叶层或树皮缝处化蛹。成虫飞翔能力不强，受惊吓弹跳飞起，正午烈日时多栖于丛下荫蔽处或芽缝内，雨天少动。春季气温 15℃以上，完成 1 代需 20 ～ 25 d，夏秋季气温高时完成一代需 18 ～ 23 d；一般 5—6 月发生和为害最重。

（3）防治技术　除用黄绿色粘虫板诱杀外，其他防治措施同茶黄蓟马。

4. 茶橙瘿螨

茶橙瘿螨属蛛形纲蜱螨目瘿螨科，学名 *Acaphylla theae* Watt，又名茶刺叶瘿螨。中国各产茶省均有分布。成螨和若螨刺吸嫩叶和成叶汁液，致叶片失去光泽，叶色转黄，叶面主脉变红，叶背呈现褐色锈斑并略向上卷曲，芽叶萎缩。除茶树外，还为害油茶、檀树、漆树、春蓼、亚竹草等。

（1）形态特征　成螨体长约 0.14 mm，橙红色，长圆锥形，前体段较宽，后体段渐细，前体段有足 2 对，后体段有很多环纹，体上具刚毛，末端 1 对较长。卵球形，直径约 0.04 mm，初产时无色透明，呈水球状，近孵化时色混浊。幼螨体长约 0.08 mm，初孵时无色，渐变淡黄色。若螨体长约 0.1 mm，淡橘黄色。幼、若螨前体段均有足 2 对，后体段环纹不明显。

（2）生物学特性　1 年发生 20 余代，世代重叠严重，在信阳、桂林、无锡每年有 1 次为害高峰，发生在 4—6 月，高峰期随纬度升高往后推移。幼、若螨绝大部分都在叶背栖息为害，成螨在叶面和叶背均有，但以叶背为多，且各虫态在茶丛上部嫩叶背面居多。各虫态在成叶、老叶背面越冬。成螨具有陆续孕卵分次产卵的习性，卵散产于叶背，多在侧脉凹陷处，每雌螨平均产卵 20 余粒，有孤雌生殖习性。

（3）防治技术　①农业防治：选用抗性品种，及时分批采摘可带走大量的害螨；耕锄清园的枝叶；对为害严重的衰老茶园，在发生高峰前，修剪或台刈并清除枯枝落叶。②生物防治：保护和利用天敌（瓢虫、草蛉、捕食螨类），在螨口数量上升初期释放巴氏新小绥螨 *Neoseiulus barkeri*（Hughes）、加州新小绥螨 *N. californicus*（McGregor）或胡瓜新小绥螨 *N. cucumeris*（Oudemans）等捕食螨进行防治，每亩释放 6.8 万头。③药剂防治：药剂可选用 99% 矿物油 150 ～ 200 倍液，或 24% 虫螨腈悬浮剂 1 500 ～ 2 000 倍液，或 43% 联苯肼酯悬浮剂 2 000 ～ 2 500 倍液，药液喷洒至茶蓬上部叶片背面，注意农药的轮用、混用。秋茶采摘后用 45% 石硫合剂晶体 150 ～ 300 倍液喷雾清园。

5. 茶短须螨

茶短须螨属蛛形纲真螨目细须螨科，学名 *Brevipalpus obovatus*（Donnadieu），又名卵形短须螨。我国各茶区均有分布。成螨和若螨刺吸茶树老叶和成叶汁液为害，受害叶片局部叶色变红渐转暗，叶背出现许多紫褐色斑块，主脉和叶柄变紫褐色，最后叶柄霉烂引起落叶。

（1）形态特征　成螨雌性倒卵形，较扁平，中脊隆起，体长 0.27 ～ 0.31 mm，宽 0.13 ～ 0.16 mm，体色鲜红、暗红、橙红色。雄成螨较雌成螨略小，体末尖削呈楔状。幼螨至 1 龄若螨由橘红逐渐变为橙红色，2 龄若螨近长方形，体背黑斑加深，腹部末端较成虫钝。

（2）生物学特性　长江中下游 1 年发生 7 代，台湾 11 代，世代重叠。多以成螨聚于根茎部越冬,在广东、海南无越冬现象,广西也只有少量转至根际越冬。翌年气温回升后,逐渐往上转移至叶片上为害。茶短须螨雌雄性比高达2 000∶1。以孤雌生殖为主,产出多为雌螨,与两性生殖产生的后代没有差异。雄螨可多次交配。雌螨一生产卵12～54粒,日产最多4粒。卵多散产于叶背,少数产于叶面、叶柄、腋芽和枝干上。高温干旱对茶短须螨发生有利。

(3)防治技术 秋茶结束后,害螨越冬前喷施石硫合剂。做好茶园抗旱工作,清除茶园落叶和杂草,其他参照茶橙瘿螨。

6. 咖啡小爪螨

咖啡小爪螨属蛛形纲蜱螨目叶螨科,学名为 *Oligonychus coffeae*(Nietner),又名茶红蜘蛛。我国台湾、福建、广东、广西、云南等南方主要产茶省(区)均有分布。成螨和若螨刺吸为害茶树成叶,为害严重时也可加害嫩叶。被害叶有红褐色斑,后期整个叶片呈褐色并引起落叶。被害茶丛生长受抑制,在叶面上常有螨分泌的丝质网。

(1)形态特征 雌成螨体长0.36～0.5 mm,椭圆形,紫红色;雄成螨体长0.31～0.4 mm,阳茎末端与柄部呈直角弯向腹面,弯曲部分较宽阔,向端侧逐渐收窄,顶端圆钝。卵圆形,红色,有白色短毛1根。

(2)生物学特性 福建、云南1年发生约15代,世代重叠,无明显越冬现象,在普洱1年有2次为害高峰,第1次高峰在5月,第2次高峰发生在9月。喜阳光,多栖息于上部成叶及老叶表面为害,活动性强,并能吐丝下垂随风飘移。卵散产于叶面,且多在叶脉附近及凹陷处,日产卵1～6次,每次1粒,每头约产卵40粒,多的达百余粒。

(3)防治技术 参照茶橙瘿螨。

7. 茶跗线螨

茶跗线螨属蛛形纲蜱螨目跗线螨科,学名 *Polyphagotarsonemus latus*(Banks),又名侧多食跗线螨、茶黄螨、茶半跗线螨、茶壁虱。江苏、浙江、安徽、湖南、湖北、四川、云南、贵州、重庆等省(市)均有分布。成螨、幼螨刺吸新嫩芽叶,致色泽变褐,叶质硬脆增厚,以至停滞生长。

(1)形态特征 成螨体半透明,有足4对。雌螨椭圆形,长0.2～0.25 mm,宽0.1～0.15 mm,初为乳白色,渐转淡黄至黄绿色,第4对足跗节上有1根鞭状纤细长毛。雄螨近菱形,长0.16～0.18 mm,宽0.08～0.09 mm,淡黄色透明,第4对足粗大。卵椭圆形,长0.1～0.11 mm,宽

0.07 ~ 0.08 mm，无色透明。幼螨卵圆形乳白色，体长 0.1 ~ 0.11 mm，宽 0.07 ~ 0.08 mm，有足 3 对。若螨稍大，具足 4 对，腹背有一白色纵斑，雄体较细长。

（2）生物学特性　四川、重庆地区 1 年发生 20 ~ 40 代以上，世代重叠。高温干旱气候有利其发生，7—8 月为全年发生高峰期。末代雌成螨于残留芽叶、芽鳞、叶柄等间隙处越冬。卵期 1 ~ 8 d，幼螨期 1 ~ 12 d，产卵前期 1 ~ 6 d，3 ~ 18 d 完成 1 代。一般栖息嫩叶背面。雌成螨经 6 个月，翌年日均温升达 10℃以上时，陆续出蛰产卵于茶丛中下部冗生和徒长枝的芽叶上。以两性生殖为主，雄成螨一生可交尾多次。卵散产于芽尖和嫩叶背面，每雌螨产卵 31.7 ~ 52.5 粒，最多达 106 粒。其传播除人为携带外，季风有助其蔓延扩散。

（3）防治技术　参照茶橙瘿螨。

8. 神泽叶螨

神泽叶螨属蛛形纲蜱螨目叶螨科，学名为 *Tetranychus kanzawai*（Kishida），又名神泽氏叶螨、茶红蜘蛛。国内分布于山东、陕西、安徽、湖南、浙江、江西、福建、台湾等地，内陆发生较轻，台湾地区屡有严重发生。成螨、幼螨、若螨栖息于叶背刺吸茶树汁液，受害部位明显黄化；嫩叶受害后自叶尖变褐色，最后叶片脱落；成叶、老叶叶背变褐并略凹陷，叶面隆起色褪，被害处稍黄，同时附有白粉状蜕皮，发生严重时引起落叶和枝梢枯死。

（1）形态特征　雌成螨体长 0.44 mm，红色或深红色，冬季休眠时呈朱红色，椭圆形或卵圆形，足 4 对；雄成螨体长 0.34 mm，淡红色或淡黄红色，菱状卵圆形，足 4 对。卵球形，直径 0.13 mm，初产时近透明，孵化前呈现淡红色。幼螨近圆形，长 0.21 mm，淡黄色，足 3 对，雌雄难以区分。第 1 若螨体长 0.27 mm，卵圆形，微红色，足 4 对。第 2 若螨长椭圆形，雌螨体长 0.33 mm，淡红色，雄螨略小。

（2）生物学特性　1 年发生约 9 代，世代重叠，常以春、秋螨较多，以雌成螨在茶丛老叶背面越冬，在温暖地区，各虫态混杂越冬。芽叶萌发后，即从老叶转移至嫩叶为害。越冬螨体呈朱红色，雌成螨不产卵。春季雌成螨由朱红色转红色开始产卵，也可孤雌生殖。神泽叶螨最适温度为 20 ~ 30℃，降水对种群数量影响较大，天气干旱的年份易发生。冬季气温高，翌年易发生严重。遮阴茶园比普通茶园发生严重。偏施氮肥或茶园间作豆类利于其发生，多施磷钾肥有抑制作用。该螨爬行缓慢，远距离主要借助风雨或人畜携带传播。

（3）防治技术　参照茶橙瘿螨。

9. 长白蚧

长白蚧属半翅目盾蚧科，学名 *Lopholeucaspis japonica* Cockerell，又名日本长白蚧、梨白片盾蚧。中国各主要产茶区均有分布。以若虫和雌成虫刺吸茶树枝叶，致树势衰弱，芽叶稀瘦，并可诱发茶煤病，严重时致大量落叶，甚至整株枯死。

（1）形态特征　雌成虫和介壳均为纺锤形，雌成虫体长 0.6 ～ 1.4 mm，淡黄色，无翅，腹部分节明显；介壳暗棕色，其上覆有灰白色蜡质，壳点 1 个，突出在前端。雄成虫体长 0.48 ～ 0.66 mm，淡紫色，翅 1 对，白色半透明，翅展 1.28 ～ 1.6 mm，腹末有 1 针状交尾器；雄虫介壳较雌虫介壳小，长形、白色。卵椭圆形，长 0.2 ～ 0.27 mm。若虫共 2 龄（雄）～ 3 龄（雌），1 龄椭圆形，淡紫色，长 0.2 ～ 0.39 mm，触角和足发达，腹末有 2 尾毛，后期体被白蜡；2 龄转黄至橙黄色，长 0.36 ～ 0.92 mm，足消失，背面蜡质形成白色介壳，前端壳点浅褐色；3 龄（雌）梨形，淡黄色，腹末 3 ～ 4 节前拱，介壳灰白色，且较宽大。前蛹长椭圆形，淡黄色，长 0.63 ～ 0.92 mm，腹末有 2 尾毛。雄蛹细长，长 0.66 ～ 0.85 mm，淡紫色，触角、翅芽及足明显，腹末有 1 针状交尾器。

（2）生物学特性　在长江中下游 1 年发生 3 代，以老熟雌若虫和雄虫前蛹在茶树枝干上越冬。翌年 3 月下旬至 4 月下旬雄成虫羽化，常就近交尾后死去。雌成虫将卵产于介壳内，每雌产卵 10 ～ 30 余粒。若虫孵化后从介壳下爬出。初孵若虫活泼善爬，并可随风或人畜携带传播，在枝叶上找到适合的部位，将口器插入组织中固定和吸食为害，并分泌白色蜡质覆于体表，逐渐形成介壳。虫口在茶丛中的分布部位随代别、性别而异，第 1 ～ 2 代以叶上较多，雄虫多数分布在叶缘的锯齿间，雌虫多在主脉两侧，第 3 代多数分布在枝干上。各虫态历期（浙江余杭）：卵期 11 ～ 20 d，若虫期 23 ～ 32 d（越冬代可达 6 个月），雄蛹约 20 d，雌成虫寿命 23 ～ 30 d，雄成虫寿命 1 ～ 2 d。

（3）防治技术　①农业防治：加强苗木检疫，防止随茶苗和插穗传播；注意氮、磷、钾配比，合理施肥；及时清除恶性杂草，剪除徒长枝，促进通风透光，抑制其发生；低洼茶园，注意开沟排水；冬季石硫合剂封园，减少越冬虫口基数。②生物防治：可用 1.3% 苦参碱水剂 1 500 倍液等进行防治。③化学防治：狠治第 1 代，重点治第 2 代，必要时补治第 3 代。施药适期应在卵孵化末期至若虫期。可选用 24% 溴虫腈悬浮剂 2 000 ～ 3 000 倍液，或 10% 氯氰菊酯乳油 6 000 ～ 8 000 倍液，或 2.5% 溴氰菊酯乳油 4 000 ～ 6 000 倍液等进行防治。

10. 椰圆蚧

椰圆蚧属半翅目盾蚧科，学名 *Aspidiotus destructor* Signoret，同种异名 *Temnaspidiotus destructor* Signore，又名茶圆蚧、琉璃盾蚧、椰凹圆蚧、恶性圆蚧、木瓜蚧和黄薄轮心蚧等。中国各茶区均有发生。以若虫或雌成虫在叶背或枝梢上刺吸汁液，致使叶面出现黄绿色斑点，严重时造成落叶，致树势衰落。

（1）形态特征　雌成虫倒梨形，长约 1.1 mm，宽约 0.8 mm，鲜黄色，介壳与虫体易分离，介壳圆而扁平，长 1.7 ～ 1.8 mm，淡黄色或微带褐色，薄而透明，壳点黄白色居中或略偏。雄成虫橙黄色，复眼黑褐色，翅半透明，腹末有针状交配器；介壳近椭圆形，长约 0.75 mm，质地和颜色同雌介壳。卵长椭圆形，约 0.1 mm，黄绿色。若虫初孵时淡黄绿色，后转黄色，眼褐色。蛹长椭圆形，黄绿色，眼褐色。

（2）生物学特性　福建闽东 1 年发生 4 代，湖南、江苏、浙江一带年发生 3 代，贵州年发生 2 代，均以受精雌成虫在枝干上越冬。雄成虫羽化后爬出介壳作短距离飞行寻找雌成虫交配，交配后不久死亡。雌成虫不能移动，卵产于介壳下。各代卵盛孵期在地区间有差异，福建闽东分别在 4 月中下旬至 5 月上旬，6 月上中旬，8 月上中旬，9 月中下旬；浙江分别在 5 月中旬，7 月中下旬，9 月中旬至 10 月上旬；贵州分别在 5 月上旬和 8 月上旬。初孵若虫善爬，选择适合部位后固定和吸汁为害，并逐渐分泌蜡质覆盖虫体。虫口在茶树上的分布部位，越冬代以枝干上为多，非越冬代则大多在嫩茎及嫩叶背面。茶园杂草如菊科一年蓬 *Erigeron annuus*（L.）Pers.、蓼科水蓼 *Polygonum hydropiper* L.、伞形科积雪草 *Centella asiatica*（L.）Urban、报春花科星宿菜（*Lysimachia fortunei* Maxim.）为其中间寄主，在这些杂草上椰圆蚧可完成 1 个以上的世代。新辟密植郁蔽的成龄茶园有利于其大量发生。

（3）防治技术　参见长白蚧。

11. 蛇眼蚧

蛇眼蚧属半翅目盾蚧科，学名 *Pseudaonidia duplex* Cockerell，又名樟圆蚧、樟臀网盾蚧、樟网盾蚧、蚌圆盾蚧和橘丸介壳虫等。国内各茶区均有分布。以若虫和雌成虫固着在茶树叶片及上部枝上刺吸汁液，致树势衰退，甚至整株枯死。

（1）形态特征　雌成虫卵形，体长约 1.1 mm，紫色，前胸与中胸之间有深沟分开，腹部向后变狭，臀板背中有网纹。雄成虫体长约 1 mm，紫褐色，翅白色半透明，翅展 1.5 ～ 1.8 mm，腹末有淡黄褐色的交配器。雌虫介壳圆形，背面隆起，直径 2 ～ 3 mm，暗褐色，边缘浅褐色，2 个黄褐壳点偏在一边。雄虫介壳长椭圆形，褐色，长约 1.7 mm，宽约 0.7 mm，1 个黄褐壳点在头端中部。卵椭圆形，淡紫色，长约 0.2 mm，宽约 0.1 mm。若虫仅 2 龄，1龄椭圆形，淡紫色，长约 0.4 mm，宽约 0.25 mm，触角及足发达，腹末有尾毛 2 根；2 龄淡紫黑色，体长约 1.2 mm，宽约 0.4 mm。雄蛹长椭圆形，长约 0.75 mm，宽约 0.35 mm，紫色，腹末有 1 较粗短的交配器。

（2）生物学特性　1 年发生 1 ～ 3 代，在四川（苗溪）等地高海拔茶园（1 100 m 以上）1 年发生 1 代，在长江中下游 1 年发生 2 代，以受精雌成虫在茶枝上越冬。翌年雌成虫产卵于介壳下，产卵数量从几十到百余粒，多的可达 200 多粒。雄成虫寿命短，交尾后即死亡。卵孵化不整齐，一般可持续 1 个月左右。初孵若虫活泼善动，很快选择合适部位固定和吸汁为害，并分泌蜡质覆于体背。虫口在茶树上的分布部位因代别、性别而异，越冬代大多寄生在茶树枝干上，非越冬代则大多寄生在叶片上，且雄虫大多寄生在叶片正面主脉两侧，而雌虫则大多寄生在叶背面主脉两侧及叶柄部。各虫态历期（宁波）：卵1 代 28 d，2 代 14 d，若虫 44 ～ 61 d，雄蛹 24 ～ 30 d，雌虫 1 代约 58 d，2 代（越冬代）长达 220 d。该虫畏雨天，卵孵化若遇长期雨天会暂时中止，且已孵化的若虫也不爬出介壳，时间一长则自然死亡，已爬出介壳的若虫若遇大雨或暴雨则严重影响其固定，可导致大量虫体被雨水冲刷致死。

（3）防治技术　参见长白蚧。

12. 茶牡蛎蚧

茶牡蛎蚧是刺吸茶树枝叶的半翅目盾蚧科害虫，学名 *Lepidosaphes tubulorum* Ferris（1921），同种异名 *Mytilococcus tubulorum* Lindinger（1943），*Paralepidosaphes tubulorum* Borchsenius（1962），又名茶牡蛎盾蚧、东方盾蚧。

（1）分布与为害　国内各茶区均有分布。主要以雌成虫和若虫附着在茶树枝叶表面刺吸汁液，致茶芽叶瘦小，严重时造成枝枯、落叶或全株死亡。

（2）形态特征　雌介壳长 3 ～ 4 mm，长形，略弯曲，后端大，背面隆起，似牡蛎的壳，暗褐色，壳缘灰白色，壳点灰褐色并突出于头端。雄介壳长

1.6 mm 左右，前端深褐，后端红褐色，具黄色带状纹，壳缘、壳点同雌介壳。雌成虫乳黄色，末端橙黄色，长纺锤形，口器丝状，黄褐色。雄成虫橙黄色，头部黑色，触角丝状，翅半透明。卵长椭圆形，初乳白色略带水红色，后变浅紫色。若虫扁平，椭圆形，体浅黄色，眼紫红色，触角、足、尾毛明显，分泌浅黄色蜡质。蛹长 0.9 mm，体略带水红色，眼黑色。

（3）生物学特性　在贵州、四川 1 年发生 2 代，以卵在介壳内越冬。第 1 代 4 月中旬至 5 月下旬孵化，5 月中旬盛孵期；初孵若虫出壳后，即能爬动，经 24 h 左右即在茶丛中心或中下部嫩枝和叶面固定，以丝状口器刺入茶树枝叶组织内吸取汁液为生，并分泌出淡黄色蜡质覆盖于虫体。雌虫于第 2 次脱壳后陆续进行交尾，产卵于介壳下，每雌产卵 40 ～ 60 粒。第 2 代若虫于 7 月中旬至 9 月上旬孵化，8 月上旬盛孵，10 月中旬至 11 月下旬雌成虫产卵越冬。密闭茶园一般发生较多，形成为害中心。卵孵化期若连续阴雨，孵化率降低，初孵若虫成活率下降，大雨更致大量死亡。

（4）防治技术　参见长白蚧。

13. 龟蜡蚧

龟蜡蚧属半翅目蜡蚧科，学名 *Ceroplastes japonicus* Green，又名日本蜡蚧。

（1）分布与为害　中国各产茶省（区）均有分布，但多为局部发生。以若虫和雌成虫吸汁为害，排泄"蜜露"诱发茶煤病，致树势衰退，芽叶瘦小，产量下降。发生严重茶园，造成枝梢枯死。

（2）形态特征　雌成虫体长 2.5 ～ 3.3 mm，椭圆形，紫褐色，两侧中部有 2 条白色蜡带延伸至蜡壳上。蜡壳白或灰白色，宽椭圆形，长径 4 ～ 6 mm，表面具龟甲状凹线，中央隆起，周边有 8 小块突起。雄成虫体长 1 ～ 1.28 mm，翅展 1.8 ～ 2.23 mm，棕褐色，头、胸背色较深，眼黑色，触角线形。卵长椭圆形，长径约 0.3 mm，初为深橙黄色，孵化前转紫红色。初孵若虫扁平椭圆形，长约 0.3 mm，淡橙色，眼深红色，触角及足灰白，腹末具 1 对细长尾丝。定居后渐泌白蜡形成介壳。雌若虫蜡壳椭圆微突，周缘有 8 个蜡突，长径约 2 mm；雄若虫蜡壳较小，长椭圆形，星芒状，中部为 1 长椭圆形突起的蜡板，周缘有 13 个角突。雄蛹椭圆形，长约 1 mm，紫褐色，眼黑色。

（3）生物学特性　1 年发生 1 代，以受精雌成虫在 1 ～ 2 年生枝条上越冬。浙江于翌年 4 月下旬开始产卵，5 月中旬产卵盛期，6 月上旬至 7 月下旬若虫孵化，6 月下旬为盛孵期，8 月上旬至 9 月中旬雄成虫羽化。雌成虫产卵于介壳内虫体下，每雌产 1 000 ～ 2 000 粒，最多近 3 000 粒，产卵期长达 7 ～ 10 d。若虫孵化后仍留在母壳内，数天后分批从母体蜡壳中爬散或借风力、人畜携带传播，经 1 ～ 2 d 活动，觅得枝叶适宜部位后定居固定，约 7 d 分泌蜡质覆盖虫体。虫口大都在叶面叶脉附近。至 8 月，雌若虫陆续由叶片转移到枝干上为害，但雄若虫仍留在叶面为害，直至化蛹、羽化。秋季交配后，雌成虫越冬。卵期 30 d，若虫期 60 d，雄蛹历期 20 d，雄成虫约 2 d，雌成虫 300 d。卵孵期间，雨水多，空气湿度大，气温正常，则卵的孵化率很高，但大雨冲刷可致初孵若虫的存活率下降。密蔽、间作或草荒严重的茶园该虫发生较重。

（4）防治技术　参见长白蚧。

14. 角蜡蚧

角蜡蚧属半翅目蜡蚧科害虫，学名 *Ceroplastes ceriferus* Anderson，又名白蜡蚧、角蜡虫。在我国各茶区均有分布。以若虫及雌成虫吸汁为害，致发芽密度减少，芽叶瘦弱，且诱发煤烟病，对茶叶产量、品质及树势影响甚大。

（1）形态特征　雌成虫介壳半球形，直径 5 ～ 9 mm，白色稍带粉红色，蜡质厚，前期背中央角状突起，周围有 8 个钝角状小突起，后期角状突起消失。雌成虫体长 4 ～ 5 mm，红褐色至紫褐色，体背隆起呈半球形，腹端背面有圆锥形突起。雄成虫体长约 1 mm，赤褐色，翅 1 对，半透明，腹末有 1 枚针状交尾器。卵椭圆形，平均长 0.36 mm，宽 1.7 mm，肉红至红褐色。初孵若虫体长 0.3 ～ 0.5 mm，宽约 0.23 mm，长椭圆形，红褐色，触角 7 节有毛，末节毛最多，且有 3 根长毛，腹末有 2 根细长尾毛。定位后渐被白蜡，形成半球形蜡壳，直径约 1 mm，周缘具 13 个放射状蜡角，其中，头端 1 个较粗长，腹末 2 个较短小。2 龄雌若虫蜡壳背中央始见角状隆起，蜡壳直径 1.2 ～ 2.7 mm，体肉红色，长 1.07 ～ 2.02 mm，宽 0.76 ～ 1.56 mm。2 龄雄若虫蜡壳小，呈椭圆形，白色，周缘 13 个蜡角明显呈星芒状。3 龄雌若虫蜡壳近圆形，背中角突渐成钩状前倾，周缘蜡突明显，近于雌成虫介壳，直径约 4 mm，长约 2.5 mm，宽约 2 mm，体肉红色。

（2）生物学特性　在各茶区均 1 年发生 1 代，大都以 1 ～ 2 龄若虫越冬，但四川灌县和安徽滁州、合肥发现以受精雌成虫越冬。以若虫越冬地区，翌年 5—7 月达到羽化盛期，营两性卵生繁殖，雌成虫将卵产于虫体腹面，产卵量与母体大小有关，一般 1 000 ～ 2 000 粒。雌成虫多在 7 月下旬至 8 月中旬开始产卵，8 月中下旬为产卵盛期，8 月中下旬至 9 月上旬卵开始孵化，9 月上旬至

10月中旬进入孵化盛期。若虫孵化后，4～5 d 分批爬出母体介壳，初孵若虫活泼，爬行迅速，寻找合适部位固定后开始泌蜡覆盖并不断增厚增大，越冬前虫体很小，越冬期生长缓慢，开春后迅速增大，尤以 5—7 月较为迅速。卵期约 20 d，若虫期长达 300 d 以上，雌成虫期 40 d 左右，雄成虫期约 2 d。雄虫多分布在叶片主脉两侧，雌虫绝大部分固定在中上部枝干上。在干旱情况下，则常以近基部枝干上较多。

（3）防治技术　参见长白蚧。

15. 红蜡蚧

红蜡蚧属半翅目蜡蚧科，学名 *Ceroplastes rubens* Maskell，又名胭脂虫、红虱子。中国各产茶省份均有分布，长江流域以南发生较多，屡有局部成灾。以若虫和雌成虫固定在枝叶上吸汁为害，并诱发茶煤病，致使树势衰退，甚至整株枯死。

（1）形态特征　雌成虫紫红色，椭圆形，长约 2.5 mm，宽约 1.7 mm，背面稍隆起，气门沟在体侧凹陷很深。雌成虫介壳椭圆，周缘翻卷，蜡质紫红色较硬厚，背面中央隆起，顶部凹陷似脐状，两侧有 4 条弯曲的白色蜡带。雄成虫体长约 1 mm，翅展约 2.4 mm，体暗红色，口针及眼黑色，触角、足、交配器淡黄色，前翅白色半透明，沿翅脉有淡紫色带状纹，后翅退化成平衡棒。卵淡紫红色，椭圆形，两端稍细，长径约 0.3 mm，宽约 0.15 mm。初孵若虫扁平，椭圆形，淡红褐色，长约 0.4 mm，触角 6 节，足 3 对发达，腹末有 1 对细长尾丝；2 龄若虫卵圆形，紫红色，体稍隆起，足退化，体表泌蜡开始形成淡紫红色介壳，周缘呈现 8 个角突；3 龄雌若虫体长椭圆形，介壳增大加厚，蜡壳椭圆形，玫瑰红色。雄蛹长椭圆形，长约 1.2 mm，紫红色，翅、足及触角明显，紧贴体外，尾针较长。雄蛹蜡壳长椭圆形，周围有角状突起。

（2）生物学特性　1 年发生 1 代，以受精雌成虫在茶树枝干上越冬。浙江黄岩于翌年 5 月下旬雌成虫开始产卵，6 月上旬开始孵化，6 月中下旬为盛期，孵化期长达 1 个多月。雄虫 8 月下旬化蛹，9 月上中旬羽化。雌成虫 9 月出现，受精雌成虫虫体在越冬前后不断增大，春季孕卵，并陆续产卵于体下，每雌产卵 200 余粒，最多可达 500 粒以上。若虫孵化后成批爬出母体介壳，沿枝干向树上爬动，或借风力、人畜携带传播，在枝叶适宜部位定居和吸汁为害。初孵若虫善爬行，2～3 d 后在虫体腹部中间开始分泌白色蜡质，随后又分泌红色蜡质，逐渐覆盖全身，形成蜡壳，蜡壳随虫体逐渐加厚增大。雌虫多寄生于茶树枝干上，雄虫多在叶柄和叶片主脉附近。茶园管理粗放，茶丛密集郁闭，通风透光不良，胶茶、茶果间作，均有利该虫的大量发生。在卵孵化期间若遇连续阴雨，或遇大雨冲刷，则可抑制若虫孵化，降低虫口数量。

（3）防治技术　参见长白蚧。

16. 茶长绵蚧

茶长绵蚧属半翅目蜡蚧科，学名 *Chloropulvinaria floccifera* Westwood，又名油茶绿绵蚧、绿绵蜡蚧、茶绵蚧、蜡丝蚧、茶絮蚧。

（1）分布与为害　在我国各茶区分布普遍。以若虫和雌成虫吸汁为害并诱发茶煤病，致使树势衰退，甚至叶落枝枯。

（2）形态特征　雌成虫长椭圆形，体浅灰黄绿色，有足 3 对，较发达，腹扁平，薄而柔，背面隆起较硬化，体背厚覆蜡丝，体侧密布白色短蜡丝，阴孔棕红色外露。越冬前体长 2 ～ 2.2 mm，宽 0.9 ～ 1.1 mm，越冬后产卵前虫体显著增长，体长 6 ～ 7 mm，宽 3 ～ 4 mm，背面出现黑色纵纹，身被白色茸毛，腹末有长椭圆形白色蜡质卵囊，卵囊两侧平行，长 4 ～ 6 mm，宽 2 ～ 3 mm。雄成虫体黄色，体长 1.6 mm，头小，胸部背板色略深，复眼和口器黑色，触角丝状，9 节。翅 1 对，白色半透明，翅脉 2 条。卵聚集于卵囊内，椭圆形，玉白或淡橘红色，长约 0.33 mm，宽 0.2 mm。初孵若虫淡黄色，椭圆而扁平，体长 0.8 mm，宽 0.2 mm，触角及 3 对足均发达，腹末有 2 根长蜡丝。被蜡后，能肉眼辨别雌雄。雄若虫体背长有介壳并密布竖立的长绒状白蜡丝；雌若虫介壳不完整，仅体背中间有白色短蜡丝簇。雄蛹长椭圆形，黄色，体长 1.7 ～ 1.8 mm，触角、翅芽和足开始显露，腹末有刺状交配器。

（3）生物学特性　在浙江 1 年发生 1 代，以受精雌成虫聚于茶丛中下部枝干上越冬，翌年 4 月中旬前后大都爬到上部枝叶活动取食，并泌蜡形成卵囊产卵其中，每雌平均产卵 1 000 粒左右，多者达 2 000 余粒。5 月中旬卵开始孵化，5 月下旬盛孵。初孵若虫活跃，爬行快，一般群集于卵囊附近的叶背取食，可借风、人畜携带传播，泌蜡缓慢，7 月底至 8 月初开始明显泌蜡，并随着虫体的增长逐渐迁移分散。雄虫仍多聚集于叶背，变动范围不大。雄虫 10 月下旬化蛹，11 月中旬成虫羽化。初羽化的雄成虫，潜伏于介壳下面，气温升高后爬出介壳，寻找雌虫交尾。雄成虫飞翔力弱，成虫期可达 1 个月。一般以阴湿郁蔽茶园发生较多，低温多雪天气对其发育极为不利。

（4）防治技术　参见长白蚧。

17. 茶梨蚧

茶梨蚧属半翅目盾蚧科，学名 *Pinnaspis theae*（Maskell），又名茶并盾蚧。

（1）分布与为害 浙江、江苏等大多数产茶省分布。以若虫、雌成虫固着叶面和枝干吸汁为害，受害茶树树势衰弱，芽叶稀少，甚至叶落枝枯。

（2）形态特征 雌成虫长梨形，浅黄色或黄色，后胸、腹部前 3 节特宽大，体皱纹多，四周具短细毛；介壳近梨形，黄棕色至黄褐色，长 3 mm，前端有 2 个壳点。雄成虫体褐色，翅白色，触角 10 节，丝状；雄介壳长型，两侧平行，背面有 2 条纵沟。卵椭圆形，长 0.15 ～ 0.18 mm，浅黄色至黄褐色，卵壳白色。初孵若虫浅黄色至黄色。蛹长椭圆形，棕色。

（3）生物学特性 1 年发生 3 代，以受精雌成虫在枝干或叶片主脉两侧越冬。1 代若虫 4 月下旬开始孵化，5 月上中旬进入盛孵期；2 代若虫在 6 月下旬至 7 月上旬进入盛孵期；3 代若虫发生不整齐，由 8 月中旬持续到 11 月。雄成虫喜在中午羽化后在叶片或枝干上爬行，找寻雌虫交配后即死亡，寿命 1 d；雌成虫受精后，把卵产在介壳下，产卵量 18 ～ 20 粒，多的达 80 多粒。初孵若虫从介壳爬出，在枝干或叶片上爬行，经 2 ～ 5 h，选择适当部位，把口器插入叶片或枝条组织中刺吸汁液，并开始分泌蜡质覆在体背。雌若虫共 3 龄，雄若虫共 2 龄。虫口一般分布在茶树中下部成叶正面。

（4）防治技术 参见长白蚧。

18. 黑刺粉虱

黑刺粉虱属半翅目粉虱科刺粉虱属，学名 *Aleurocanthus spiniferus*（Quaintance），又名橘刺粉虱。我国各主要产茶省均有分布。若虫固定于叶背刺吸汁液为害，排泄"蜜露"并诱发茶煤病，严重时受害茶树一片乌黑，光合作用受阻，树势衰弱，芽叶稀瘦。

（1）形态特征 成虫体长 1.1 ～ 1.79 mm，宽 0.52 ～ 0.73 mm；体被白色蜡粉，头胸部暗褐色，复眼红色，腹部橙黄色，前翅紫褐色具白斑 9 个。卵长 0.14 ～ 0.17 mm，宽 0.08 ～ 0.1 mm，香蕉形，具短柄固于叶背。若虫 4 龄，1 龄体长 0.24 ～ 0.3 mm，宽 0.1 ～ 0.14 mm，初期无色透明可爬行，后转为黑色固定于叶背，体背有 6 根浅色刺毛，周缘出现逐渐加宽的白色蜡质物；2 龄体长 0.35 ～ 0.43 mm，宽 0.2 ～ 0.27 mm，头胸部刺毛 6 对，腹部侧背面刺毛 4 对；3 龄体长 0.52 ～ 0.69 mm，宽 0.33 ～ 0.43 mm，体背具刺毛 14 对，背附三角形蜕皮壳 1 个；4 龄（伪蛹）形似 3 龄，体长 0.78 ～ 1.29 mm，宽 0.52 ～

0.77 mm，背附三角形蜕皮壳 2 个。蛹长 0.9 ～ 1.32 mm，宽 0.5 ～ 0.89 mm，椭圆形，黑色具光泽，周缘有较宽白蜡边，背盘区胸部有刺毛 9 对，腹部 10 对，边缘有刺毛 10 对（雄蛹）或 11 对（雌蛹）。

（2）生物学特性 长江中下游地区和贵州茶区 1 年发生 4 代，川西茶区 1 年发生 3 ～ 4 代，主要以 2 ～ 3 龄若虫在茶丛中下层叶背越冬。皖南 1 ～ 4 代若虫分别于 5 月中旬、7 月上旬、8 月下旬、10 月中旬前后盛孵。贵州茶区成虫发生高峰期 1 年 4 次，分别为 4 月上旬、6 月下旬、8 月上旬和 9 月上旬。成虫多晴天羽化，嗜好在幼嫩芽叶叶背生活，具群集现象。卵散产于成叶叶背，初产卵为乳白色，逐渐变为淡黄色、黄褐色和黑褐色。初孵若虫可作短距离爬行，多在卵壳附近固定，体周边缘分泌白色腊质物，并逐渐增宽。卵、若虫和蛹主要分布于茶丛中下层叶背。

（3）防治技术 ①农业防治：越冬代成虫期后，对种植密度大、荫蔽、通风透光差的茶园，进行重修剪或台刈，冬季封园喷施 45% 石硫合剂晶体 100 ～ 150 倍液。②物理防治：成虫羽化期悬挂黄板诱杀成虫。③生物防治：成虫羽化盛期后 10 ～ 15 d，喷施韦伯座虫孢菌剂防治若虫；在成虫羽化期，喷施山苍子精油制剂 300 倍液。④化学防治：在成虫羽化盛期后 10 ～ 15 d，喷施 24% 虫螨腈悬浮剂 1 000 ～ 1 500 倍液，或 25% 噻嗪酮可湿性粉剂 1 500 ～ 2 000 倍液，或 15% 唑虫酰胺悬浮剂 1 000 ～ 1 500 倍液。喷药时，喷头斜向上重点喷施茶丛中下层叶背。

19. 通草粉虱

通草粉虱属半翅目粉虱科，学名 *Dialeurodes citri*（Ashmead），又名柑橘粉虱、橘裸粉虱、橘绿粉虱、橘黄粉虱。我国各主产茶省（区）均有分布。若虫定居叶背刺吸汁液，并排泄"蜜露"，诱发茶煤病发生，严重时引起茶树落叶。

（1）形态特征 成虫体长 1 ～ 1.2 mm，淡黄色，体表覆有白色蜡粉，复眼红色，翅、足均白色。卵长椭圆形，长约 0.22 mm，宽约 0.09 mm，淡黄色，基部有柄着于叶背。若虫扁平椭圆，淡黄绿色，背脊稍凸起，周缘多放射状白色蜡丝，并有 17 对小突起。蛹壳椭圆扁平，淡黄绿色，透明光滑，长 1.45 ～ 1.55 mm，宽 1.16 ～ 1.21 mm，背有 3 对小疣，体侧前后各有 1 对微刺；头胸背中缝及横缝长，胸部气道明显，尾沟短阔向后狭，管状孔圆形，盖瓣发达呈短钝三角形。

（2）生物学特性 1 年发生 3 ～ 5 代，各地不一，均以若虫或伪蛹越冬。

江西1~4代成虫盛发期分别是6月中下旬、8月中下旬、10月上中旬和翌年4月中下旬。成虫趋嫩喜阴湿，常在茶树蓬面活动。卵多产于徒长枝嫩叶叶背。每雌产量百余粒，具孤雌生殖。若虫孵化后即固着于叶背刺吸为害，分泌大量白色蜡絮。

（3）防治技术　参见黑刺粉虱。

20. 茶蚜

茶蚜属半翅目蚜虫科，学名*Aphis*（*Toxoptera*）*aurantii*（Boyer de Fonscolombe），又名茶二叉蚜、橘二叉蚜、可可蚜。国内广泛分布。成虫、若虫群聚于茶树芽头、叶背及嫩茎上刺吸汁液，致芽叶卷缩，生长停滞，并排泄"蜜露"，诱发茶煤病。芽叶连同虫体采摘制成的干茶，茶汤暗而混浊、香气低、滋味淡，略带腥味。常以春茶受害较大。

（1）形态特征　分有翅蚜和无翅蚜两种。有翅成蚜长约2 mm，黑褐色有光泽。触角第3~5节依次渐短，第3节有5~6个感觉圈排成一列。前翅透明，长2.5~3 mm，中脉分二叉。腹部背侧有4对黑斑，腹管短于触角第4节。尾片短于腹管，中部较细，端部较圆，且有12枚细毛。有翅若蚜体长约1.8 mm，棕褐色，翅芽乳白色，触角感觉圈不明显。无翅成蚜近卵圆形，体长约2 mm，棕褐色至黑褐色，触角黑色，第3节无感觉圈，第3~5节依次渐短。体表多细密淡黄色横列网纹。无翅若蚜体长1.2~1.3 mm，浅棕或浅黄色。卵长约0.6 mm，长椭圆形，一端稍细，初产时浅黄色，后转棕色至黑色，有光泽。

（2）生物学特性　1年发生20~30代，各地不等。长江流域以北茶区多以卵越冬，以南茶区大部分以若蚜越冬或无明显越冬现象。营孤雌生殖或两性生殖。长江流域以北，深秋季节出现两性生殖蚜，11月中旬前后产卵越冬，多产于茶丛上部芽梢叶背，翌年3月上旬进入卵盛孵期，而后在整个茶树生长季节不断营孤雌生殖，繁殖速率快。长江流域以南，常年营孤雌生殖，主要以若蚜越冬，部分地区以卵越冬或无明显越冬现象。茶蚜完成1代各季所需时间不一。一般夏季6~8 d，第1代和最末1代可达30 d，越冬代长达90 d。4—5月呈现虫口高峰，夏季转少，9—10月虫口又有所回升。茶蚜趋嫩性强，以芽下第1~2叶虫量最大，多以无翅蚜存在。当虫口增长过甚、芽梢营养不足或气候变化时，产生有翅蚜迁飞扩散。

（3）防治技术　①农业防治：多次分批采摘，抑制蚜害。②物理防治：悬挂黄色粘虫板，可诱杀部分有翅成蚜。③生物防治：适时喷施 5% 除虫菊素乳油 600 ～ 800 倍液。④化学防治：可喷施 2.5% 溴氰菊酯乳油 3 000 倍液，或 10% 联苯菊酯水乳剂 3 000 倍液，或 24% 虫螨腈悬浮剂 1 500 ～ 2 000 倍液。

21. 绿盲蝽

绿盲蝽属半翅目盲蝽科后丽盲蝽属，学名 *Apolygus lucorum*（Meyer-Dür），俗名小臭虫。分布于全国各产茶地区，山东茶园尤为严重。成虫、若虫均刺吸茶树幼芽和嫩叶的汁液。为害茶芽造成钩扭不发，为害叶片初期造成小斑点，随后坏死变褐，坏死斑逐渐在叶面形成不规则的孔洞，或致叶片边缘破烂，即"破叶疯"，影响茶叶质量和产量。

（1）形态特征　成虫体长 5 ～ 5.5 mm，全体绿色，略扁平，复眼红褐色，触角淡褐色 4 节，第 2 节最长，略短于第 3 节和第 4 节之和，前胸背板深绿色，多细小黑点。小盾片黄绿色，前翅膜质部灰暗半透明。足腿节具二端刺，胫节多黑刺，跗节 3 节，末节及二爪黑色。卵长 1 mm，黄绿色，香蕉形，卵盖奶黄色，中央凹陷，两端突起，边缘无附属物。若虫全体绿色，洋梨型，触角比体短。若虫分 5 龄，2 龄若虫，具极微小的翅芽；3 龄若虫，翅芽末端达于腹部第 1 节中部；4 龄若虫，翅芽绿色，末端达腹部第 3 节；5 龄若虫，中胸翅芽末端达腹部第 5 节。

（2）生活习性　黄河流域 1 年发生 3 ～ 5 代，长江流域年发生 5 代，华南地区年发生 7 ～ 8 代，以卵在茶梢剪口髓部越冬。翌年 4 月上中旬卵孵化为若虫刺吸为害，春茶受害最严重。5 月中下旬，陆续羽化为成虫，飞迁至其他寄主植物上为害、繁殖。9 月下旬至 10 月上旬，绿盲蝽成虫大量回迁茶园，并在茶园以卵越冬。

（3）防治技术　秋季结合化学农药对茶园周围杂草上的绿盲蝽进行集中灭杀，减少成虫回迁茶园数量，可有效减低茶园越冬卵量以及翌年发生为害。可用绿盲蝽性诱剂结合桶形诱捕器诱杀成虫，每亩放置 2 ～ 4 个诱捕器。在若虫孵化高峰期或成虫回迁高峰期，喷施 15% 茚虫威乳油 1 800 ～ 3 000 倍液，或 24% 虫螨腈悬浮剂 1 500 ～ 2 200 倍液，或 2.5% 联苯菊酯乳油 550 ～ 2 200 倍液，或 4.5% 高效氯氰菊酯乳油 1 100 ～ 2 200 倍液，或 2.5% 溴氰菊酯乳油 1 000 ～ 2 000 倍液等进行防治。

22. 茶角盲蝽

茶角盲蝽属半翅目盲蝽科刺盲蝽属，学名 *Helopeltis* sp.。茶角盲蝽是杂食性害虫。分布于我国海南、广东、广西、云南、台湾等地。以若虫和成虫刺吸嫩茎、嫩叶的汁液为害。局部地区发生严重，受害茶树的嫩叶上先出现许多灰褐色小斑，后坏死斑纹渐变黑褐色，轻则嫩梢枯死，重则整株凋萎，严重影响茶叶产量。

（1）形态特征　成虫体长 5 ～ 7.5 mm，体黄褐至褐色，触角和足细长，翅色暗，半透明。雄虫前胸背板黑色，中胸小盾片后方有 1 竖立、略向后弯曲的杆状突起。若虫体形与成虫相似，但无翅，初孵时橘红色，后转橘黄色，5 龄时黄褐色。

（2）生物学特性　在海南年发生 11 ～ 12 代，世代重叠，无明显越冬现象。成虫羽化后，经 3 ～ 5 d，性成熟交尾。一生交尾 2 次以上，且多在晨昏进行，翌日即可产卵。卵多散产于嫩茎或嫩叶叶柄和主脉内。高温干旱季节发生少，较荫蔽的茶园和有遮阴的茶园中发生较重。

（3）防治技术　茶园内及时铲除杂草，及时分批勤采，必要时适当强采，控制种群密度。在成虫期可用黄板诱杀。在若虫孵化高峰期，喷施 15% 茚虫威乳油 1 800 ～ 3 000 倍液，或 2.5% 联苯菊酯乳油 550 ～ 2 200 倍液，或 4.5% 高效氯氰菊酯乳油 1 100 ～ 2 200 倍液，或 2.5% 溴氰菊酯乳油 1 000 ～ 2 000 倍液等化学药剂。印度防治茶角盲蝽的生物药剂主要是印楝素。

23. 茶网蝽

茶网蝽属半翅网蝽科冠网蝽属，学名 *Stephanitis chinensis* Drake，又名茶军配虫、白纱娘、茶脊冠网蝽。

（1）分布与为害　主要分布在四川、贵州、陕西、云南、广东以及湖北西南部。茶网蝽成虫、若虫群集在茶树叶片背面刺吸汁液。受害叶片背面积有黑胶质虫粪，正面呈现大量小白斑点，严重时一片苍白，引起落叶。造成茶树树势衰退，发芽减少，芽叶细小，严重影响茶叶产量和质量。

（2）形态特征　成虫体长 3 ～ 4 mm，暗褐色，前胸发达，背板向前突出盖住头部，翅膜质透明，前胸背面和翅面满布网状花纹，前翅近中部前、后各有 1 条褐色横带。卵长椭圆形，乳白色，覆有黑色有光泽的胶状物，一端稍弯曲，末端呈口袋状。初孵若虫乳白色，半透明，随成长渐转暗绿色，至老熟时黑褐色，体长约 2 mm，腹部两侧及背中部着生粗刺。

（3）生物学特性　西南茶区 1 年发生 2 ～ 3 代，以卵在茶丛下部叶片背面叶脉两侧组织内越冬。低山茶园也有以成虫越冬的。越冬卵于翌年 4 月上中旬至 5 月上中旬孵化，越冬代若虫发生盛期在 5 月中旬，8 月下旬进入第 2 代若虫盛发期。全年以第 1 代发生较齐，且虫口密度大，为害严重。成虫畏强光，飞翔力很弱，常集于成叶叶背，寿命 18 ～ 78 d，多次交尾，每雌平均产卵 110 粒。卵散产于中下部较大成叶叶背主脉和侧脉附近皮下，皮外留有较多黑色胶质排泄物。1 叶内卵常多达 30 ～ 40 粒。若虫孵化后整齐聚于叶背叶脉附近刺吸，而后渐行分散取食为害。

（4）防治技术　茶网蝽发生严重的茶园需重修剪，剪下的枝条带出茶园销毁。在成虫期可用黄板诱杀。在若虫孵化高峰期，喷施生物农药 5% 除虫菊素水乳剂 800 ～ 1 200 倍液，或化学农药 2.5% 联苯菊酯乳油 13 000 ～ 18 000 倍液，或 10% 高效氯氰菊酯乳油 3 500 ～ 4 000 倍液，或 20% 甲氰菊酯乳油 12 000 ～ 17 000 倍液。由于茶网蝽主要在分布在老成叶叶背，利用弥雾机按每亩用水量 60 L 喷施，可显著提升药效。

24. 茶蛾蜡蝉

茶蛾蜡蝉属半翅目蛾蜡蝉科，学名 *Geisha distinctissima* Walker，又名碧蛾蜡蝉、绿蛾蜡蝉、青翅羽衣、橘白蜡虫、碧蜡蝉，是茶树常见害虫之一。全国各茶区均有分布。以若虫和成虫刺吸嫩梢汁液，阻碍新芽梢生长。成虫产卵于茶枝上，形成纵向刻痕，降低翌年茶树抽梢率；若虫分泌蜡丝，严重时枝、茎、叶上布满白色蜡质絮状物，影响光合作用，致使树势衰弱。该虫分泌物还可诱发煤烟病。

（1）形态特征　雌成虫体长 7 ～ 8 mm，翅展 20 ～ 21 mm，雄成虫体长 6 ～ 7 mm，翅展 18 ～ 20 mm，体淡绿色。胸背有 4 条红褐色纵纹，中间 2 条略长且明显。腹部前黄褐色，覆白粉。前翅近长方形，外缘平直，有 1 条红色细纹绕过顶角经过外缘伸达后缘爪片末端，臀角成直角，翅脉及翅缘红褐色。后翅乳白色，半透明。卵长 1 ～ 1.5 mm，近圆锥形，乳白色，一端较尖，一侧略平，其上有 2 条纵凹沟和 1 条鳍状突起。若虫体绿色，初孵若虫体长约 2 mm，老熟若虫 5 ～ 6 mm，胸、腹部满被白色蜡质絮状物，腹末截形，有 1 束长绢状白蜡丝。

（2）生物学特性　大部分地区 1 年发生 1 代，广东、广西等地 1 年发生 2 代，以卵在茶树枝梢内越冬。成虫羽化 1 个月后开始交尾产卵，卵多散产于茶树中下部新梢皮层组织内，外有黑褐色梭形伤痕。若虫每次蜕皮前迁移到叶背，蜕皮后又爬至嫩梢固定取食，并分泌白色蜡絮覆盖虫体，体末蜡丝束且可伸张。若虫活动性不强，受到惊扰后会弹跳逃走。成虫、若虫趋嫩、避光，喜潮湿荫蔽，对振动敏感。

（3）防治技术 ①农业防治：及时剪除有卵块的枝条，集中深埋或烧毁，以减少虫源。②生物防治：喷施 Bt 制剂（苏云金杆菌制剂）300 ～ 500 倍液，或含 50 亿～ 70 亿孢子 /g 的白僵菌粉 500 g 加水稀释 100 倍液。③物理防治：成虫期利用杀虫灯或黄色诱虫板诱杀。④化学防治：可使用 24% 溴虫腈悬浮剂 1 500 ～ 1 800 倍液，或 15% 茚虫威乳油 2 500 ～ 3 500 倍液，或 10% 联苯菊酯乳油 3 000 ～ 5 000 倍液。

25. 八点广翅蜡蝉

八点广翅蜡蝉属半翅目广翅蜡蝉科，学名 *Ricania speculum*（Walker），又名八点蜡蝉、橘八点蜡蝉、黑羽衣。全国各茶区均有分布。若虫和成虫以刺吸式口器吸食植株汁液造成为害，雌成虫产卵时还能破坏寄主枝叶组织，影响树势。嫩枝被害后则叶片枯黄，新芽停止生长；若虫和成虫的排泄物还诱发煤烟病，影响茶树光合作用。

（1）形态特征 成虫体长 11.5 ～ 13.5 mm，翅展 23.5 ～ 26 mm，头胸部黑褐色至烟褐色，足和腹部褐色。前翅褐色至烟褐色，翅外缘 1 个长圆形透明区有褐色环绕的黑色斑点，翅面散布白色蜡粉状物，翅上共有 6 ～ 7 个白色透明斑。卵长椭圆形，初为乳白色渐变淡黄色，产于嫩茎皮层内。若虫长 5 ～ 6 mm，暗黄褐色，腹部膜末有成束放射状蜡丝。

（2）生物学特性 1 年发生 1 代，以卵在茶树枝梢内越冬。产卵孔排成 1 纵列，孔外带出部分木丝并覆有白色绵毛状蜡丝。初孵若虫常群集于卵块周围的叶背或枝梢处，到 3 龄后分散移动到嫩枝和叶片，群集在叶片背面为害。当若虫轻度受惊时，作孔雀开屏状动作，惊动过大则开始跳跃。成虫有趋光性、趋荫性和群集性，稍受惊易飞翔。

（3）防治技术 参照茶蛾蜡蝉。

（二）食叶害虫

咀食茶树芽叶，主要包括尺蠖、毒蛾、卷叶蛾、蓑蛾、刺蛾等幼虫，以及象甲、叶甲类成虫。尺蠖，主要有灰茶尺蠖、茶尺蠖、茶银尺蠖等，其中，灰茶尺蠖是我国茶园重要害虫，发生范围广，为害严重；毒蛾，主要有茶毛虫、黑毒蛾等；卷叶蛾，主要有茶小卷叶蛾、茶卷叶蛾、茶细蛾、茶谷蛾等；蓑蛾，主要有茶蓑蛾、大蓑蛾、褐蓑蛾、小蓑蛾等，发生较为普遍，局部为害较大；刺蛾，我国茶园有50余种刺蛾发生，主要有茶刺蛾、扁刺蛾等；象甲、叶甲，主要有茶丽纹象甲、角胸叶甲、毛股沟臀叶甲等，南方茶区为害较重。此外，食叶性害虫还包括茶斑蛾、茶蚕等。

1. 灰茶尺蠖

灰茶尺蠖属鳞翅目尺蠖科埃尺蛾属，学名 *Ectropis grisescens* Warren。过去与茶尺蠖统称"茶尺蠖"。两者形态相似，并且存在种内形态多样性，区分困难。灰茶尺蠖在我国各茶区均有分布，发生范围远大于茶尺蠖。幼虫主要取食嫩叶和成叶，大发生时可将茶树老叶、新梢、嫩皮、幼果全部食光。1 龄幼虫食叶肉，残留表皮；2 龄后咬食叶片成"C"形缺口；3 龄后仅剩主脉甚至食光。

（1）形态特征　成虫体长约 10 mm，翅展约 25 mm，触角线形。翅面多灰褐色，偶尔为黑色（黑色个体往往翅面斑纹模糊）。前翅翅面有 4 条黑褐色波状横纹，外缘处有 7 个三角形小黑斑；后翅有 2 条横纹，外缘有 5 个小黑点。卵青绿色，椭圆形；数十粒至百粒卵构成卵块，并稀覆白色絮状物。老熟幼虫体长 26 ～ 32 mm，头黄褐，体灰褐至赭褐色。1 龄幼虫黑色渐转褐色，各节有白色小点组成的白色环纹；2 龄幼虫体黑褐色，白色环纹消失，腹部第 1 节背面具 2 个不明显的黑点，第 5 节背面生 2 个较明显的深褐色斑纹；3 龄幼虫腹部背面前、后端各有 1 个"八"字形黑纹；4 ～ 5 龄幼虫腹部背面出现 2 个明显的菱形斑纹。蛹长圆形，赭褐色，长 10.3 ～ 12.7 mm，宽 3.5 ～ 3.8 mm，表面具刻点，下唇须小，臀棘端部二分叉状，末端细，前胸腿节明显。

（2）生物学特性　一般年发生 5 ～ 6 代，以蛹在树冠下表土内越冬。翌年 2 月下旬至 3 月上中旬成虫羽化产卵，4 月初第 1 代幼虫始发，为害春茶。6 代发生区域，各代幼虫发生期分别为 4 月上旬至 5 月上旬、5 月下旬至 6 月上旬、6 月下旬至 7 月下旬、7 月下旬至 8 月下旬、8 月下旬至 9 月下旬、9 月中旬至 11 月上旬。第 2 代后世代重叠，全年主害代为第 4 代；7—9 月夏秋茶期间受害重。卵块产于茶丛枝丫、树皮缝隙。1 个卵块孵化出的幼虫，在 1 ～ 2 龄期间，常在卵块附近为害，形成发虫中心；3 龄后开始爬散，并略向下转移。幼虫清晨、黄昏取食最盛。幼虫受惊后吐丝下垂。幼虫期食叶量 0.54 ～ 0.71 g。3 龄后食叶量大增，末龄食叶量占总食叶量的 80%。

（3）防治技术　该虫 1 ～ 2 代发生较整齐，需认真做好防治工作，在此基础上重视 7—8 月防治。①人工捕杀：结合秋冬季深耕施基肥，清除树冠下表土中的蛹。②理化诱杀：每 1.2 hm² 放置 1 台天敌友好型杀虫灯，灯管下端位于茶棚上方 40～60 cm，3 月下旬开灯，11 月关灯，每日日落后工作 3 小时自动灭灯；越冬代成虫羽化期，悬挂灰茶尺蠖性诱捕器（2～4 套/亩），持续诱杀成虫，降低田间虫口，控制害虫发生。③生物防治：幼虫 3 龄前，喷施茶核·苏云菌悬浮剂 300～500 倍液，或 100 亿孢子/ml 短稳杆菌悬浮剂 500～700 倍液。④化学防治：防治指标为幼虫 4 500 头每亩或 10 头/m 茶行。幼虫 3 龄前，可喷施 24% 虫螨腈悬浮剂 1 000～1 500 倍液，或 60% 乙基多杀菌素悬乳剂 1 100～2 200 倍液，或 2.5% 联苯菊酯乳油 1 100～2 200 倍液，或 2.5% 高效氯氟氰菊酯乳油 550～1 100 倍液等化学药剂。该虫喜在清晨和傍晚取食，在 4—9 时及 15—20 时蓬面扫喷药剂效果好。

2. 茶尺蠖

茶尺蠖属鳞翅目尺蛾科埃尺蛾属，学名 *Ectropis obliqua* Prout，又名拱拱虫、拱背虫、吊丝虫。两者形态相似，并且存在种内形态多样性，区分困难。茶尺蠖仅发生于江苏、浙江、安徽 3 省临近区域。茶尺蠖为害状与灰茶尺蠖相同。

（1）形态特征　与灰茶尺蠖形态相似，幼虫可通过第 2 腹节背面的八字纹形态及其与 2 对黑点的位置进行鉴别。茶尺蠖第 2 腹节背面的"八"字形黑色斑纹较细长，前部 1 对黑点被八字形黑色斑纹遮盖或部分遮盖，后部 1 对黑点清晰可见。灰茶尺蠖第 2 腹节背面的"八"字形黑斑较粗短，该节前、后两对黑点均清晰可见。成虫可通过前后翅上外横线的形态进行鉴别。茶尺蠖前翅外横线中部向后突出，突出处至前缘的一段纹较平直，后翅的外横线呈起伏较大的波状纹。灰茶尺蠖前翅外横线总体呈圆弧形，无平直部分；后翅的外横线较平直，起伏小。

（2）生物学特性　与灰茶尺蠖相近。

（3）防治技术　与灰茶尺蠖相同。

3. 茶银尺蠖

茶银尺蠖属鳞翅目尺蛾科，学名 *Scopula subpunctaria*（Herrich-Schaeffer）。分布于浙江、江苏、安徽、湖南、贵州及四川等地，以幼虫咀食叶片为害。

（1）形态特征　成虫体长 12～14 mm，翅展 29～36 mm，体、翅白色，前翅翅面有 4 条浅棕色波状横纹，翅尖有 2 个小黑点，后翅有 3 条波状横纹，前、后翅中央均有 1 个棕褐色圆点，翅缘毛淡棕黄色，雌蛾触角丝状，雄蛾触角栉毛状。卵椭圆形，长 0.8 mm，宽 0.5 mm，初产时淡绿色，逐渐转变为黄绿色直至淡灰色，卵表面布满白点。老熟幼虫体长 22～27 mm，青色，气门线银白色，体背面有黄绿色和深绿色纵线各 10 条，各节间处有乳黄色环纹。蛹长椭圆形，长 10～14 mm，绿色，翅芽渐白，羽化前翅芽现棕褐色点线，腹末有 4 个钩刺，其中 2 根较长。

（2）生物学特性　成虫夜间羽化，趋光性强。羽化后翌日交尾，第 3 日晚间产卵。卵散产，多裸露于叶腋及芽腋间，每处产卵 1 至数粒不等。幼虫孵化后就近食叶，1～2 龄在嫩叶叶背啃食叶肉，留上表皮，逐渐食成小洞。3 龄后蚕食叶缘成缺刻，5 龄咀食全叶，仅留主脉与叶柄，老熟后在茶枝中吐丝缀结叶片并化蛹，1 年发生 6 代，以幼虫在茶树中下部成叶上越冬，翌年 3 月化蛹，4 月成虫羽化，5 月第 1 代幼虫孵化。

（3）防治技术　参见灰茶尺蠖。

4. 木橑尺蠖

木橑尺蠖属鳞翅目尺蛾科，学名 *Culcula panterinaria* Bremer et Grey。分布于全国大多数产茶地区。幼虫主要咀食嫩叶和成叶，严重时可将老叶、嫩茎全部食尽，茶丛秃光。

（1）形态特征　成虫体长 20～30 mm，翅展 58～80 mm。头金黄色，腹部白色，散生灰色、橙色斑。翅白色，散生大小不等的灰色或橙色斑点，其中，前翅基部有 1 橙色圆斑，前翅中央近前缘线及后翅中央各有 1 个圆形或椭圆形灰斑，亚外缘线内侧有 1 排橙色至橙色斑块。雌蛾触角丝状，腹末有黄色毛丛；雄蛾触角栉状，腹末无毛丛。卵椭圆形，翠绿色，孵化前变黑。成长幼虫体长 60～79 mm，体绿色、灰色、赭褐色不一，头棕黄色，头顶左右呈红褐色圆锥状突起，额上有黑色倒"V"形，前胸背面有两个角状突起，体表满布淡黄色水泡状小突起，背线处散布黑色小突起，各气门周边紫红色。蛹长24～32 mm，棕褐至黑褐色，多刻点，头顶背侧有 1 对耳形齿状突起。

（2）生物学特性　成虫夜间羽化，趋光性强，羽化后翌日晚交尾，只交尾1 次，交尾后第 3 日产卵，喜展翅停息在附近林木主干及墙壁上，并将卵成块产于树干缝隙、墙缝或茶丛枝干、落叶中，卵块覆盖棕黄色茸毛，每雌产 3～4 个卵块。1～2 龄幼虫多栖于芽梢嫩叶上，自叶缘取食叶肉，残留表皮，形成黄褐色枯斑；3 龄后蚕食成、老叶，造成缺刻或留下叶脉；4 龄开始暴食，咀食全叶。食叶量随虫龄增长剧增，末龄食叶量占总食叶量的 86% ～ 88%。长江中下游地区 1 年发生 2 ～ 3 代，华南 3 ～ 4 代。2 代区，第 1 代、第 2 代幼虫分别于 5 月中旬至 6 月下旬、7 月中旬至 8 月下旬发生，有时发生 3 代，在 9 月下旬至 11 月中旬发生。4 代区，各代幼虫发生盛期分别为 4 月中下旬、7 月、9 月和 10 月下旬至 11 月中旬。以蛹在根际表土中越冬，翌年 4 月成虫羽化、产卵。

（3）防治技术　参见灰茶尺蠖。

5. 茶用克尺蠖

茶用克尺蠖属鳞翅目尺蛾科，学名 *Junkowskia athlete* Oberthur。主要分布于安徽、江苏、浙江、江西、湖南、贵州、广东、海南、台湾等长江以南的产茶省，幼虫主要咀食嫩叶和成叶，严重时可将老叶、嫩茎全部食尽，茶丛秃光。

（1）形态特征　成虫体长 18 ～ 25 mm，翅展 39 ～ 59 mm，体、翅灰褐色至赭褐色。前翅有 5 条、后翅 3 条黑褐色横纹，外缘黑褐色，呈波浪状。前、后翅外横线外侧均有 1 咖啡色斑，前翅中室上方有 1 深色斑。腹部深灰色，第 1 腹节背面有灰黄色横带纹。雌蛾触角丝状，雄蛾触角栉状。卵椭圆形，草绿色渐变淡黄色，孵化前灰黑色。1 ～ 4 龄幼虫腹部第 1、第 5、第 9 腹节近后缘环列白线，4 龄幼虫第 8 腹节背面开始突起，体表满布波状白纵纹，5 ～ 6 龄幼虫体上白色环线消失，头顶黑纹成 "八" 字形，腹节白环线消失，第 8 腹节背突明显。蛹红褐色，体表满布细小刻点，翅芽伸近第 4 腹节，腹末节背面呈环状突起，臀棘基部较大，端部分二叉。

（2）生物学特性　成虫多在晚间羽化，趋光性强，羽化当晚交尾，翌日开始产卵，卵成块产于茶树树干及附近林木枝干裂缝中，卵粒间以胶质物粘连成块，无茸毛覆盖。初孵幼虫活泼、趋光、趋嫩，集中在芽梢嫩叶上，形成发生中心，自芽梢叶缘取食叶肉，残留表皮形成圆形枯斑，2 龄食成孔洞，3 龄后咀食全叶，4 龄开始暴食，食叶量占总食叶量的 96%，老熟幼虫转移至根际入土化蛹。浙江年发生 4 代，英德 6 代。浙江 4 代发蛾盛期分别为 5 月下旬、7 月上旬、9 月中旬、10 月中下旬，幼虫孵化盛期分别在 6 月上旬、7 月中旬、9 月中旬、10 月下旬。以低龄幼虫在茶树上越冬，但无明显冬眠现象，在广东少数以蛹在根际土中越冬。

（3）防治技术　参见灰茶尺蠖。

6. 茶毛虫

茶毛虫属鳞翅目毒蛾科黄毒蛾属，学名 *Euproctis pseudoconspersa* Strand，又称茶黄毒蛾、油茶毒蛾。主要分布于陕西、江苏、安徽、浙江、福建、台湾、广东、广西、江西、湖北、湖南、四川和贵州等地。主要发生于山区茶园，近年逐渐有向山外丘陵茶区蔓延，甚至突发成灾的趋势。以幼虫咬食叶片为害，严重时可将叶片食光，影响茶叶产量、树势。幼虫体上毒毛触及人体皮肤会红肿痛痒，严重影响茶园管理。

（1）形态特征　雌成虫体长 8 ～ 13 mm，翅展 21 ～ 23 mm，虎黄至黄褐、黑褐色。触角双栉齿状。复眼黑色。前翅前缘、翅尖和臀角处黄色，翅尖有 2 个黑点，翅面散生许多黑褐色细点。腹部末端较粗，有黄褐色茸毛丛。雄蛾体长 6 ～ 10 mm，翅展 20 ～ 28 mm，体翅黑褐色。前翅前缘，周尖和臀角处黄褐色，翅尖有 2 个黑点，内、外横线处带纹呈黄褐色，腹部较细，末端无毛丛。卵为近球形，淡黄色，直径 0.6 ～ 0.8 mm。卵块椭圆形，长 8 ～ 12 mm，宽 5 ～ 7 mm，含数粒卵。卵块上覆黄褐色茸毛。幼虫有 6 ～ 7 龄，末龄幼虫体长 20 mm 左右，头呈浅褐色，体呈黄色至黄褐色，圆筒形。第 1 ～ 3 体节稍细，气门上线处有带状线纹。各体节的背面和侧方均具黑疣数个。疣上簇生黄色毒毛。第 1 节上的疣突着生毛长，伸向前方。腹部各节亚背线和气门上线处的黑疣较大，又以第 4 ～ 5 节上的黑疣最大。腹部各节气门上线与亚背线的疣突间有白色纵线 1 条。

（2）生物学特性　茶毛虫以卵块在茶树中下部老叶背面越冬。年发生代数因气候而异。各代发生期比较整齐，无世代重叠现象。江苏、浙江中北部、安徽、四川、贵州、陕西 1 年发生 2 代，浙江南部、江西、广西、湖南年发生 3 代，福建年发生 3 ～ 4 代，台湾年发生 5 代。2 代区，第 1 代幼虫发生在 4—6 月，为害春、夏茶，第 2 代幼虫发生在 7—9 月，为害夏、秋茶。3 代区，第 1 代、第 2 代、第 3 代幼虫分别在 4—5 月、6—7 月和 8—10 月发生，分别为害春茶、夏茶和秋茶。成虫有趋光性，白天栖息在茶丛内，如稍受惊动即迅速飞翔，或坠地作假死状。成虫寿命 3 ～ 5 d，活力强，一般交尾 1 次，偶有 2 次以上的。幼虫具有群集性特性，5 龄后食量剧增，可将整枝、整丛叶片食尽。老熟后分散爬至丛基落叶里少量聚集结茧化蛹。

（3）防治技术　①农业防治：在 11 月至翌年 3 月人工摘除越冬卵块，或生长季节于幼虫 1 ～ 3 龄期摘除有虫叶片。②物理防治：每 1.2 hm² 放置 1 台天敌友好型杀虫灯，灯管下端位于茶棚上方 40 ～ 60 cm，3 月下旬开灯，11 月关灯，每日日落后工作 3 小时自动灭灯。③生物防治：越冬代成虫羽化期，悬挂性诱捕器（2 ～ 4 套 / 亩），持续诱杀成虫，降低田间虫口，控制害虫发生；也可在幼虫 3 龄前，用 100 亿孢子 /g 的苏云金杆菌喷雾，或用含 100 亿 PIB/g 茶毛虫核型多角体病毒，在阴天或雨后初晴时进行喷雾防治。④化学防治：可在 3 龄幼虫前用 15% 茚虫威乳油 2 500 ～ 3 500 倍液，或 10% 氯氰菊酯乳油 2 000 ～ 3 700 倍液，或 10% 联苯菊酯乳油 3 000 ～ 5 000 倍液喷雾。

7. 茶黑毒蛾

茶黑毒蛾属鳞翅目毒蛾科茸毒蛾属，学名 *Dasychira baibarana* Matsumura。分布于长江流域以南。以幼虫咬食叶片为害，无趋嫩性，不分老嫩自下而上取食。严重时叶片无存，且剥食树皮。幼虫体上毒毛触及人体皮肤会红肿痛痒，严重影响茶园管理。

（1）形态特征　雌成虫体长 15 ～ 18 mm，翅展 32 ～ 40 mm。体翅暗褐至栗黑色，前翅外缘有 8 个黑褐色点状斑，顶角内侧常有 3 ～ 4 个颜色深浅、排列不一的纵向斑纹，外横线呈褐色波状纹。雄蛾体长 12 ～ 14 mm，翅展 27 ～ 30 mm，前翅顶角内侧的 3 ～ 4 个纵向斑纹和中室端部的灰白色斑纹均不明显，触角呈双栉齿状。卵为球形，直径 0.8 ～ 0.9 mm，灰白色，质地较硬，顶端凹陷。卵块有数十粒卵，单层裸露于叶背。幼虫共 5 ～ 6 龄，末龄幼虫体长 26 ～ 30 mm。蛹体长 13 ～ 15 mm，黄褐至棕黑色，有光泽。体表黄色短毛多，背面短毛较密，腹末臀棘较尖。茧椭圆形，细茸毛多，棕黄至棕褐色。

（2）生物学特性　浙江、安徽及福建北部 1 年发生 4 代，江西婺源年发生 5 代，均以卵块在茶丛中下部老叶背越冬。浙江杭州越冬卵于翌年 4 月上中旬孵化，为害春茶。第 2、第 3、第 4 代幼虫发生期分别为 6 月上旬至 6 月下旬、7 月中旬至 8 月中旬、8 月下旬至 9 月下旬。成虫白天在茶丛枝干及叶背静伏，一般黄昏开始飞翔活动，有趋光性。羽化当晚或翌日交尾，交尾后翌日开始产卵。卵多产于老叶背面。幼虫怕阳光直射，常在晚上或阴天活动取食。幼虫老熟后爬至茶树根际附近枯枝落叶下或土隙中结茧化蛹，大发生时亦在茶丛枝叶上化蛹。

（3）防治技术　可参照茶毛虫防治方法。

8. 茶蚕

茶蚕属鳞翅目蚕蛾科，学名 *Andraca bipunctata* Walker，又名茶狗子、无毒毛虫、茶叶家蚕。我国各茶区均有分布。幼虫互相缠绕在茶枝上蚕食叶片，具群集性，严重时茶丛片叶无存。

（1）形态特征　成虫体长 12 ～ 20 mm，翅展 30 ～ 60 mm。棕黄至暗棕色，略具丝绒状光泽，头顶白色，前翅有内横线、中横线和外横线 3 条暗褐色横纹，中央有 1 黑点，外横线且分叉伸向前角，近外缘深暗，翅尖和外缘有银色浮斑。后翅中、外 2 横线暗褐色，与前翅中、外 2 横线相接，内横线不显，中央也有 1 黑点；雌蛾前翅前角沿外缘凹作钩状，触角栉齿短，近线状；雄蛾前翅前角外缘平直，触角栉齿明显。卵椭圆形，淡黄至黄褐、暗紫色，数十粒裸露作 3 ～ 5 行排于叶背。幼虫 5 龄，体长 50 ～ 55 mm，头黑，体赤褐密布黄褐色短茸毛，背线、亚背线、侧线、气门上线、气门下线和腹线皆黄色，各节具 3 条黄白横线，纵横形成许多小方格；各气门前且有 1 黑点圆斑，气门后有 1 橘红色斑。蛹暗红色，纺锤形，长 17 ～ 22 mm，翅芽伸达第 4 腹节近后缘，腹末圆钝。茧丝质，灰褐至棕黄色。

（2）生物学特性　1 年发生 2 ～ 4 代，以蛹在茶树根际落叶下与杂草间越冬，翌年 4 月中旬羽化。2 代发生区域，各代幼虫发生期分别为 5—6 月和 8—10 月；3 代发生区域，各代幼虫发生期分别为 4—6 月、6—8 月和 9—10 月。成虫趋光性不强，多栖于丛间枝叶或地面上，雄蛾多于夜间羽化，雌蛾多于凌晨羽化。羽化当日即可交尾，翌日开始产卵，每雌产卵百余粒，数十粒聚集于中上部叶背。幼虫群集性强，并具假死性。1 ～ 2 龄幼虫群栖于原产卵叶背面，3 龄后则群栖于枝上，缠绕成一团。随虫龄增长，3 ～ 4 龄开始再分群，5 龄后每群多在 10 头左右。幼虫日夜取食，但以夜间取食最烈，休止时首尾翘起作"乙"字状，受惊则吐水且纷纷佯死坠地。老熟幼虫爬至茶树根际处落叶下或表土中结茧化蛹。

（3）防治技术　①人工捕杀：结合茶园秋冬季管理，将根际附近的枯枝落叶和虫口深埋入土。利用幼虫群集性和假死性，进行震落捕杀，发现卵块，及时摘除。②理化诱杀：利用杀虫灯、性诱剂诱杀成虫。③生物防治：幼虫 3 龄前，喷施茶蚕颗粒体病毒 1×10^4 mg/ml 以上剂量（3 g/hm^2），或 0.6 % 苦参碱水剂 1 000 倍液等药剂，或白僵菌粉 50 亿孢子 /g，加水稀释成 500 倍液喷雾。④化学防治：药剂防治参见茶尺蠖。

9. 斜纹夜蛾

斜纹夜蛾属鳞翅目夜蛾科，学名 *Spodoptera litura* Fabricius，又名莲纹夜蛾、斜纹夜盗蛾、乌头虫。我国各茶区均有分布。幼虫取食茶树叶片，间歇性发生，暴发时局部茶丛被害光秃。

（1）形态特征　成虫体长 14～16 mm，翅展 35～40 mm，褐至暗褐色。前翅斑纹复杂，内横线及外横线为灰白色波纹，其间有白色宽带自内横线前端斜至外横线 2/3 处。肾状纹明显，前半白色，后半黑色。外横线外大部青灰色，亚外缘线灰白色，外缘黄褐色，并有 1 列小黑点，翅基前伴有数条白线；后翅白色，翅脉及外缘暗褐，具紫色闪光。卵扁半球形，直径约 0.5 mm，黄白至暗紫色，卵面具鱼篓状棱纹；数十至百粒重叠堆成卵块并覆有灰黄色茸毛。幼虫体长约 30 mm，头侧有暗褐色网纹，额区及颅中沟黄白，体色多变，灰绿至暗褐、黑褐色，体表散生小白点。各体节背中两侧有半月形或三角形黑斑 1 对，其中以第 1、第 7、第 8 腹节的最大。中后胸黑斑下有黄白色小点，气门线下方有污黄色纵带，气门黑色。蛹长卵形，15～20 mm，赭红色，腹末有 1 对大而弯曲的臀棘。

（2）生物学特性　1 年发生 5～9 代，世代重叠发生，在广东等南方地区无冬眠现象，长江流域一般发生 5 代，7 月下旬或 9 月中旬发生最多，为害夏、秋茶。以蛹在土中蛹室内越冬，少数以老熟幼虫在枯叶、杂草中越冬，成虫日间藏匿丛间、杂草中，晚上活跃，趋光性强，喜食糖酒醋发酵物和花蜜。卵多产于叶片背面，卵期 3～10 d，因气温而异。幼虫共 6 龄，有假死性。初孵幼虫具有群集为害习性，2～3 龄后分散为害，4 龄后暴食。怕阳光直射，白天藏伏丛内，4 龄后潜居地表，黄昏后取食为害。老熟时潜入土中作土室化蛹，蛹期 8～17 d 不一。

（3）防治技术　①人工捕杀：清除杂草，翻耕破坏其化蛹场所。摘除卵块和群集为害的初孵幼虫。②理化诱控：利用黑光灯、性诱剂、糖醋酒液诱杀成虫。③生物防治：保护茶园中的瓢虫、猎蝽和寄生蜂等天敌，以及蜘蛛、捕食螨、蛙类等有益生物。使用斜纹夜蛾核型多角体病毒 200 亿 PIB/g 水分散粒剂 12 000～15 000 倍液喷施，或 100 亿孢子 /g 苏云金杆菌粉，加水稀释成 500～700 倍液喷雾或 100 亿孢子 /g 白僵菌粉，加水稀释成 900 倍液喷雾。④化学防治：参见茶尺蠖药剂防治。

10. 茶小卷叶蛾

茶小卷叶蛾属鳞翅目卷叶蛾科，学名 *Adoxophyes orana* Fischer von Roslerstamm，又名棉褐带卷叶蛾、茶小黄卷叶蛾、网纹卷夜蛾、茶角纹小卷夜蛾。国内各产茶区均有分布。幼虫为害芽叶，卷苞匿居咀食叶肉，留下表皮与叶脉，形成枯褐网膜，严重时蓬面一片枯焦。

（1）形态特征　成虫体长 6 ～ 8 mm，翅展 15 ～ 22 mm，淡黄褐色。触角丝状。前翅近长方形，散生褐色细纹，翅基、翅中及近翅尖有 3 条浓褐色斜带纹，中部 1 条呈"h"形。卵扁平椭圆形，淡黄透明，数十粒至百余粒聚成鱼鳞状卵块，并覆透明胶质膜。幼虫共 5 龄。头黄褐色，体绿色。蛹长 9 ～ 10 mm，褐色，腹部第 2 ～ 7 节各有 2 列钩刺突。

（2）生物学特性　各地 1 年发生代数不一，如湖北年发生 5 ～ 6 代，广东年发生 6 ～ 7 代，台湾年发生 8 ～ 9 代。多以 3 龄以上老熟幼虫在卷叶虫苞或残花内越冬。翌年气温回升至 7 ～ 10℃开始活动为害。5 代区各代幼虫分别于 4—5 月、6 月、7 月、8 月、10 月至翌年 4 月间发生。气温 18 ～ 26℃，相对湿度 80% 以上，有利发生，春茶后期和夏茶受害较重。成虫昼伏夜出，有趋光性，喜嗜糖醋味。卵块产于老叶背面。幼虫孵化后爬上芽梢，或吐丝飘至附近枝梢，潜入芽尖缝隙或在初展嫩叶吐丝卷结匿居，咀食叶肉。3 龄后将邻近二至数叶结成虫苞，有向下转移结苞的习性。3 龄后受惊后常弹跳坠地。老熟后即在苞内化蛹。

（3）防治技术　在压低越冬虫口的基础上，狠抓 1 ～ 2 代，挑治 4 ～ 5 代。①清除虫苞：及时采摘或修剪，清除虫苞。②理化诱控：利用天敌友好型杀虫灯或糖醋液（红糖∶黄酒∶醋配比 1∶2∶1，并加入少量农药）诱杀成虫，使用性信息素诱杀雄蛾。③生物防治：始卵期后分 2 ～ 3 批释放赤眼蜂，共 2 万～ 8 万头 / 亩；低龄幼虫期，喷施 100 亿孢子 /ml 苏云金杆菌 500 倍液，或 100 亿孢子 /g 的白僵菌 100 ～ 200 倍液。④化学药剂：可选 15% 茚虫威乳油 1 800 ～ 3 000 倍液，或 24% 虫螨腈悬浮剂 1 000 ～ 1 500 倍液，或 60% 乙基多杀菌素悬乳剂 1 100 ～ 2 200 倍液，或 2.5% 联苯菊酯乳油 1 100 ～ 2 200 倍液喷雾。

11. 茶卷叶蛾

茶卷叶蛾属鳞翅目卷叶蛾科，学名 *Homona coffearia* Meyrick，又名褐带长卷叶蛾、后黄卷叶蛾、茶淡黄卷叶蛾。国内各主茶区均有分布。幼虫吐丝卷叶为害，留下表皮形成透明枯斑，卷叶多达 3 ～ 4 叶，乃至整个芽梢。严重时蓬面状如火烧。

（1）形态特征　成虫体长 8 ～ 12 mm，翅展 23 ～ 30 mm，浅黄褐色，前翅近长方形,桨状,淡棕色,且多深褐色细横纹。雌蛾近翅基及中部斜列中带暗褐色。雄蛾近基暗斑较大,前缘中央有1半椭圆型向上翻折的深褐色加厚部分(前缘褶),后翅皆淡黄,近基部色淡,缘毛长,灰黄色。卵扁平椭圆,淡黄透明,百余粒聚成鱼鳞状卵块。幼虫多为6龄。头褐,体黄绿色,具白色短毛。前胸盾板近半月形,棕褐色,两侧下方各有2个褐色小点。蛹长11~13 mm,黄褐至暗褐色,腹部2~8节背面前、后缘均有1列短刺,臀棘长,黑色,具钩刺8枚。

(2)生物学特性 在安徽、浙江年发生4代,湖南年发生4~5代,福建、台湾年发生6代,以幼虫在卷叶苞内越冬。4代区幼虫分别于5月、6月下旬至7月上旬、7月下旬至8月中旬、9月至翌年4月发生,有世代重叠现象,其生活习性与茶小卷叶蛾相似。成虫趋光性较强,幼虫趋嫩,吐丝卷叶,匿居苞内咀食叶肉。但卵产于叶片正面,产卵能力和卵块较大,虫苞和食叶量更大。幼虫一般卷3~4叶,严重时整个芽梢都被卷缀成苞,甚至咀食成叶、老叶,形成大片芽叶枯褐。老熟后亦在苞内化蛹。茶卷叶蛾易在温暖湿润条件下发生,茶树长势旺盛、芽叶稠密的茶园发生较多。

(3)防治技术 参见茶小卷叶蛾。

12. 茶细蛾

茶细蛾属鳞翅目细蛾科,学名 *Caloptilia theivora* Walsingham,又名三角苞卷叶蛾、幕孔蛾。国内各产茶省(区)均有分布,局部地区发生较重。幼虫为害芽叶嫩梢,从潜叶、卷边至整叶卷成三角苞,居中取食并积留虫粪,严重污染茶叶,影响产量及品质。

(1)形态特征 成虫体长4~6 mm,翅展10~13 mm。头、胸暗褐,触角褐色丝状。前翅褐色带紫色光泽,近中央有1金黄色三角形大斑。后翅暗褐色,缘毛长。腹背暗褐,腹面金黄。卵扁平椭圆,无色透明,具水滴光泽。幼虫5龄,成长幼虫8~10 mm,体乳白半透明,具白色短毛。前期体较扁平,头小,胸腹向后渐细;后期筒形,透见消化道。蛹圆筒形,长5~6 mm,头顶有1三角形突起,体侧各有1列短毛,体末有8枚小突起,蛹外有灰白色长椭圆形茧。

(2)生物学特性 在长江中下游一般年发生7代。以蛹茧在茶树中下部叶背凹处越冬。各代幼虫分别于4—5月、5—6月、6—7月、7—8月、8—9月、9—10月、11月。第1~2代发生较整齐,以后世代重叠。适宜于20~

25℃，比较湿润条件下发生，夏季高温干旱抑制种群明显。第 3 代呈现全年虫口最高峰，夏茶受害最重。成虫夜晚活动，有趋光性。日间栖于丛内，前、中足并拢直立，体全段举起，翅倾斜，呈"入"字形。卵散产于芽梢嫩叶背面，以芽下第 2 叶最多。雌蛾产卵以 1～3 代最多，每雌产 44～68 粒，其余各代较少，甚至仅产数粒。幼虫孵化后就近咬破下表皮潜入叶内，进入潜叶期，取食叶肉，叶背呈现弯曲白色带状潜痕。2 龄渐向叶缘潜食。3 龄起进入卷边期，吐丝将叶缘背卷，匿居咬食叶肉，仅留上表皮，卷边渐枯黄透明。4 龄后期进入卷苞期，吐丝将叶尖背卷结成三角苞，隐匿苞中咀食叶肉，并将虫粪积留苞内，可转移再行卷苞为害。一般 1 苞 1 虫，也有 2 头或更多。老熟后爬到下面成、老叶背面结茧化蛹。

（3）防治技术　①农业防治：适时采茶、修剪，清除卵、幼虫和虫苞。②理化诱控：使用茶细蛾性信息素诱杀雄虫。③生物防治：在潜叶期，用 70 亿孢子/g 白僵菌粉 50～70 倍液喷洒。④化学防治：可选 15% 茚虫威乳油 1 800～3 000 倍液，或 60% 乙基多杀菌素悬乳剂 1 100～2 200 倍液，或 2.5% 联苯菊酯乳油 1 100～2 200 倍液，或 1% 甲氨基阿维菌素苯甲酸盐乳油 2 200～4 500 倍液等喷雾。

13. 茶谷蛾

茶谷蛾属鳞翅目谷蛾科，学名 *Agriophara rhombata* Meyr，又名茶木蛾、茶灰木蛾。主要分布于华南茶区，云南、海南受害较重。幼虫吐丝缀叶成苞，居中蚕食成老叶。初孵幼虫也可蛀食嫩梢为害。大发生时茶丛被害光秃，虫粪满地，严重影响茶叶产量和品质。

（1）形态特征　成虫体长 9.5～13 mm，翅展 24～35 mm，体翅淡黄色，胸背有 1 个黑色圆点。前翅散生黑褐色小点，有 1 条黑褐色纵纹，其两侧各有 1 黑点，沿外缘有 1 列小黑点。雌蛾触角线状，雄蛾双栉状。卵椭圆，黄绿至淡褐色。幼虫共 6～8 龄。头及前胸盾黑色，体黄色，体背侧有 2 条黑色带纹纵贯全身，各节两侧均有 2 个黑点毛疣，气门、臀板及胸足黑色。蛹长 9～11 mm，褐至黑褐色，有光泽。圆锥形，头端钝圆，尾端尖细，背隆起，腹面平展。

（2）生物学特性　海南 1 年发生 4 代，广西年发生 2～3 代，无明显越冬现象，以幼虫在叶苞内取食成叶越冬。海南幼虫分别于 3—5 月、5—7 月、8—9 月、10 月至翌年 3 月发生。天气温和、湿润、少雨有利于发生。海南早春低温尤其夏季高温雨水多，对其发生都有抑制效应，1～2 代发生少，3 代增多，4 代较重，12 月达全年虫口高峰。成虫夜晚活动，不善飞翔，无趋光性。卵裸露散产于老叶背，少数产于嫩叶和茎。每雌蛾产卵百余粒。初孵幼虫常在两叶之间吐丝结成纺锤形虫苞，匿居咀食叶肉，黑色粪粒粘附于虫苞周围，也可蛀入嫩茎为害，2～3 龄时再爬出结苞。3 龄后能将数叶粘贴一起，虫苞增大，幼虫出苞外蚕食叶片，或切取碎叶拖回苞内取食。6～7 龄进入暴食期，严重时连同嫩叶树皮一并吃光。老熟后在苞内、叶片、枝杈上化蛹。

（3）防治技术　①农业防治：秋冬季修剪后及时清除有虫枝叶。②生物防治：100 亿孢子/ml 短稳杆菌悬浮剂 500 倍液喷雾。③化学防治：可选 15% 茚虫威乳油 1 800～3 000 倍液，或 60% 乙基多杀菌素悬乳剂 1 100～2 200 倍液，或 2.5% 联苯菊酯乳油 1 100～2 200 倍液，或 1% 甲氨基阿维菌素苯甲酸盐乳油 2 200～4 500 倍液等喷雾。

14. 茶蓑蛾

茶蓑蛾属鳞翅目蓑蛾科，学名 *Cryptothelea minuscula* Butler，又名茶袋蛾、小袋蛾。分布于我国各产茶地区。幼虫咀食叶片，还可筑造护囊咬取枝干。严重时叶片食光，仅留秃枝，严重影响茶叶产量和树势。

（1）形态特征　雄蛾体长 11～15 mm，翅展 20～30 mm，暗褐至灰褐色，胸背鳞毛长，成 3 条深色纵纹；前翅沿翅脉色深，近外缘有 2 个近方形透明斑。雌蛾无翅，蛆状，体长 12～16 mm。卵椭圆形，淡黄白色，长 0.6～0.8 mm。成长幼虫体长 16～26 mm，头黄褐色，具黑褐色并列斜纹。胸、腹部肉黄色，腹背中较深，胸侧有 2 条褐色纵纹，各腹节有 4 个黑色小点突，排成"八"字形。臀板褐色。蛹体长 11～18 mm，咖啡色至赤褐色，腹末有 2 枚短棘。雄蛹较小，具翅芽和足；雌蛹较大，蛆状。护囊纺锤形，成长幼虫护囊长 25～30 mm。囊外缀贴断截枝梗，纵向排列紧密整齐。

（2）生物学特性　贵州 1 年发生 1 代，长江流域年发生 1～2 代，福建、广东、台湾年发生 2～3 代，多以 3、4 龄幼虫在护囊内越冬。气温 10℃左右，越冬幼虫开始活动为害，常聚集发生。长江流域幼虫发生期为 6 月下旬至 9 月上旬、9 月上旬至翌年 6 月下旬，以 7—8 月为害最重。

（3）防治技术　①人工摘除：掌握在初发阶段和幼龄虫期，及时摘除虫囊，控制种群扩散。②生物防治：低龄幼虫期喷施 1 亿孢子/ml 的苏云金杆菌或 100 亿孢子/g 的杀螟杆菌。③化学防治：在低龄幼虫期用 24% 虫螨腈

1 500 ～ 1 800 倍液，或 15% 茚虫威 2 500 ～ 3 500 倍液，或 10% 联苯菊酯 3 000 ～ 6 000 倍液喷雾防治。

15. 大蓑蛾

大蓑蛾属鳞翅目蓑蛾科，学名 *Cryptothelea variegata* Snellen，又名大窠蓑蛾、大袋蛾、大背袋虫。分布于我国各产茶地区。幼虫咀食叶片，甚至嫩茎、小枝，还筑造护囊咬取叶片和小枝干，严重时茶丛全部被害光秃，对茶叶产量和树势影响较大。

（1）形态特征　雄蛾体长 15 ～ 17 mm，翅展 35 ～ 44 mm，黄褐至暗褐色，前翅翅脉暗褐色，近外缘有 4 ～ 5 个半透明斑。雌蛾蛆状，无翅，淡黄色，长约 25 mm。卵椭圆形，淡黄白色，长 0.9 ～ 1 mm。雌成长幼虫体长 25 ～ 40 mm，体肥，头赤褐色，胸背灰黄褐色，背线黄色，两侧各有 1 赤褐色纵斑，腹部灰褐至黑褐色，有光泽。雄成长幼虫体长 17 ～ 25 mm，头黄褐色，中央有白色"人"字纹，胸部灰黄褐色，背侧有 2 个褐色纵斑，腹部黄褐色，背面较暗。蛹赤褐色。雄蛹体长 18 ～ 23 mm，具翅芽和足。雌蛹体长约 35 mm。护囊橄榄形，成长幼虫护囊长 40 ～ 60 mm，囊外常粘附大块碎叶和少量枝梗。

（2）生物学特性　贵州 1 年发生 1 代，长江流域年发生 1 ～ 2 代，福建、广东、台湾年发生 2 ～ 3 代，以老熟幼虫在护囊内越冬。常聚集发生。在安徽合肥，幼虫在 4 月下旬至 5 月下旬化蛹，5 月下旬为成虫发生高峰，6 月上旬为卵孵化高峰，新一代幼虫以 8—9 月为害最重。

（3）防治技术　参见茶蓑蛾。

16. 扁刺蛾

扁刺蛾属鳞翅目刺蛾科，学名 *Thosea sinensis* Walker，又名黑点刺蛾，幼虫俗称痒辣子。国内遍布各产茶地区。幼虫取食茶树叶片，毒刺伤人。

（1）形态特征　成虫体长 10 ～ 18 mm，翅展 26 ～ 35 mm，体翅灰褐色。前翅外横线处有 1 条与外缘平行的暗褐色弧形纹，雄蛾前翅中央有 1 黑点。卵扁平椭圆形，淡黄色，孵化前转暗褐色。成长幼虫体长 21 ～ 26 mm，扁平椭圆形，淡绿色，背线灰白，各体节有 2 对刺突，两侧边缘的 1 对大而明显，体背中央两侧各有 1 个明显红点。蛹为裸蛹，椭圆形，长 10 ～ 15 mm，乳白，羽化前转至黄褐色。茧卵圆形，长约 14 mm，暗褐色。

（2）生物学特性　我国北部茶区 1 年发生 1 代，在安徽、浙江、湖南、江西等省 1 年发生 2 代，少数 3 代，以老熟幼虫在根际表土结茧越冬。1 代区 5 月中旬开始化蛹，6 月上旬开始羽化、产卵，卵多单粒散产于叶面，每雌可产约百粒，6 月中旬至 8 月上旬均可见初孵幼虫，8 月为害最重，8 月下旬开始陆续老熟入土结茧越冬。2 ～ 3 代区翌年 4 月中旬开始化蛹，5 月中旬至 6 月上旬羽化。两代幼虫发生为害期分别在 5 月下旬至 7 月下旬、8 月中旬至 10 月下旬。成虫昼伏夜出，趋光性与飞翔力均较强。初孵幼虫不取食，停息在卵壳附近；第 1 次蜕皮后，先取食卵壳，后转至叶背取食，残留上表皮形成黄色半透明枯斑；3 ～ 4 龄后自叶尖平切蚕食，虫量多时，全叶吃光，自下而上向蓬面转移为害，仅存顶端少量嫩叶。老熟后迁至树下就近于根际落叶下、缝隙内或表土中结茧化蛹。

（3）防治技术　①农业防治：结合冬耕施肥，将表土连同枯枝落叶深翻深埋，破坏地下蛹茧，减少越冬虫源。②物理防治：在盛蛾期前进行灯光诱杀，可有效降低成虫种群密度及后代发生数量。③生物防治：在幼虫期可喷施扁刺蛾核型多角体病毒悬浮液 1×10^8 至 1×10^{10} 个多角体 /ml，或苏云金杆菌可湿性粉剂（ ≥ 16 000 cfu/mg）300 ～ 500 倍液，或短稳杆菌（100 亿孢子 /ml）500 ～ 700 倍液，或 0.6% 苦参碱水剂 1 000 ～ 1 500 倍液。④化学防治：在卵孵化盛期和幼虫低龄期选用 2.5% 联苯菊酯乳油 3 000 倍液，或 10% 氯氰菊酯乳油 6 000 倍液，或 2.5% 溴氰菊酯乳油 6 000 倍液，或 15% 茚虫威悬浮剂 2 500 ～ 3 000 倍液等药剂防治。

17. 茶刺蛾

茶刺蛾属鳞翅目刺蛾科，学名 *Phlossa fascista*（Moore），又名茶角刺蛾、茶奕刺蛾。国内浙江、安徽等大多数产茶省（区）均有分布。幼虫咬食叶片，影响茶叶产量和质量，毒刺伤人，妨碍正常的采茶及田间管理工作。

（1）形态特征　成虫体长为 12 ～ 16 mm，翅展为 25 ～ 35 mm，体翅褐色，翅面具雾状黑点，前翅从前缘至后缘有 3 条不明显的暗褐色波状斜纹，后翅近三角形，触角栉齿状。卵扁平椭圆形，淡黄白色，半透明。幼虫共 6 ～ 7 龄，成长体长 30 ～ 35 mm，长椭圆形，背部呈屋脊状隆起，黄绿至灰绿色；体背和体侧各有 11 对和 9 对刺突，体背第 2 ～ 3 对突起间有 1 个绿色或紫红色的伸向上前方的肉质角状大突起，体背中部和后部各有 1 个紫红色斑纹；背线蓝绿色，体侧沿气门线有 1 列红点。蛹椭圆形，淡黄色，翅芽伸达第 4 腹节，腹部气门棕褐色。茧卵圆形，暗褐色，质地较硬。

（2）生物学特性　在浙江、湖南、江西1年发生3代，贵州年发生4代。以老熟幼虫在茶树根际落叶和表土中结茧越冬。翌年4月上中旬化蛹，蛹期15～17 d，4月下旬出现成虫。成虫常在黄昏前后羽化，主要栖息在茶丛下部叶片背面，夜晚活动，趋光性强；寿命4～5 d，羽化当晚即交尾、产卵，产卵期2～3 d。卵单产于茶丛下部叶背，一般1叶产卵1粒。每头雌虫一般可产卵50余粒。卵经过4～10 d孵化为幼虫。初孵幼虫行动迟缓，往往在离卵壳2～3 mm处取食，食量极少，主要取食叶片的下表皮和叶肉，形成不规则形半透明膜状枯斑；3龄后渐向中上部转移，食成孔洞；4龄后食量大增，自叶尖平切蚕食，食去半叶后转害，严重时仅留叶柄，再向四周扩散为害。3代区幼虫分别在5月下旬至6月上旬，7月中下旬和9月中下旬盛发，常以第2代发生最多，为害较重。幼虫期一般长达22～45 d。幼虫老熟后，停食1～1.5 d，爬至茶树根际落叶下或表土内结茧化蛹，入土深度3～5 cm。

（3）防治技术　参见扁刺蛾。

18. 茶丽纹象甲

茶丽纹象甲属鞘翅目象甲科，学名 *Myllocerinus aurolineatus* Voss，又名茶叶象甲、茶小绿象甲，茶叶重要的芽叶害虫，各主要产茶省（区）均有分布。成虫咀食新梢叶片，自叶缘咬食，呈许多不规则缺刻，甚至仅留主脉，严重时茶园残叶秃脉，对夏茶的产量和品质影响较大，损伤树势。幼虫栖息土中，取食有机质和须根。

（1）形态特征　成虫体长5～7 mm，灰黑色，体背具有由黄绿色、闪金光的鳞片集成的斑点和条纹，腹面散生黄绿或绿色鳞片。触角膝状，11节，柄节较直而细长，端部3节膨大。复眼长于头的背面，略突出。鞘翅上也具黄绿色纵带，近中央处有较宽的黑色横纹。卵椭圆形，长0.48～0.57 mm，宽0.35～0.4 mm，初为黄白色，后渐变为暗灰色。幼虫乳白色至黄白色，成长时体长5～6.2 mm，体肥多横皱，无足。蛹长椭圆形，长5～6 mm，黄白至灰褐色，头顶及胸、腹各节背面有刺突6～8枚，而以胸部的较显著。

（2）生物学特性　1年发生1代，多以老熟幼虫在茶丛树冠下土中越冬。福建3月上中旬开始化蛹，4—5月成虫开始羽化出土，初羽化成虫为乳白色，在土中潜伏，体色由乳白色变成黄绿色后才出土，5月中旬至6月进入成虫盛发期；江西发生期迟半个月左右。在安徽南部，4月下旬开始化蛹，5月中旬成虫开始出土，6月盛发，直至8月上旬仍可见少数成虫。在浙江杭州，成虫初见于 5 月中下旬，一般终见于 8 月上旬，高峰在 5 月下旬至 7 月上旬。成虫上午羽化，先在土中潜伏 2～3 d 后出土。夜晚至清晨很少爬动，露干后开始活动，中午前后多潜伏荫蔽处，14 时后又渐趋活跃，昏暗后再行减弱。为害新梢嫩叶，自叶缘食成许多半环形缺刻，严重时仅留主脉。全年以夏茶受害最重。有假死习性，稍受惊动即坠地，片刻后再行上树。善爬行，但飞翔力弱。采摘、田间管理等工作中，人畜、工具的携带均可帮助其传播。交尾多在黄昏至晚间进行，多次交尾，交尾次日雌虫陆续入土将卵散产于土中或落叶下，也有数粒产在一起，以表土中为多，成虫产卵盛期在 6 月下旬至 7 月上旬。树冠高大，生长良好的茶园，往往虫口较多。幼虫孵化后即潜入土中，在表土中活动取食茶树及杂草根系，直至化蛹前再逐渐向土表转移。根际周围 33 cm、深 10 cm 以内的土壤中虫口最多。

（3）防治技术　①农业防治：进行中耕灭蛹，掌握在盛蛹期，于茶丛双侧深耕土壤 10 cm，对土中的虫蛹有较好的杀除效果。中耕不仅破坏了蛹的栖息环境，造成化蛹土室的破裂，使蛹机械伤亡。另外，也使部分蛹体暴露于土表，以利天敌的捕食。②物理防治：进行人工捕杀，利用成虫假死性，于盛发期震动茶树，用工具（如塑薄膜）承接，集中予以消灭。③生物防治：养鸡治虫，在有条件的茶园，结合养鸡治虫，当成虫盛发期，放鸡于茶园，在放鸡的同时，可拍击茶树蓬面，使成虫假死落地，利于鸡的捕食；每年春季（3 月下旬至 4 月）可选用白僵菌 871 菌株粉剂 22.5 kg/hm² 拌土喷施。④化学防治：成虫出土高峰前喷施 2.5% 联苯菊酯 750～1 000 倍液，或虫螨腈 1 500～1 800 倍液。

19. 茶角胸叶甲

茶角胸叶甲属鞘翅目肖叶甲科，学名 *Basilepta melanopus* Lefevre。我国南方茶区重要害虫之一。以成虫咬食新梢嫩叶，在叶背咬食叶片成许多直径 2 mm 左右的圆孔，发生严重时每片叶上可多达 200 多个孔洞，致使叶片破烂，新梢生长受阻，甚至引起茶树干枯死亡。

（1）形态特征　成虫体长 3.2～3.8 mm，宽 1.5～2 mm，棕黄色。触角基部 4 节为黄揭色，第 5～11 节黑褐色，各节密生细毛。前胸宽大于长，刻点较大而密，排列不规则，侧缘后端 1/3 处向外尖突成角突，前端 1/3 处呈钝角，后缘有隆脊。鞘翅宽于前胸，肩胛隆起，鞘翅具 11 行刻点，排列较整齐。各足股节膨大，内侧有 1 小齿；股节、胫端、跗节 1～2 节及第 3 节基部黑褐色，其余黄褐色。卵长椭圆形，长约 0.7 mm，初为乳白色，渐转淡黄至暗黄色。幼虫老熟时体长 4.4～5.2 mm，略呈 "C" 形，头棕黄，体乳黄白色，多横皱，体侧具疣突，气门淡红，中胸气门较大。蛹长 3.9～4.1 mm，头淡黄，复眼棕红，余均乳白色，体生稀疏的淡黄色细毛，腹末有 1 对长而稍弯曲的巨刺。

（2）生物学特性 1 年发生 1 代，以老熟幼虫在根际土中越冬。在广东、湖南分别于 3 月中旬、4 月下旬开始化蛹，4 月上旬、5 月上旬成虫开始羽化出土，经 2～4 d 黄昏后出土，5 月中旬至 6 月中旬为成虫为害盛期，7 月后成虫渐少见。成虫白天多静伏于表土或枯枝落叶下并在此产卵，黄昏后上树食叶，阴雨天则昼夜取食。成虫假死性强，具飞翔力，夜晚短距离飞翔。成虫出土 10 多天后开始产卵，卵 20～30 粒聚成卵块产于落叶下或浅土中，排列零乱，每雌产卵 50～80 粒。幼虫共 4 龄，刚孵化时留在表土中，取食茶树须根，老熟后作圆形土室，潜入 15～20 cm 深土层垫伏越冬，3 月后上升至 2～4 cm 土层并化蛹。各虫态历期：卵 6～8 d，幼虫 245～300 d，蛹 7～20 d，成虫 26～72 d。

（3）防治技术 ①植物检疫：防止随茶苗带土调运帮助幼虫扩散传播。选用抗性茶树品种，减轻成虫为害。②农业防治：秋冬至翌年早春 3 月前，翻耕土壤杀灭幼虫和蛹；5—6 月成虫结合中耕清除落叶杂草深埋行间或清出茶园杀死成虫和卵；7—8 月翻耕土壤影响幼虫入土和生存。③生物防治：保护步甲、蚂蚁、螳螂等天敌，可以放鸡啄食，用白僵菌、绿僵菌或苏云金杆菌处理土壤和田间喷杀。④人工防治：成虫发生期在早晚用震落法收集成虫，集中处理。⑤物理防治：可用黄板诱杀。⑥化学防治：可喷施 2.5% 联苯菊酯乳油 750～1 000 倍液，或 15% 茚虫威乳油 1 800～3 000 倍液。

20. 毛股沟臀肖叶甲

毛股沟臀肖叶甲属鞘翅目肖叶甲科，学名 *Colaspoides femoralis* Lefevre，又名茶叶甲。在湖南、湖北、广东、广西、四川、云南、贵州、浙江、山东、河南等地发现，局部茶园发生严重。成虫取食茶树叶片，以芽下 3～4 叶受害最重，可以将叶片吃成直径 3～4 mm 的圆孔，严重时似筛孔状甚至破损，严重影响光合作用；成虫还可取食未木质化的嫩茎表皮，形成缺口。

（1）形态特征 成虫宽卵圆形，背多刻点，长 4.8～6 mm，宽 2.9～3.4 mm。体背常为亮绿或靛蓝色，具金属光泽。体腹面黑褐色。触角线形，长

4.5 mm 左右，超过体长的 3/4。前胸背板无明显的纵皱纹，侧缘弧形。鞘翅基部略宽于前胸背板，刻点细密。雌、雄成虫在体色和体毛上有较明显的区别，一般雄虫为光亮的金属绿色，触角与足棕黄色，触角端部 5 节和足跗节黑或黑褐色；雌虫金属蓝色，少数个体雌雄体背均为具有金属光泽的黑色，触角端部 7 节和足黑色。后足腿节内侧与第 4 腹板中部各有 1 淡黄色毛丛，故而取名毛股沟臀肖叶甲。幼虫体长 6.5 ～ 7.5 mm，头黄褐，体乳白至淡黄色，稍弯曲，体背多皱。

（2）生物学特性 1 年发生 1 代，以幼虫在茶丛根际土中越冬。在湖南成虫发生期为 4 月下旬至 6 月中旬，在贵州，5 月中旬开始化蛹，成虫 6 月上旬至 6 月下旬盛发。各虫态历期：卵 12 ～ 14 d，幼虫 260 ～ 300 d，蛹 10 ～ 14 d，成虫 45 ～ 65 d，羽化出土后便爬上茶树取食树冠层叶片，成虫怕光，多在叶间或较隐蔽的地方活动，善飞，假死性极强，受到惊扰瞬间即坠地假死、逃跑。黄昏晚间交尾，卵散产于落叶下表土内。幼虫生活土中，聚集腐殖质与须根，虫口大多分布在离根茎 10 ～ 45 cm 范围内。

（3）防治技术 参见茶角胸叶甲。

（三）钻蛀害虫

钻蛀害虫是造成茶树茎干中空、枯竭或茶籽空瘪的害虫，主要包括钻蛀性蛾类和甲虫类害虫。钻蛀性蛾类主要有茶梢蛾、茶枝镰蛾、茶枝木蠹蛾、茶堆沙蛀蛾等。其中，茶枝镰蛾是为害较为严重的一种。钻蛀性甲虫类主要有茶天牛、黑跗眼天牛、茶枝小蠹、茶吉丁虫、茶籽象甲等。

1. 茶枝镰蛾

茶枝镰蛾属鳞翅目织蛾科，学名 *Casmara patrona* Meyrick，又名茶蛀梗虫、茶枝蛀蛾、茶织叶蛾，俗称钻心虫、蛀心虫。国内广布。幼虫蛀害茶树枝梢、枝干，致被害枝中空枯死。茎外留有排孔，地上堆有粪屑。茶枝镰蛾一般零星分散发生。茶树树龄增大、树势衰退、管理粗放的茶园发生较重，茶树修剪较轻、直立茶树品种较易受害。

（1）形态特征 成虫体翅浅茶褐色，体长约 18 mm，翅展约 35 mm。触角丝状，黄白色。前翅近长方形。前缘中外部有 1 土红色带，外缘灰暗；中部有大块土黄色斑。此斑纹内有近三角形暗褐色小斑和 3 条灰白色纹。前翅近翅基有红色斑块。后翅灰褐色。卵长约 1 mm，马齿形，淡米黄色。幼虫头部咖啡色，中央具淡白色"人"字纹。前、中胸背板黄褐色，节间乳白色疣突明显；体黄白，略透淡红色。腹末臀板黑褐色。成长幼虫体长 30～34 mm。蛹长 18～20 mm，长筒形，黄褐色。翅芽伸达第 4 腹节后缘，第 4～7 腹节各节间凹陷。腹末 1 对突起，端部黑褐色。

（2）生物学特性　各地 1 年发生 1 代，以老熟幼虫在被害枝干内越冬。越冬幼虫于 4—6 月化蛹，5—6 月成虫盛发。6 月至翌年 5 月为幼虫期。成虫多夜晚羽化，昼伏夜出，有趋光性，常以前中足攀附枝叶，虫体悬挂。卵散产于新梢嫩茎节间，以第 2～3 叶节间最多。1 梢 1 粒卵，1 丛可多至近 10 卵。幼虫孵化后，从枝梢端部或叶腋蛀入，向下蛀食，蛀孔小留有木屑。3 龄后，逐渐蛀食较大侧枝、枝干，直至根茎部。蛀道长而光滑。幼虫每隔一定距离咬 1 圆形排泄孔，排成直线。排泄孔下方可见棕黄或肉黄色圆柱状粪粒。幼虫在蛀道内上下移动、进退自如，幼虫老熟后移至枝干近中部咬 1 稍大于排泄孔的羽化孔，并吐缀丝絮，在孔下方蛀道内化蛹。卵期 10～23 d，幼虫期 290～310 d，蛹期约 30 d，成虫期 4～10 d。

（3）防治技术　①农业防治：于 8 月中旬前后，及时检查、剪除虫害凋萎枝梢。老茶园可结合更新复壮，进行深修剪，抑制其发生。②物理防治：可利用灯光诱杀成虫。

2. 茶堆沙蛀蛾

茶堆沙蛀蛾属鳞翅目木蛾科，学名 *Linoclostis gonatias* Meyrick，又名茶枝木蛾、茶枝木掘蛾。中国大部分产茶省（区）均有分布。幼虫蛀害衰老茶树枝干，破坏输导组织，啃食树皮、叶片，致树势衰退，直到枯死。蛀孔外结有丝包并粘满枝干、皮屑和虫粪。一般树龄大、树势衰退、管理粗放、常年不修剪的老茶园容易受害。

（1）形态特征　成虫体长 8～10 mm，翅展 16～18 mm。雌蛾触角线状，雄蛾栉齿状。前翅较短圆，具白缎光泽，基半部稍黄暗。后翅银白，外缘略黄暗，缘毛银白色。卵球形，乳黄色。幼虫头红褐色，前胸背板黑褐色，中胸红褐色，背有 6 个黑褐斑，后胸稍带白色。幼虫各腹节均有红褐色、黄褐色斑纹，前后断续相连成纵纹，各腹节上均有前 4 后 2 排成两列的 6 黑点，每黑点上有 1 褐色细毛。臀板淡黄色。成长幼虫体长约 15 mm。蛹长约 8 mm，黄褐色，头、后胸及各腹节背面有细网纹凸起，第 5～7 腹节后缘各有 1 列小齿，腹末有 1 对三角形突起。

（2）生物学特性　除台湾1年发生2代外，各产茶地区均1年1代。以老熟幼虫在被害枝干蛀道内越冬。1代区，老熟幼虫于5月开始化蛹，6月上中旬成虫开始羽化，7月中旬始见幼虫。成虫昼伏夜出，趋光性不强，飞翔力弱。卵多散产于嫩叶背面。幼虫孵化即吐丝缀叶，匿居咀食叶肉，留一层半透明叶膜。3龄开始蛀害枝干，且以分叉处蛀入为多。蛀入时，先剥食皮层，而后进入并向下蛀食成2～3 cm短直虫道，也能爬出就近剥食树皮、叶片和茶果。蛀孔外以丝粘缀树皮屑和虫粪，形成堆沙状巢。幼虫老熟后在蛀道内作茧化蛹。

（3）防治技术　①农业防治：结合老茶园的更新复壮，进行深修剪，抑制其发生；受害枝附近通常有堆沙状虫粪，可根据此特征寻找靶标幼虫，用铁丝等工具伸入蛀孔人工除虫。②化学防治：幼虫盛孵期喷施2.5%溴氰菊酯乳油1 500～2 000倍液进行防治。

3. 茶枝木蠹蛾

茶枝木蠹蛾为鳞翅目木蠹蛾科，学名 *Zeuzera coffeae* Nietner，又名咖啡木蠹蛾、咖啡豹蠹蛾。我国主要产茶省（区）均有分布。幼虫蛀食茶树枝干，向下蛀成虫道，直至地面。致使茶树茎干中空，枯梢，幼树整株枯死。

（1）形态特征　成虫体长约20 mm，翅展约45 mm。雌虫触角丝状；雄虫触角基半双栉齿状，端半丝状。体翅灰白色，胸部背面具3对蓝黑斑点。前翅散生蓝黑色斑点，后翅外缘具数个蓝黑斑点。卵椭圆形，长约0.9 mm，杏黄或淡黄白色，孵化前紫黑色。成长幼虫体长30～35 mm，头橘红至黑褐色，体暗红色。前胸背板硬化黑色，后缘有1列锯齿状小齿突。各腹节均横列有黑褐色颗粒状突起，突起处各生白色长毛1根。腹末臀板黑色。蛹长筒形，红褐色，体长22～28 mm，头端尖突，色深，第2～7腹节背面有锯齿状横脊2列，第8腹节1列，腹末具臀刺5～6对。

（2）生物学特性　以幼虫在枝干内越冬。多数茶区1年发生1代，江西、福建等少数茶区年发生2代。1代区，越冬幼虫于4月下旬至6月中旬化蛹，5月中下旬至6月下旬成虫相继羽化，5月下旬至7月上旬为卵期，6月下旬始见幼虫，9月下旬进入5龄并至越冬。2代区，第1代、第2代幼虫分别于5月中下旬及9—10月发生，8月下旬至11月中旬、翌年5月上旬至6月上旬为成虫期。成虫昼伏夜出，具一定的趋光性。每雌平均产卵719粒，多产于叶片或枝干缝隙处。1处产1粒至数十粒卵。幼虫孵化后吐丝分散，或向上爬行至嫩梢叶腋处蛀入茎内，向下蛀食，最终直达茎基。亦可爬出沿枝梢下行，再行蛀入。一枝食空则转害另一枝干，一生可蛀害 5 ～ 10 个枝干。蛀道内壁光滑多凹穴，枝干外侧具数个无序的圆形排泄孔。粪粒木屑状聚于根际地表。被害枝自上而下逐渐凋萎，极易断折。幼虫老熟后，蛀羽化孔，孔口留树皮圆盖，并在孔口附近蛀道内吐丝粘缀木屑做蛹室化蛹。成虫羽化前，蛹体外移顶开孔盖并半露出蛹体。成虫飞去后留下蛹壳。卵期 9 ～ 15 d，幼虫可长达 10 个月以上，蛹期 13 ～ 25 d，成虫寿命 2 ～ 7 d。

（3）防治技术　①农业防治：在幼虫低龄期检查枯萎细枝，自最下一个排泄孔下方剪除茶枝。冬春季从近地面处剪去枯萎虫枝。剪下茶枝及时清出茶园销毁。②物理防治：可利用灯光诱杀成虫。

4. 茶天牛

茶天牛是鞘翅目天牛科闪光天牛属的蛀干类害虫，学名 *Aeolesthes induta* Newman，又名楝树天牛、樟闪光天牛、贼老虫。我国大部分茶区均有发生。主要以幼虫蛀食近地面的主干和根部为害。在山地茶园及老龄、树势弱的茶园为害重，根颈外露的老茶树以及茶园边缘受害重。受害茶树生长不良，在近地面处上能见一堆木屑和虫粪的混合物，在茎秆上可找到 1 ～ 2 个虫孔，幼虫可在主根和主茎上纵横蛀食。根部受损后，地上部分生长不良，逐渐衰败，出现半边枯死甚至全株枯死。

（1）形态特征　成虫体长 30 ～ 38 mm，暗褐色。鞘翅具金黄褐色光泽，密被茶褐色细毛，前胸背面多皱纹，鞘翅无斑纹，盖没腹部。复眼黑色，左右靠近。触角细长，中上部各节端部外突并有 1 小刺。头顶中央有 1 纵脊纹，后方多小横颗粒。雌虫触角与体长近似，雄虫触角长于体长。卵长椭圆形，乳白色，长约 4 mm。蛹长 25 ～ 38 mm，初期乳白色，后渐变淡赭色。幼虫体长 37 ～ 52 mm，肥柱状，头淡黄，乳白色，前胸硬皮板上有 4 个黄褐色斑块，中央 2 块横置。

（2）生物学特性　1 年或 2 年多发生 1 代。以幼虫或成虫在主根根蔸内越冬。越冬成虫春季上移至茎基，咬穿基干或自原排泄孔爬出，再爬至茶丛荫蔽处蛰伏，夜间、凌晨活动。6—7 月为成虫产卵盛期。卵散产在距地面 5 ～ 10 cm（最高可达 35 cm）、茎粗 2 ～ 3.5 cm 的茎皮裂缝或主干上。每株茶树只产 1 卵。每雌产卵 14 ～ 31 粒。幼虫孵化后咬食枝干皮层，蛀入木质部，向上钻蛀一段即向下蛀至根部，形成粗 1.2 ～ 1.8 cm 的蛀道。同时在地上基干 2 ～

3 cm 处蛀成排泄孔，排出木渣状粪屑。老熟幼虫上升至地表，在茎壁上咬作羽化孔，而后作茧化蛹。

（3）防治技术　①农业防治：茶树根际及时培土，严防根颈部外露；成虫出土前用生石灰 5 kg、硫黄粉 0.5 kg、牛胶 250 g，兑水 20 L 调和成白色涂剂，涂在距地面 50 cm 的枝干上或根颈部，可减少天牛产卵；及时清理被为害的茶树。②理化诱杀：于成虫发生期，在茶园安置水盆诱捕器，采用糖醋酒液或蜂蜜 20 倍稀释液作为诱饵进行诱杀。糖醋酒液可按照糖、醋、酒、水体积比为 3∶2∶1∶10 进行配制。诱捕器悬挂高度以平行或高于茶蓬面 30 cm 为宜。③化学防治：向虫孔注入 40% 敌敌畏乳油 50 倍液，并堵塞注口、虫孔，熏蒸灭杀受害茶树中的幼虫；于成虫发生期，茶园地面喷施 8% 氯氰菊酯缓释微胶囊剂 400 倍液，有效灭杀天牛成虫。

5. 茶枝小蠹虫

茶枝小蠹虫属鞘翅目齿小蠹科，学名 *Xyleborus fornicatus* Eichhoff。分布于台湾、海南、广东、广西、云南、湖南、贵州、四川茶区，以海南岛发生较多，是热带茶区威胁较大的一种害虫。成虫、幼虫蛀害茶树枝干，茎外呈现许多小圆孔，导致树势衰退，树干枯竭折断，还为害橡胶、咖啡、柳等。茶枝小蠹虫喜干燥、畏潮湿，旱季容易发生；一般 10 年以上长势较差的茶树，抗性弱，虫口多。靠近林地或残存树桩多的茶园，虫口来源多，一般发生较重。

（1）形态特征　成虫为小型甲虫，体长 2 ～ 2.4 mm，圆柱形，褐色至黑褐色，有光泽。头向下呈半球状，隐蔽于前胸下方，触角短锤形，弯曲。前胸背板特别发达，长达体长一半，背面隆起。前翅表面有数行密集点刻，翅端向下倾斜，似切断状。卵圆形，米白色。幼虫初孵化时米白色，渐变白色，头黄色，长 3 ～ 4 mm。蛹白色，椭圆形，长 2 mm 左右。

（2）生物学特性　在海南岛 1 年发生 3 ～ 4 代，重叠发生，1—2 月和 4—6 月，是成虫为害高峰期。雌成虫羽化后在原处等待雄成虫，交尾后才爬出蛀孔，转移至地上 0.5 m 范围内的主干或 1 ～ 2 级分枝上，咬开皮层钻入木质部产卵繁殖。蛀孔多在休眠芽下方，孔径约 2 mm。蛀道弯曲或呈环形规则。雌成虫蛀入木质部，同时带入一种真菌在蛀道壁上生长。卵产于新蛀道底部，幼虫孵化后取食菌丝，老熟后蛀道内化蛹，孔口常堆积有米黄色灯芯状圆柱形粪屑外突。

（3）防治技术　改坡地建梯田，减少水土流失，铺草防旱，改善灌溉条件，通过水肥管理，增强树势抗性。斯里兰卡在施肥时每丛掺入醋酸钾 0.3 g，有助于茶皂苷的合成，加大与幼虫蜕皮激素甾醇的结合，使之不能充分利用甾醇，抑制幼虫蜕皮发育。成虫发生期用药液喷施主干和骨干枝。常用农药有 2.5% 溴氰菊酯乳油 4 000 ～ 6 000 倍液，或 50% 辛硫磷乳油 1 000 倍液等。

6. 茶籽象甲

茶籽象甲是鞘翅目象甲科的茶籽钻蛀类害虫，学名 *Curculio chinensis* Chevrolat，又称茶籽象鼻虫、油茶象甲。分布于中国多数产茶区。主要以成虫和幼虫取食茶果为害，引起落果、空果。还为害茶树新梢、嫩茎。成虫每天可为害 2 ～ 4 个茶果；也能在嫩梢上咬一孔洞，将管状喙伸入洞内，取食孔洞上、下方的木质部和髓部，致使嫩梢枯死倒挂。

（1）形态特征　成虫体椭圆，长 7 ～ 11 mm（除头喙），体、翅黑色。背具白色鳞斑，腹面多白毛。头前端延伸为细长、下弯、光滑的管状喙。触角膝状，端 3 节膨大，着生于头侧近基 1/2（雄）处或 1/3（雌）处。前胸半球形。鞘翅三角形，上有 10 条纵沟，翅面有白色鳞毛组成的斑纹。卵长椭圆形，黄白色，长约 1 mm，宽约 0.3 mm。成长幼虫体长 10 ～ 12 mm，头咖啡色，口器深褐色，体乳白色至黄白色，无足；体肥多皱纹，弯曲成 "C" 形。蛹长 7 ～ 11 mm，长椭圆形，乳黄色，多毛突，腹末有 1 对短刺。

（2）生物学特性　1 年或 2 年发生 1 代。卵 7 ～ 20 d，幼虫 1 年以上，蛹 25 ～ 30 d，成虫 36 ～ 70 d。1 年 1 代区，以幼虫或蛹在土中越冬，翌年 4—7 月成虫羽化出土为害茶果，并产卵于果内。幼虫孵化后蛀食茶果，8—11 月咬出茶果入土化蛹。2 年 1 代区，第 1 年以幼虫越冬，直至翌年 8—11 月化蛹，当年羽化为成虫，但不出土仍留在土内越冬，至第 3 年 4—5 月出土为害并产卵于果内，8—11 月幼虫离果入土越冬。成虫羽化后留在土室中，待春暖气温升至 16℃ 以上，夜间出土爬上茶丛进行觅食，幼虫蛀空 1 个茶果后也能转蛀邻近茶果。成虫活动多在白天，具有假死性，不善飞行。

（3）防治技术　①人工防治：赶在幼虫出果入土前，适时采收，集中摊晾，待幼虫出果集中消灭；利用成虫的假死性，在成虫发生高峰期在地面铺塑料薄膜用振荡法捕杀成虫。②农业防治：在 7—8 月结合施基肥进行茶园翻耕，可明显影响初孵幼虫的入土及此后幼虫的生存，防效可达 50%。③生物防治：于茶籽象甲出土前 20 ～ 30 d，用白僵菌拌细土撒施于土表，或出土后喷施白僵菌菌液。④化学防治：于成虫出盛期喷施 24% 虫螨腈悬浮剂 1 000 ～ 1 500 倍液，或 2.5% 联苯菊酯乳油 450 ～ 550 倍液，或 4.5% 高效氯氰菊酯乳油 1 100 ～ 2 200 倍液，或 2.5% 高效氯氟氰菊酯乳油 450 ～ 550 倍液等药剂。

（四）地下害虫

地下害虫是咬食、蛀食茶苗，茶树的根、根茎部的土栖害虫。主要有多种金龟甲幼虫（蛴螬）、蟋蟀、白蚁等。

1. 蛴螬

蛴螬是鞘翅目金龟甲总科幼虫统称，又名白土蚕。茶园常见的金龟甲主要有铜绿金龟甲 *Anomala corpulenta* Motschulsky、大黑金龟甲 *Holotrichia diomphalis* Bates、黑绒金龟甲 *Maladera orientalis* Motschulsky、四纹丽金龟甲 *Popillia quadriguttata* Fabricius 等。全国大部分茶区均有分布。金龟甲幼虫咬食切断茶苗根部，可造成茶苗死亡。成虫咀食叶片。食性杂。

（1）形态特征　铜绿金龟甲体长 17 ～ 21 mm，黄褐色，背面铜绿色，具金属光泽，前胸两侧缘黄色；大黑金龟甲体长 16 ～ 21 mm，黑褐色，有光泽；黑绒金龟甲体长 8 ～ 10 mm，黑褐色，密被茸毛；四纹丽金龟甲体长 7 ～ 12 mm，多为青绿色，有光泽。蛴螬体软，大小不一，体型弯曲呈"C"形，多为白色，少数为黄白色。头部褐色，大而圆，生有左右对称的刚毛。上颚显著，腹部肿胀。体壁较柔软多皱，体表疏生细毛。具胸足 3 对，一般后足较长。

（2）生物学特性　大多 1 年 1 代，多以幼虫在土壤中越冬。蛴螬活动受田间温湿度影响较大。暮春和初秋是蛴螬活动和为害高峰期。蛹的羽化一般在 4—6 月，羽化后成虫出土，出土高峰期也与温湿度相关。雌雄成虫交配后产卵于土中，幼虫孵出后的生长发育过程正是茶树生长旺盛季节。

（3）防治技术　①农业防治：深耕晒垡可杀死一部分害虫，让害虫或虫卵暴露在表面，既能破坏越冬、繁殖的场所，减少害虫的基数，又能达到使土壤松软的目的。②生物防治：结合中耕或开沟施肥，每公顷使用白僵菌或绿僵菌 22.5 ～ 37.5 kg 拌土。③物理防治：使用杀虫灯或性信息素诱捕成虫，可使蛴螬发生率降低。④化学防治：幼虫可结合中耕或开沟施肥，每公顷使用 50% 辛硫磷乳油 1 500 ～ 2 250 g 与细土 225 ～ 300 kg 拌成毒土撒施，施后覆土。成虫防治可于盛发期黄昏后喷施 2.5% 溴氰菊酯乳油 4 000 ～ 6 000 倍液。

2. 大蟋蟀

大蟋蟀属直翅目蟋蟀科，学名 *Brachytrupes portentosus* Lichtenstein，又名大头蟋蟀、花生大蟋蟀、大头狗。我国广东、海南、广西、福建、台湾、云南及江西等各茶区均有分布。以成虫和若虫咬断、咀食茶苗，形成茶园缺苗断行。

（1）形态特征　成虫体属大型，体长 30～40 mm，暗黄褐色。头大，复眼黑色，单眼 3 枚横排并列。前胸背板宽大，前缘大于后缘。背部中间有 1 条纵线，两边各有圆锥形黄色斑 1 个。后足腿节肥大，胫节较长，胫节内侧下部有 2 列粗刺，各有 4～5 个，刺端黑色。雌虫产卵器约 5 mm。卵圆筒形，稍弯曲，长 3.5～4.8 mm，宽约 1 mm，淡黄色，光滑。若虫体黄色或褐色，具翅芽。

（2）生物学特性　1 年发生 1 代，以若虫在土穴中越冬或无越冬。越冬若虫自翌年 3 月开始活动，6 月中旬出现成虫，7 月中下旬产卵，9—10 月出现新若虫，11 月下旬进入越冬状态。成虫、若虫均喜筑居疏松沙壤，洞口常有小堆松土，白天潜伏土穴内，夜晚将洞口松土扒开外出寻食。

（3）防治技术　①农业防治：在秋末结合施基肥进行耕锄、浅翻、深翻降低翌年大蟋蟀数量和卵的有效孵化率。在田间或地头设置一定数量 5～15 cm 厚的草堆，可大量诱集幼虫、成虫进行集中捕杀，或在土洞中灌水人工捕杀。②化学防治：成虫盛发期，直接在洞口施 10% 联苯菊酯乳油 2 000 倍液并压紧洞口土壤，在洞内毒死。发生密度大的地块，可用 2.5% 三氯氟氰菊酯乳油 6 000～8 000 倍液喷雾。

3. 黑翅土白蚁

黑翅土白蚁属蜚蠊目白蚁科，学名 *Odontotermes formosanus* Shiraki，又名黑翅大白蚁、台湾黑翅大白蚁。分布较广，我国大部茶区均有发生。蚁群在地下蛀食根部，并有泥道通至地上蛀害枝干，造成茶树树势衰弱，甚至枯死。

（1）形态特征　属多型昆虫，分有翅型的雌、雄生殖蚁（蚁王、蚁后）和无翅型的非生殖蚁（兵蚁、工蚁）等。工蚁，体长 4.6～4.9 mm，头黄稍圆，触角 17 节，体灰白色。兵蚁，体长 5.4～6 mm，头大暗黄；左上颚内侧中部有 1 齿，右上颚只有 1 微突；体淡黄至灰白。蚁后，体长可达 70～80 mm，宽 13～15 mm；头、胸色深，腹部乳白色。蚁王，体型较蚁后小，体色较深。卵，椭圆形，乳白色，长约 0.6 mm，宽约 0.4 mm。

（2）生物学特性　黑翅土白蚁土栖，于地下筑巢群居营"社会性"生活。蚁群庞大，达数十万至上百万头。蚁后寿命可达10年以上，专门产卵繁殖。工蚁数量最多，占蚁群80%以上，专司一切劳务，筑巢蚁，修蚁道，猎取与搬运食物，侍奉喂养蚁后、蚁王、幼蚁和兵蚁。兵蚁数量很少，专司保卫，或伴工蚁出勤护航等。黑翅土白蚁有蚁后、蚁王的主巢，有众多蚁群活动的副巢。其间有蚁道网联相通，纵横数十米，并通至地表，或沿树干筑成泥被蚁道。在诸多巢腔内，有用泥土、纤维素等有机物建成的菌圃，用以培养蚁群饲料白球菌。蚁后不断产卵，由工蚁搬至菌圃抚育。幼蚁大都成长为工蚁和兵蚁，壮大蚁群。少量幼蚁形成有翅生殖蚁，飞出配对，另建新巢。黑翅土白蚁喜温暖潮湿土壤，怕积水。巢位多在背风向阳、靠近水湿的地方。

（3）防治方法　开垦种茶前，彻底清除残留的树桩、枯枝等植物残体，避免白蚁为害。当有白蚁发生时，可追寻蚁道，人工挖除蚁巢，擒杀蚁王、蚁后；或将杀虫烟雾剂注入蚁道，熏杀蚁群；或在蚁群大量出没地方，直接喷药毒杀；也可利用松柴、杉皮等诱集物，诱杀蚁群。

（五）其他害虫

其他害虫主要指为害茶树芽叶、枝干并形成虫瘿的瘿蚊和潜食叶肉组织的潜叶蝇，主要包括茶蚜瘿蚊、茶枝瘿蚊、茶潜叶蝇、茶叶瘿蚊等。

1. 茶芽瘿蚊

茶芽瘿蚊属双翅目瘿蚊科，学名 *Contarinia* sp.。主要发生于南岭以南的广东、广西、海南，贵州也有发生。幼虫吸食侵害茶芽生长点，芽受刺激肥胀畸变成瘿苞。山地茶园发生较多。

（1）形态特征　雌成虫体长 2.5～3 mm，翅展 4～4.8 mm，黄褐色。头扁圆，复眼大而相连，黑色。触角细长，14 节，鞭节基部为光滑短柄，两端环生 2 列长毛。翅基窄，翅面有 5～6 个不规则暗斑。雄成虫体长约 2 mm，黑色。触角鞭节哑铃状，下方环生 1 排长刚毛，上方环生 1 排尖刀状环丝。翅色较深，毛密，无斑纹。卵，长椭圆形，长约 1.2 mm，末端附有 1 带状丝，约与卵等长。幼虫，共 3 龄。3 龄幼虫，2～3.2 mm 长，长纺锤形，黄白色，胸腹面"Y"形剑骨红色易见，体末 2 节各有 1 对圆突。蛹，2～2.5 mm 长，乳白至黄褐色，头顶突出并有 1 对细短头前毛。

（2）生物学特性　广东 1 年发生 2～4 代，以幼虫在表土内越冬。成虫日间蛰伏，夜晚活动，有趋光性，飞行能力不强。每雌产卵 60～80 粒，卵产于幼芽鳞片或鱼叶内。幼虫孵化后即在芽生长点处吸食，并分泌胶质液便于蠕动。一处有幼虫数头至几十头。幼虫每次蜕皮后均有 0.5～1 d 静止期。老熟后逐层外移，弹跳入表土，结茧化蛹或越冬。

（3）防治方法　结合采茶，及时清除瘿包并销毁。幼虫入土期，可撒施辛硫磷毒土；成虫出土期，可在丛下或土表喷施 2.5% 溴氰菊酯 6 000 倍液。

2. 茶枝瘿蚊

茶枝瘿蚊属双翅目瘿蚊科，学名 *Karschomyia viburni* Comstock，又名茶蚊、烂杆虫。分布于广东、云南、贵州、湖南等南方茶区。幼虫在枝干皮层下为害，形成干腐或溃烂虫斑，又常致真菌腐生，年复一年，虫斑扩大肿胀成环裂重生的虫瘿。主杆受害，皮层大部枯死，上部细枝枯死。黑跗眼天牛逐年为害留下的虫害苞结，可相应加大茶枝瘿蚊发生。

（1）形态特征　成虫体长约 2 mm，细弱。翅展约 5 mm，暗红色，多黑色微毛，周缘均匀分布 5 个小黄斑。头小，球形，复眼黑色。触角各鞭节哑铃状，环生细毛。胸背有 3 条黑色纵纹鼎立。卵，椭圆形，白色透明。幼虫，蛆状。老熟幼虫胸腹面"Y"形剑骨片，较红。蛹，长约 2 mm，头顶有 2 笋突。

（2）生物学特性　在贵州年发生 1 代。大部分老熟幼虫在虫瘿内越冬，部分在土中做土室越冬。入土深度为 2～6 mm。3 月下旬至 4 月下旬化蛹，4 月上旬至 5 月上旬羽化交尾产卵。初孵幼虫潜入枝干伤裂处为害，并形成虫瘿。成虫日间活动，夜晚停息。飞行距离短且低。虫口消长与相对湿度负相关，与地表温度正相关。

（3）防治方法　参照茶芽瘿蚊。

3. 茶潜叶蝇

茶潜叶蝇属双翅目潜叶蝇科害虫，学名 *Chlorops theae* Lef.。分布较广，我国大部茶区均有发生，山区衰老茶园发生较重。蛀食后，叶片呈现苍白线痕。

（1）形态特征　成虫体长约 1.5 mm，体黑色具蓝黑色光泽。复眼大，红色。胸部蓝黑色，列生黑色刺毛。翅透明，有暗色细毛。幼虫，圆筒形，尾端较细，体淡黄色，口钩黑褐色，第 3 节背面有 1 对黑褐色线状突起。蛹，近纺锤形，长 1.8～2 mm，黄褐色，前端有 1 对黑色小枝状突，尾端收缩，向下有 1 对黑色小粒状突。

（2）生物学特性　年发生代数不详，以幼虫潜伏在叶组织内越冬。春暖季，成虫出现。卵散产于嫩叶表面。幼虫孵化后，蛀入叶内潜食叶肉，老熟后在叶内潜道中化蛹。

（3）防治方法　及时摘取虫叶，并结合其他害虫的防治，施药兼治。

二、病害防治技术

据统计，中国茶树病原种类（包括真菌、细菌、病毒、寄生和附生性植物、线虫）80余种，从茶树的不同器官来分，可分为叶部病害、茎部病害和根部病害。

（一）茶树叶部病害

茶树病害的主要类群，绝大部分是真菌病害。由于茶树的收获部位是新梢，因此，茶树叶病的为害性比其他作物的叶病更大，尤其是嫩叶病害，一般引起减产10%～15%，重者达50%以上，且茶叶品质下降。中国记载的茶树叶部病害有30余种。嫩叶部位的主要病害有茶饼病、茶白星、茶芽枯病。成叶、老叶主要病害有茶云纹叶枯病、茶炭疽病、茶轮斑病和茶煤病。上述叶病分布普遍。除茶煤病外，均在夏秋高温季节发生，严重时茶园呈现一片枯褐色。对叶病的控制，以选用抗病品种为基本措施，秋冬季深耕清园，摘除病叶，加强肥水和采摘管理，并与使用杀菌剂保护或治疗的化学防治措施相结合，以预防叶病流行。

1. 茶饼病

茶饼病是由坏损外担菌 *Exobasidium vexans* Massee 引起的茶树叶部病害。亦称疱状叶枯病、叶肿病。在我国主要分布在四川、云南、贵州、湖南、福建、江西、广东、浙江等省（区）海拔较高的茶园，其中以云、贵、川3省的山区茶园发病最为严重。

（1）症状　茶饼病主要为害茶树幼嫩芽叶，也可为害嫩茎。初期感病叶片上出现黄色至红褐色半透明小点，后扩展为直径3～12 mm的圆形疱斑。中期病斑处褪绿黄化，正面凹陷，背面凸起且表面生灰白色霉层（担子和担孢子）。后期，霉层逐渐消失，病斑萎缩，凹凸部位变得较为平整，病斑中间呈深褐色，边缘常呈灰白色，形状圆形或具棱角。发病严重时，数个疱斑融合，导致叶片畸形，致使感病处膨胀。当担孢子成熟后，子实层呈深灰色，最终幼茎和嫩枝会枯萎和坏死。

（2）侵染规律　此病属低温高湿型病害，以菌丝体和担孢子在活的病叶组织中越冬越夏。翌年春季或秋季，当平均气温在 15 ～ 20℃，相对湿度 85% 以上时，菌丝开始生长发育产生担孢子，担孢子成熟后飞散传播进行多次再侵染。担孢子借风雨传播到嫩叶或新梢上，遇水滴萌发，芽管直接由表皮侵入寄主组织，在细胞间扩展直至病斑背面形成子实层。茶饼病发育和入侵的最适温度为 20 ～ 25℃，超过 25℃ 病菌存活力急剧下降。一般在春茶期（3—5 月）和秋茶期（9—10 月）大量发生。

（3）防治技术　①农业防控：加强茶园管理，改善茶园通风透光性；增施磷、钾肥和有机肥，提高茶树抗病力；适时采摘修剪发病枝叶并清理出园以降低病原基数；非生产季节，可采用 45% 石硫合剂晶体 200 倍液喷施封园。②化学防治：在生产管理期间，病害发生初期可选用 70% 甲基硫菌灵可湿性粉剂 1 000 ～ 1 500 倍液，或 75% 百菌清可湿性粉剂 800 ～ 1 000 倍液，或 75% 十三吗啉乳油 1 000 ～ 1 500 倍液等农药进行喷施。③生物防治：可选用 99% 矿物油乳油 200 倍液，或 10% 多抗霉素可湿性粉剂 300 倍液，或 2% 武夷菌素 500 倍液进行喷施防控。

2. 茶白星病

茶白星病是叶点霉菌 *Phyllosticta theaefolia* Hara 或痂囊腔菌 *Elsinoe leucospila* Bitancoum Jinkins 侵染引起的茶树叶部常见真菌性病害。亦称点星病、茶白斑病。在我国贵州、湖南、四川、云南、湖北等省（区）的高海拔茶区普遍发生。

（1）症状　主要为害茶树新梢。发病初期先呈针头状褐色小点，后逐渐扩散至直径 1 ～ 2 mm 大小的灰白色圆斑，呈疮痂状，并散生黑色小点，边缘有暗褐色至紫褐色隆起线，外围有淡黄色晕圈。后期单叶的病斑数达几十至数百个，有的病斑连接呈长条状或不规则形大斑，叶片扭曲或畸形，逐渐干枯、破裂形成穿孔。茶树发病导致百芽重减少，对夹叶增多，病梢节间明显短缩，甚至全梢枯死，减产 10% ～ 50%。

（2）侵染规律　此病属低温高湿型病害，以菌丝体或分生孢子在茶树病叶中越冬越夏。病原菌孢子在春季日平均温度 12 ～ 18℃ 时萌发，通过产生芽管直接侵染茶树嫩梢。一般春季连续降雨，日平均温度达 16 ～ 24℃，6 ～ 8 d 即可形成大量病斑导致茶园普遍发病。海拔 400 m 以上高海拔茶园由于多雾阴湿低温，病菌随风、雨迅速传播并多次再侵染。3 月下旬开始发病，在 4 月上旬至 6 月上旬流行。

（3）防治技术　①病情测报：对历年发病较重的茶园，结合天气动态变化，根据病菌生物特性，做好监测预警。②农业防控：选择抗病性较强的品种，如乌牛早、歌乐、黄棪、玉绿等；整治园地排灌系统；适当增施有机肥和磷钾肥；常年采摘茶园，生长季节适时分批多次采摘，以采摘名优春茶为主的茶园，2 年进行 1 次深修剪；重病茶园及时清除病叶并集中烧毁。③药剂防控：发病早期可喷施 1% 申嗪霉素悬浮剂 1 000 ～ 1 500 倍液，或 3% 多抗霉素可湿性粉剂 300 ～ 500 倍液等生物农药；病害发生盛期喷施 33.5% 喹啉铜悬浮剂 1 000 ～ 1 500 倍液，或 25% 苯醚甲环唑乳油 1 500 ～ 2 500 倍液，或 30% 吡唑醚菌酯悬浮剂 2 000 ～ 3 000 倍液等化学农药，间隔 7 ～ 10 d，连喷 2 ～ 3 次；非采摘茶园喷施 0.6% ～ 0.7% 石灰半量式波尔多液，或 0.2% ～ 0.5% 硫酸铜液等药剂保护茶树。

3. 茶芽枯病

茶芽枯病是由茶芽枯病菌 *Phyllosticta gemmiphliae* Chen et H 为害茶树嫩芽叶引起的真菌病害。主要分布于浙江、江苏、安徽、湖南、江西、广东、广西、四川、河南等产茶省（区）。

（1）症状　主要为害嫩芽和嫩叶，成叶、老叶和枝条不发病。发病时，嫩叶尖或叶缘产生褐色或黄褐色病斑，逐渐扩展成不规则形病斑。后期病部表面散生黑色细小粒点，叶片上以正面居多，感病叶片易破碎并扭曲，严重时整个嫩梢枯死。幼芽、鳞片、鱼叶均可产生褐变，病芽萎缩不能伸展，后期呈现黑褐色焦枯状，直接影响产量。

（2）侵染规律　病菌以菌丝体或分生孢子器在病叶、越冬芽叶中越冬。翌年 3 月底至 4 月初，气温上升至 10℃左右，开始形成器孢子。孢子成熟后，借助风雨进行传播，侵染幼嫩芽叶。经过 2 ～ 3 d，形成新病斑。4 月中旬至 5 月上旬，平均气温 15 ～ 20℃，最利于病害的发展。6 月以后，由于气温升高至 29℃以上，病害停止发展。本病属低温病害，主要在春茶期发生。茶树的生长状况与发病有关，凡早春萌芽期遭受寒流侵袭的茶树，由于抗病力降低，易感染芽枯病。品种间有明显的抗病性差异，以发芽偏早的品种如碧云、福鼎种以及抗逆性差的品种如大叶长、大叶云风发病较重；发芽迟的品种如福建水仙、政和、大毫茶等品种发病较轻。

（3）防治技术　选用抗病品种，提高抗病能力；及时分批多次采摘，以减少侵染来源；深秋增施基肥，以增强茶树抵抗力；早春修剪，去除越冬病芽叶，修剪下的枝条应立即带出茶园，烧毁或深埋，以减少越冬病源；重病茶园，在冬前和初春新芽萌发前分别采摘 1 次病芽叶，可减少病菌侵染芽叶，以减轻发病；萌芽期和秋茶结束后各喷药 1 次 70% 甲基硫菌灵可湿性粉剂 1 000 ～ 1 500 倍液，或 75% 百菌清可湿性粉剂 600 ～ 800 倍液以阻止病害的流行。

4. 茶圆赤星病

茶圆赤星病是由茶尾孢菌 *Cercospora theae* Breda De Haan 侵染引起的茶树叶部常见真菌性病害，又名雀眼斑病。在我国大部分茶区均有分布。

（1）症状　茶圆赤星病为害成叶、嫩叶、嫩茎、叶柄。发病初期呈褐色或红褐色针头状小点。后期病斑扩大至直径为 0.5 ～ 3.5 mm 圆形或近圆形，中央渐呈紫色直至灰白色，略凹陷，边缘深褐色，部分小病斑合并成不规则的大病斑。病斑产生灰色霉层，叶片易脱落，甚至全部落光。

（2）侵染规律　茶圆赤星病属低温高湿型病害。病菌以菌丝块或分生孢子器潜藏于落叶、树上病叶或新梢组织中越冬。春季气温回升到 10℃，病原菌侵染嫩叶新梢组织。产生新病斑后，再次形成分生孢子，进行多次重复侵染，使病情不断扩大，相对湿度 85%、气温 20℃ 条件下最适于发病。一般在早春和晚秋高湿条件下发生严重。排水不良、生长衰弱的茶树发病较重。

（3）防治技术　①农业防控：选用抗病性强的优良品种，例如乌牛早、翠峰等；合理配施磷钾肥，增施有机肥；结合冬季清园工作，合理整形修剪，一并去除病虫枝叶；及时开沟排水、除草。②药剂防控：在生产管理期间，病害发生初期可选用 99% 矿物油乳油 200 倍液，或 70% 甲基硫菌灵可湿性粉剂 1 000 倍液，或 75% 百菌清可湿性粉剂 600 ～ 800 倍液，或 30% 苯甲·丙环唑悬浮剂 3 000 ～ 6 000 倍液等农药进行喷施。使用 45% 石硫合剂 200 倍液等药剂封园。

5. 茶炭疽病

茶炭疽病是茶盘长孢菌 *Discula theaeae-sinensis* 引起的茶树叶部病害。在广东、福建、浙江、安徽、湖南、云南、江西、贵州、河南、台湾等省（区）均有发生，但以浙江、安徽、江西、湖南等省（区）发生较重。该病严重时致茶树大量落叶，树势衰弱，影响翌年茶叶产量和品质。

（1）症状　主要为害茶树当年已展开的成长叶片，新梢上偶有发生。最初在叶尖或叶缘产生水渍状暗绿色病斑，迎着光看病斑呈半透明状，后水渍状逐渐扩大，仅边缘半透明，且范围逐渐减少，直至消失。病斑沿着叶脉扩展成半圆形或不规则形，病斑颜色由开始的焦黄色变成黄褐色至红褐色，最后变为灰白色。病斑边缘有黄褐色隆起线，与叶片健全部分界明显。成形的病斑常以叶脉为界，受主脉限制，病斑常表现为半叶病斑。发病后期病斑正面密生许多黑色细小突起的粒点。病斑上无轮纹，病斑部分较薄而脆，容易破裂，病叶最终脱落。发病严重的茶园可引起大量落叶。茶炭疽病菌还能产生有致病力的外毒素，引起茶树叶片坏死，形成枯斑。

（2）侵染规律　茶炭疽病以春秋两季发病为盛。病菌以菌丝体或者分生孢子盘在茶树上或随病残体遗落土壤中存活越冬。翌年春天当气温回升至20℃以上、相对湿度80%以上时，分生孢子盘产生分生孢子，分生孢子主要借雨水传播或借采茶等人为农事活动而传播到叶片背面茸毛基部。在水滴中萌发，10 h后形成侵入丝侵入茸毛，经8～14 d潜育后，出现小病斑，经15～30 d扩展，形成10～20 mm大病斑。随后病菌经生长发育，产生分生孢子盘和分生孢子，分生孢子成熟后借风雨传播，进行再侵染。病菌一般只从叶片茸毛基部侵入。当分生孢子传到叶背时先黏附在茸毛上，茸毛的分泌物对分生孢子的萌发有促进作用。该病菌只能侵染芽下第1～3片嫩叶，因为老叶茸毛壁加厚，管腔堵塞，病菌很难侵入。由于病菌潜育期较长，往往在幼嫩叶片上侵染，而症状表现在成叶上，致使人们误认为病菌只侵染老叶、成叶。

（3）防治技术　①农业防控：加强茶园栽培管理，增施有机质肥和适量钾肥，勿偏施氮肥；雨季抓好防涝排水；秋冬季进行清园，扫除并烧毁地面的枯枝落叶和杂草，减少越冬病原。对连年严重发病的老茶园可在春茶后采取台刈更新的办法来防治。将台刈下来的枯枝和地面落叶清出茶园并烧毁。台刈后的茶园要施足基肥。茶树品种抗炭疽病差异较大，注意使用抗病品种。例如龙井43易感炭疽病，中茶108对炭疽病具有较好的抗性。②药剂防控：使用药剂防治炭疽病最好在夏、秋茶萌芽期或发生初期进行喷药，可使用22.5%啶氧菌酯悬浮剂或25%吡唑醚菌酯乳油1 000～2 000倍液，或75%百菌清可湿性粉剂1 000倍液，或70%甲基硫菌灵可湿性粉剂1 000～1 500倍液。在发生严重的地区，喷药后7～10 d最好连续防治1次，全年喷药2～3次，可以控制病害的发展。

6. 茶云纹叶枯病

茶云纹叶枯病是由球座菌 *Guignardia camelliae*（Cooke）Butler 引起的茶树叶部病害。国内分布很广，浙江、安徽、湖南、江西、广东、广西、福建、云南、贵州、四川等各主要产茶省（区）都有发生。

（1）症状　病害主要发生在成叶、老叶部位，有时也能侵染嫩叶、枝梢和果实。病斑先出现在叶尖和叶缘，初为黄褐色、水渍状，逐渐变成褐色、灰白相间的云纹状，最后形成半圆形、近圆形或不规则形，且具有不明显轮纹的病斑。病斑边缘褐色，通常在病斑的正面散生或轮生许多黑色的小粒点的病菌子实体。成叶、老叶上的病斑很大，可扩展至叶片总面积的 3/4，此时会出现大量的落叶。嫩枝、嫩芽患病后，出现灰色病斑，渐枯死，可向下扩展至木质化茎部；果实的病斑常为黄褐色，最后变为灰色，其上着生黑色小粒点，有时病斑开裂。

（2）侵染规律　茶云纹叶枯病菌是一种高温高湿型病害，以菌丝体、分生孢子盘或子囊果在病叶组织或病残体中越冬。茶树上残留的病叶是翌春最主要的初侵染源。当温度、湿度条件适宜时，病叶上的分生孢子盘产生分生孢子，借风雨和露滴在茶树叶片间传播。孢子在叶片表面萌发，长出芽管，从叶表的伤口、自然孔口侵入；亦可穿透角质层直接侵入。病菌侵入后，一般经 5～18 d 的潜育期，出现病斑。在茶树的一个生长季节里，能进行多次的再侵染。我国南方冬季气温较高，病菌无明显的越冬现象，分生孢子可全年产生，周年侵染。北方茶区发现有子囊果越冬的现象，但在病害侵染循环中的作用远不及分生孢子盘和菌丝体重要。茶树品种间存在着明显的抗性差异。一般大叶种较中小叶种易感病。

（3）防治技术　①农业防控：加强茶园管理，中耕除草，改善土壤墒情，提高茶树抗病性。因地制宜，选用抗病品种。②药剂防控：深秋或初春喷 1 次 0.6%～0.7% 石灰半量式波尔多液，减少越冬菌源。早春开园前半个月还可喷 1 次药。病情较重的茶区或茶园可进行必要的化学防治，可用 10% 苯醚甲环唑水分散粒剂 1 000～1 500 倍液喷雾。

7. 茶煤病

茶煤病是由包括山茶青皮煤 *Aithaloderma camelliae* Hara、茶槌壳煤 *Capnodium theae* Boediji、田中新煤煤 *Neocapnodium tanakae*（Shirai & Hara）Yamamoto、山茶小煤煤 *Meliola camelliae*（Cattaneo）Saccardo、头状胶壳煤 *Scorias capitata* Sawada 等多

种病原侵染引起的茶树叶部病害，亦称煤烟病。世界各地茶区均有分布。

（1）症状　茶煤病发生在茶树枝叶上，以叶片为主。初期在叶表面产生黑色近圆形或不规则形小斑，病斑逐渐扩大，严重可致整张叶片覆盖。叶背也可产生类似症状，但不如正面明显。由于病原种类不一，在感病处形成的黑色煤斑略有不同，但是整体症状相似，因此不能借此来区别不同的病原种类。病害发生较轻时一般局限于茶丛中下部。随着发病程度的加重，煤斑由中下部向树冠表面蔓延。茶煤病的发生往往和介壳虫、粉虱以及蚜虫等害虫同步发生，因此在茶煤病发生的茶园，上述害虫为害也会较为严重。

（2）侵染规律　以菌丝体、子囊果或分生孢子器在病部越冬。翌春条件适宜时，产生分生孢子或子囊孢子。孢子经风、雨传播落在粉虱、蚧或蚜虫的分泌物上，吸收养分进行生长繁殖。孢子成熟后，又随风、雨或昆虫传播，进行再侵染。粉虱、蚧或蚜虫严重发生是茶煤病发病的先决条件。茶园荫蔽潮湿，也有利于茶煤病发生。

（3）防治技术　适时防治粉虱、蚧和蚜虫是防治茶煤病的关键，具体防治技术可参照相关害虫。此外，在深秋或冬季茶园停采期，可喷施石硫合剂进行封园处理。

8. 茶轮斑病

茶轮斑病是由拟盘多毛孢菌属 *Pestalotiopsis theae*（Sawada）Steyaer 等病原侵染引起的茶树叶部常见真菌性病害，又名茶梢枯死病。在国内外所有产茶区几乎均有发生。

（1）症状　为害茶树的嫩叶、成叶、老叶及新梢。发病初期，病原菌在茶叶上产生褐色病斑，病斑逐渐具有明显的同心轮纹。发病后期，病斑中心变为灰白色。湿度大时，病斑上会出现轮纹状排列的颗粒状的黑色子实体。染病茶叶呈黑褐色，病斑无规则，多个小病斑可融合为大病斑，正面散生黑色子实体。茶叶感病后脱落，严重时引起枯梢，茶树长势变弱，导致茶叶减产 10%～20%。

（2）侵染规律　茶轮斑病属高温高湿型病害。茶轮斑病致病菌以分生孢子盘或菌丝体附着在病组织中越冬。翌年温度和湿度条件适宜时产生分生孢子，孢子在气温 25～28℃、相对湿度 85%～87% 与 pH 值 5～7 条件下 8 h 的萌发率达 97.6%。光照是产孢的重要条件之一，但连续强光照（60 W）明显抑制菌丝生长。病原菌孢子萌芽 24 h 后，主要从茶叶伤口处侵入，在茶叶细胞间隙蔓延。经过 7～14 d 潜育即可发病。潮湿条件下，病斑处可形成黑色产孢器。茶园采摘、修剪及虫害等为该菌株传播提供了侵染的伤口，雨水冲刷等逆境有助于该菌株分生孢子的传播，从而促使茶轮斑病在茶区夏、秋季普遍发生。

（3）防治技术　①选用抗性品种：茶树中小叶品种对茶轮斑病抗性较强，例如龙井长叶、毛蟹等。②药剂防控：茶园修剪、机采后，尽快喷施 1% 申嗪霉素悬浮剂 1 000～1 500 倍液，或 3% 多抗霉素可湿性粉剂 300～500 倍液，或 45% 石硫合剂 200～300 倍液等生物农药保护茶树伤口。病害盛发的生产季节，喷施 25% 苯醚甲环唑乳油 1 500～2 500 倍液，或 30% 吡唑醚菌酯悬浮剂 2 000～3 000 倍液等低毒化学农药进行防治。

（二）茶树茎部病害

中国记载的茶树茎部病害有 30 余种。茎部病害多在衰弱茶树上发生，其程度较叶、根部病害为轻，主要种类有茶树地衣苔藓类、茶枝梢黑点病、茶膏药病等，局部茶区还有茶茎溃疡病、茶胴枯病、茶树木腐病等。茶树茎病的病原种类多，其中以真菌居多，还有细菌、藻类、地衣、苔藓及寄生性显花植物等。加强茶园管理，增强树势是防治茶树茎病的根本措施。合理修剪，清除树上病枝叶，及时治虫，开沟排水，适时喷施铜剂或多菌灵可防止茎部病害的蔓延。

1. 茶树苔藓和地衣

茶树苔藓又名茶胡子，茶树上附生的耳叶苔属和悬藓属植物；茶树地衣，是藻类和真菌的共生体。茶树苔藓和地衣在国内外茶区均有发生，其他木本植物的茎部也普遍发生。

（1）症状　苔藓是一种绿色植物，以假根固着于树皮上，呈黄绿色，通过假茎和假叶进行光合作用。发生严重时能使树皮褐腐，树势逐渐衰弱，产量下降，还为一些害虫提供隐蔽场所。地衣依据外形可分为壳状地衣、枝状地衣和叶状地衣。壳状地衣的叶状体平贴在树干表面，不易剥离，呈不同色泽和不规则形斑块；枝状地衣的叶状体蓝绿色，呈树枝状或发状，直立或下垂，悬附在茎上；叶状地衣的叶状体如叶片平铺在树干表面，蓝绿色有褶皱，边缘反卷易剥落。地衣发生严重时影响新梢的生长，加速茶树的衰退。

（2）侵染规律　苔藓的有性繁殖体为叶茎状的配子体，并在其中产生孢子，以孢子随风雨传播为害茶树。地衣靠叶状体碎片进行营养繁殖，也可以真菌的孢子及菌丝或藻类产生的芽孢子进行繁殖。苔藓和地衣以硬体在枝干上越冬。早春气温升高至10℃以上时开始生长。苔藓多在中下部枝干发生，春秋多雨时期最适于发生，在阴湿、衰老的茶树上发生最多。地衣耐干旱和寒冷，在茶园中终年可见，以春秋雨季发病为多，在10年生以上的衰老茶树上常见。

（3）防治技术　及时除草、排水；合理采摘，适当梳枝和台刈修剪；使用腐熟的有机肥，在非采摘季节喷施10%～15%石灰水，或6%～8%的烧碱水，还可喷施2%硫酸亚铁溶液或1∶1∶100倍式波尔多液。

2. 茶枝梢黑点病

茶枝梢黑点病是由内生盘菌属病菌 *Cenangium* sp.，为害茶树枝梢引起的真菌性病害。中国各产茶省（区）均有发生。

（1）症状　为害当年生红色枝梢，发病初期呈现不规则形灰褐色斑块，病、健部分界不明显，后变为灰白色，并向上下扩展，可长达10～20 cm，病斑上散生圆形或椭圆形略带光泽、稍突起的黑色小点。干旱季节病枝上芽叶枯焦，叶片提早脱落。

（2）侵染规律　病菌以菌丝体或子囊盘在病梢中越冬。翌年春天，在适宜的条件下，形成子囊孢子，借风雨传播，侵入新梢。当气温20～25℃、相对湿度80%以上时适宜发病，5月中旬至6月上旬为发病盛期。整个生长季节中只有初侵染而无再侵染。凡春梢留养多、台刈修剪后抽生嫩梢多，尤其是母穗园发病都较多，品种间有显著的抗病性差异。

（3）防治技术　选用抗病性强的优良品种；早春根据树势和病害发生发展程度，决定修剪高度，尽量将病梢剪除并移出茶园，妥善处理；合理施肥，剪除细弱枝，清除枯枝落叶；发病重的茶园适时喷施70%甲基硫菌灵可湿性粉剂1 000～1 500倍液，或50%苯菌灵可湿性粉剂1 000倍液进行防治。

3. 茶膏药病

茶膏药病是由隔担耳菌属的几种真菌侵染引起的茶树枝杆部病害，包含茶灰色膏药病、茶褐色膏药病等。病源菌与蚧共生。我国各茶区均有发生。

（1）症状　主要发生在老茶树茎干。症状一般是从为害茶树的蚧虫体开始。病菌以蚧分泌的汁液为营养，向周围扩展蔓延，形如膏药般黏附在枝干上，故名膏药病。可使局部组织正常发育受阻，严重时可使病部以上枝条枯死，但不侵入组织内部。病斑的色泽随病菌种类而异，有紫褐色、红褐色、灰色、灰黑色、黄褐色、褐色等。我国茶树上主要发生的有灰色膏药病和褐色膏药病。灰色膏药病,初期产生白色绵毛状物,中央呈暗色,四周不断延伸丝状物。圆形,中央厚,周围薄,形似膏药,老熟后呈紫黑色,干缩龟裂,逐渐剥落。湿度大时,上面覆盖一层白粉状物。茶褐色膏药病,在枝条或根茎部形成椭圆形至不规则形厚菌膜,栗褐色,较灰色膏药病稍厚,表面丝绒状,较粗糙,边缘有一圈窄灰白色带。后期表面发生龟裂,易脱落。

(2)侵染规律 该病的发生与蚧有密切关系。病菌以蚧的分泌物为营养,蚧也因菌膜的覆盖而得到保护。病菌以菌丝体在茶树枝干上越冬。翌年春末夏初,湿度大时形成子实层,产生担孢子。担孢子借助蚧爬行传播,也可借风雨传播。病菌菌丝体在茶树枝干表面生长发育,菌丝相互交错形成薄膜,能侵入寄主皮层吸取营养。茶园管理不善,尤其不适时修剪、清棵,造成茶丛郁蔽,蚧发生多,膏药病也随之而来。土壤黏重,排水不良的老茶园易发病。

(3)防治技术 防治茶园蚧至关重要。具体方法参见蚧的防治方法。①农业防治:发病重的茶园,建议重剪或台刈,剪掉的枝条集中烧毁。②药剂防治:在孢子盛发期间,可施0.7%石灰等量式波尔多液或20%的石灰水喷洒枝干,保护健康茶树免受侵染。茶膏药病菌对铜素敏感,可在担孢子形成高峰期喷施铜制剂,防止进一步扩散蔓延。

4. 茶苗白绢病

茶苗白绢病是由真菌 *Sclerotium rolfsii* Sacc 引起的茶树幼苗根颈部、根部病害。亦称茶菌核性根腐病、茶菌核性苗枯病。全国各产茶省(区)均有发生。

(1)症状 发生于茶苗茎基部。表面长有白色绵毛状菌丝体,并可沿着茎秆向上或土壤表面蔓延扩展,形成一层网状分布的白色绢丝状膜。由于病部皮层腐烂,茶树水分和营养物质运输中断,致使叶片枯萎脱落,最后整株死亡。多雨季节,菌丝可向上部枝叶蔓延,引起枝干、叶片变褐枯死。

(2)侵染规律 茶苗白绢病属高温高湿性病害,病菌生长的最适温度为25～35℃,在高温高湿的6—8月发生严重。主要以菌核或菌丝体在土壤或病株组织上越冬。菌核在土壤中可存活5～6年,高温高湿时,产生菌丝侵染茶苗。高温干旱条件下,茶苗因缺乏水分而生长衰弱,也容易侵染发病。病菌可沿土隙蔓延到邻株,或通过雨水、流水、耕作、苗木调运等进行传播。土壤板结、黏重、过酸,尤其是排水不良、贫瘠的苗圃内发病重。前作或间作为豆科等感病植物,发病也重。白绢病菌是一种兼性寄生菌,它可以在土壤表层营腐生生活,条件适合又可转为寄生生活。

（3）防治技术　①农业防治：育苗地要选择土壤肥沃、土质疏松、排水良好的土地。对引进茶苗进行检疫，选择无病苗木栽种。增施有机肥，改良土壤，提高茶树抗病力。②生物防治：哈茨木霉对白绢病菌有良好的拮抗作用。③化学防治：发现病株，立即拔除，并将周围土壤一起挖除，换以新土并施入杀菌剂，如 0.5% 硫酸铜液、70% 甲基硫菌灵可湿性粉剂，进行消毒。感病茶园，可对病株及周围土壤连喷 3 次 70% 甲基硫菌灵可湿性粉剂 1 000 ～ 1 500 倍液。

（三）茶树根部病害

中国记载的茶树根部病害有 20 余种，以根腐病和线虫病为主要类群。根腐病方面，茶树苗期根腐病主要有茶苗白绢病、茶苗根癌病。线虫病方面，茶树根系寄生性线虫已发现 35 种。茶树幼苗期主要有茶苗根结线虫病。根病的控制应强调预防为主、综合防治的原则。要选择无病地作茶园，种植无病苗木；对原始林地开垦的新茶区，种植前须彻底清除土壤中残存的树桩、木块，以清除根病菌的过渡食物基地；增施有机肥；发现病株，及时挖除，并施用土壤消毒剂或杀虫剂予以控制。

1. 茶苗根癌病

茶苗根癌病是由土壤杆菌属根癌土壤杆菌 *Agrobacterium tumefaciens* E. F. Smith 侵入根部引起的茶苗根部病害。亦称茶根头癌肿病、根冠病，是一种较普遍的茶苗根部病害，在各大茶区均有发生，其中安徽、浙江省发生较为普遍。

（1）症状　茶苗根癌病主要为害茶苗的根部，包括扦插苗和实生苗，在短穗扦插苗中发生更为普遍。病菌从扦插苗的切口处侵入，刺激茶树根部细胞分裂和组织增生，形成黄褐色木质化的瘤状物，表面粗糙或凹凸不平，小的如粟粒大，仅 0.3 cm，大的像豌豆粒，可达 1 cm，由许多小瘤集聚一堆而形成大瘤。实生苗则主要在细根上形成不规则的瘤状物。被害茶苗须根显著减少，或新根不发，地上部生长不良，侧枝少，叶片发黄并逐渐脱落，严重时无须根，整株枯死。

（2）侵染规律　根癌土壤杆菌为土壤习居菌，可以腐生状态存活多年。病菌在病株周围的土壤中或病组织中越冬。春季当环境条件适宜时，病菌借雨水、灌溉水、地下害虫、蚯蚓及农事活动等近距离传播，远距离传播主要靠苗木的调运。病原菌一般由根系伤口侵入皮层的细胞和组织，在其内生长发育，刺激茶树细胞过度分裂，不断增生，形成肿瘤。由于细胞的相互挤压造成其内部输导组织紊乱，水分和无机盐运输受阻，随着癌肿的不断增大，其外部病组织脱落，大量的细菌也随着组织的脱落而进入土壤中，再进行新一轮的侵染。土壤潮湿、黏重的苗圃易发病。一些品种属于易感型品种，如江西梅洲品种。短穗扦插茶苗的人为伤口为病菌侵入提供了途径。春、夏、秋 3 季扦插的发病较重，而冬季扦插一般不发病。此外，连年扦插茶苗的病地以及地下害虫较多的地块，一般发病重。

（3）防治技术　选用抗病品种，提高抗病能力。苗圃地应选择避风向阳、土质疏松、排水良好的无病地育苗，同时进行土壤消毒。可用 10% 硫酸铜液或波尔多液灌浇土壤，也可用抗生素液灌浇，以减少苗圃地中细菌数量。发现病株要及时连同根际土壤一并挖掉，妥善处理，用石灰水进行土壤消毒。扦插前将插穗浸渍在 0.1% 硫酸铜液或链霉素液中 5 min，再移入 2% 石灰水中浸 1 min，可保护伤口免受细菌的侵染。扦插时要尽量避免伤口的出现，还要做好地下害虫的防治，以减少病菌传播和侵染的机会。用拮抗根癌病生物农药"根癌宁" 30 倍液，浸渍茶苗可获得良好的防效。

2. 茶苗根结线虫病

茶苗根结线虫病是由根结线虫属多种线虫侵染引起的茶苗根部病害，是茶苗上一种具有威胁性的病害。我国浙江、广东、台湾、福建、云南、广西等省（区）发生严重。

（1）症状　主要在 1 ～ 2 年生茶树实生苗或扦插苗上发生，扦插苗发生尤为严重。被害茶苗由于根系吸收功能受阻，叶片变小黄化，株形矮小僵老。病株根系有大如黄豆、小似油菜籽且表面粗糙的褐色瘤状物。瘤状物互相并合后可使成段根系肿胀畸形。为害严重时，一株茶苗根系上有几十至上百个瘤状物。后期瘤状物腐烂，全株枯萎死亡。病株地上部分黄化、生长矮小。遇高温干旱季节，叶片自下而上脱落，形成秃株、枯死。此种症状，常被误认为旱害、螨害或缺肥。

（2）侵染规律　以幼虫或成虫在茶树根系的瘤状物中越冬。2 龄幼虫是唯一具侵染力的虫龄。1 龄幼虫在卵内生活，2 龄幼虫从卵内爬出，在土壤中移动寻找茶树根系。这种移动往往是随机的，在距根系几厘米处可被根系分泌物所吸引，然后将头部靠近根系细胞生长区的生长锥部位，口针穿透细胞壁吸取营养，同时分泌一种刺激物引起植物导管细胞膨胀，形成根瘤，并在其中完成整个世代。幼虫变雌虫一般需 4 次蜕皮，变雄虫需 3 次蜕皮。成熟雄虫逸出根组织，寻找雌虫交配，但根结线虫主要繁殖方式是孤雌生殖。卵粒可产于根外或根内。南方根结线虫、花生根结线虫，发育适温为 25 ～ 30℃，20 ～ 30 d 可完成 1 代。不论哪种线虫，土温高于 40℃或低于 5℃时，便很少活动。土壤过干或过湿，幼虫、卵易于死亡，幼虫移动受阻。同时，土壤结构对幼虫活动性影响很大，沙质土利于发病，熟地比生地发病重。病根残留组织和病土均可通过人为活动远距离传播。

（3）防治技术　①农业防治：选用无病地育苗或植苗，加强调运苗木检疫。种植前，可在盛夏连续 2 ～ 3 次深耕暴晒土壤，降低虫口密度；必要时盖地膜或塑料膜，升高土温，杀灭线虫。加强肥水管理，提高植株抵抗力，增强茶苗抗病能力。②生物防治：万寿菊、危地马拉草、猪屎豆等植物根部分泌物对线虫具毒性，茶园间种这些植物可降低线虫种群数量。③药剂防治：当线虫虫口较高时，可选用熏蒸剂或杀线虫剂进行土壤处理。熏蒸剂可选用氯化苦、溴甲烷、二溴甲烷等，注射至土壤 20 cm 深处。施药后需在土表覆膜保证熏蒸效果，熏蒸后需进行土壤翻耕，待药剂挥发尽后才能种植茶苗。杀线虫剂可选用呋喃丹、除线磷等。开沟施用并覆盖。这些药剂可通过根系吸收或直接接触杀死线虫。由于这些药剂具强毒性和内吸性，施药后一年内不得进行打顶、采摘。

3. 茶短体线虫病

茶短体线虫病是由短体线虫属多种线虫侵染引起的茶树根部病害，又称根腐线虫病。我国台湾、浙江等茶区有发生。

（1）症状　主要为害成龄茶树，病势发展较为缓慢。病株树势衰弱，叶片变小，黄化，常提前开花结果。严重罹病，新梢停止抽生。主要为害幼根，产生坏死和腐烂症状。病株细根上有长形水浸状的小病斑。病斑初为黄色，后转褐色至黑色，并逐渐纵向扩大、愈合成大斑。病斑也可横向发展，最后包围整个根部，似环状剥皮。坏死部开始仅限于表皮，后略向皮层扩展。严重罹病根部易遭受次生性根腐病，加重发病程度，甚至全株死亡。

（2）侵染规律　短体线虫以卵、幼虫或成虫在茶树病根或土壤中越冬。幼虫、成虫均可侵染茶树根系。雌虫可孤雌生殖，卵单粒或几个成堆产于病根皮层内。2 龄幼虫从卵中爬出，在土壤中寻找寄主根系，并通过口针穿透寄主组织并侵入。侵入后几小时，根系上便可出现小而褪色的斑点。大多数线虫栖息在表皮和内皮层之间的部位。由于线虫进入，皮层细胞产生坏死症状，邻近细胞变色。一般 1 个病斑中有 1 个以上的线虫。短体线虫栖息在病根内部。但如果病根组织严重坏死，线虫便从根系中爬出，重新寻找寄主侵染。土壤中，短体线虫不耐干旱；干燥条件下，线虫静止不动。最适温度为 15.6 ～ 21.1℃。短体线虫的发育和繁殖速度较慢，一般 45 ～ 65 d 完成 1 代。短体线虫一般在土壤中分布较浅，多在 0 ～ 10 cm 土层。

（3）防治技术　参阅茶苗根结线虫。

三、草害防治技术

茶园常见杂草是指发生在各大茶区茶园中不同程度为害茶树生长发育、影响茶园茶叶产量和品质、具有潜在成灾为害的非种植植物，主要涉及蕨类植物、裸子植物和被子植物。

茶园常见杂草主要通过争夺生长空间、争营养、争水分和争光照为害茶树，导致茶树产量和茶叶品质下降。茶园杂草争夺生长空间时，不仅抑制挤压茶树的分枝和叶片生长，同时也会抑制茶树根系的生长发育，特别是深根性的杂草，如毛竹、水竹、鹅毛竹和柘树等挤压茶树的根系，甚至直接造成茶树的生理性损伤。茶园杂草生长发育全程都在持续争夺土壤中营养和水分，造成茶树不同程度缺水缺肥，严重时树势下降，茶园早衰；高大杂草、攀缘性或缠绕性杂草在茶园中具有争夺光照的空间优势，例如苏门白酒草、加拿大一枝黄花、芒、荻和大青等杂草一旦进入成株期，其高大的植株就会遮蔽阳光阻碍茶树的光合作用；而攀缘性或缠绕性如蓬蘽、茅莓、鸡矢藤和葎草等生长后期若不加防治一般会完全覆盖茶树树冠，造成茶树几乎不能进行光合作用。攀缘性杂草增加人工采摘成本，影响机械采茶的效果，其碎叶片或种子混入鲜叶，降低鲜叶的加工品质。

根据杂草发生为害时间划分，可将常见茶园杂草分为全年性杂草、春季杂草和夏秋杂草；按杂草生活史类型划分有多年生杂草、单年生杂草，按杂草的植被类型划分可分为高大杂草、攀缘缠绕性杂草和一般杂草；根据杂草形态学一般把茶园杂草分为 4 类，即禾草类杂草、莎草类杂草、蕨类杂草和阔叶类杂草。根据生物学特性，茶园杂草一般分为一年生杂草、二年生杂草和多年生杂草。依据生长习性，茶园杂草一般分为草本杂草、藤本杂草、木本杂草和寄生杂草。

茶园杂草可采取行间生草（鼠茅草）以草抑草技术、草布联用抑草技术、全园覆盖抑草技术和"一封一杀＋化学除草技术"。

（一）行间生草（鼠茅草）以草抑草技术

适合成年茶园绿色控草。在成年茶园行间生草，套种鼠茅草，形成生草覆盖抑制茶园杂草生长的一种技术。

1. 技术参数

9月下旬至10月中下旬对茶行间进行浅耕10 cm深左右，清除杂草，施足基肥后，整平整细地面，播种鼠茅草，每亩播种1 kg；2月上旬至3月上旬，对鼠茅草追施氮肥5 kg/亩；4—8月，每月定期组织人员对茶园进行巡查，拔除行间鼠茅草中恶性杂草；9月上中旬，在鼠茅草未发芽前，清除杂草一遍，在行间开沟施肥覆土，等待下一轮鼠茅草萌发。

2. 防治效果

套种鼠茅草第1年对杂草株防效达到58.5%，翌年可以提高到88.7%。成年茶园人工除草一般4次/年，每年除草劳动力成本360元。成年茶园行间种植鼠茅草投入成本167元/年（以3年计算），节省成本53.6%，节省193元/亩。

（二）草布联用抑草技术

适合幼年茶园使用。采用树下垄面覆盖防草布，行间生草，联合使用鼠茅草套种、防草布覆盖对幼龄茶园草害进行控制的一种技术。

1. 技术参数

9月下旬至10月中下旬，对茶行间50 cm宽度的地块（沟）进行浅耕10 cm深左右，清除杂草，施足基肥后，整平整细地面，播种鼠茅草，每亩播种1 kg；2月上旬至3月上旬，对鼠茅草追施氮肥5 kg/亩；3月下旬，对茶树浅耕施肥后，沿茶行两边，覆盖防草布到茶树基部（PE80，50～60 cm宽），每隔2 m用16 cm长PE地钉固定；4—8月，每月定期组织人员对茶园进行巡查，防止防草布掀起。同时，组织人员对茶树基部、株间以及破损之处长出的少量杂草进行人工拔除，对行间鼠茅草中恶性杂草也需拔除。

2. 防治效果

草布联用防治效果两年分别达到71.8%和89.2%。幼年茶园人工除草一般4次/年，除草劳动力成本720元/年。草布联用模式投入成本487元/年（以3年计算），节省成本32.3%，节省233元/亩。

（三）全园覆盖抑草技术

适合幼年茶园使用。对幼年茶园，使用防草布覆盖整个茶苗行间，行间不种草或不留草。防草布覆盖，平均防效在 80% 以上，幼年茶园可节省成本 35%，每年可节省 254 元 / 亩。

技术参数

（1）地布的选择　应选择使用年限较长的黑色地布，一般最少应达到 3 年，可以选择 PE80、PE90 或 PP85 材质。一般新建茶园选择 1.5 m 宽，未封行茶园可选择 1.2 m 宽，整行铺设。

（2）茶园要求　新建茶园适宜采用单行双株条栽的方式，行距 1.5 m，株丛间距 0.35 m 拉线栽植。

（3）地布铺设　秋季新建茶园可在翌年春季定型修剪、第 1 次浅耕施肥后进行；春季新建茶园种植完成后可立即进行。未封行茶园可采茶后、修剪施肥完成后进行。整理好畦面后开始铺设地布。

（4）覆盖后管理　不定期检查，保证地布边缘固定牢固，防止大风撕开。在杂草高峰期，及时组织人工拔除地布开口处与地布表面少量滋生杂草。追肥最好使用滴灌，配套使用水肥一体化设施，滴灌最好放置于地布之下。也可以采用背负式施肥器，在两穴茶树之间施肥。基肥结合深耕进行，新建茶园将两侧垄面地布外侧掀开，卷至根部即可以施入基肥。等到翌年春季杂草发生前再次覆盖。

（四）一封一杀 + 化学除草

对于大宗无公害茶园，可采用化学除草方法。茶园常用灭生性除草剂草甘膦、草铵膦，一年 2 ～ 3 次使用，极易造成除草剂的检出与残留超标。该模式采用"一封一杀"和助剂，对茶园杂草进行防治，防效期可达 100 d 以上。"一封"模式下西玛津、莠去津在喷药后 70 d 具有良好防效。"一杀"模式，草铵膦在施药 30 ～ 40 d，具有良好防效，同时添加使用助剂安融乐或有机硅等，可减少推荐用量的 30% ～ 50%。该模式控制了杂草的大量发生，减少了单一农药多次使用的残留风险，成本降低 50% 以下。

具体技术要求：3 月上旬，土壤封闭除草。人工或机器浅耕、第 1 次追肥后，选用莠去津（38% 悬浮剂）220 mL/ 亩；或西玛津（50% 可湿性粉剂）150 g/ 亩，兑水均匀喷雾于地表，兑水量为 45 L/ 亩。7 月上旬，茎叶除草处理。在杂草高峰期之前，茶园杂草 4 ～ 6 叶，生长旺盛期（5 ～ 15 cm 高时），选用 20% 草铵膦＋助剂安融乐（稀释成 5 000 倍液），按照推荐用量的 30% ～ 50% 减量使用（150 ～ 210 mL/ 亩），每亩兑水 45 L，喷雾于杂草叶面上。9 月中下旬机器除草 1 次，施入基肥。

第三章

红茶绿色高质高效生产技术模式

第一节　品种选择

1. 英红9号

乔木型，大叶类，早生种。广东省农业科学院茶叶研究所育成。1988年通过广东省农作物品种审定委员会审定，编号粤审茶1988010。芽叶生育力和持嫩性强，黄绿色，茸毛特多，芽大。春茶一芽二叶约含茶多酚21.3%、氨基酸3.2%、咖啡碱3.6%、水浸出物55.2%。产量高。适制红茶，品质优良。制工夫红茶，色泽乌褐油润显金毫，甜香、毫香高长持久，汤色红明透亮，滋味浓醇甜滑；制单芽金毫红茶，金毛密披，香气清幽如兰，滋味鲜醇细腻。抗寒性较弱，扦插繁殖力较弱。在广东韶关、清远、江门、广州、肇庆、云浮和湛江等地有较大面积栽培，广西、海南、湖南、四川和福建等省（区）有少量引种。

2. 丹霞1号

小乔木型，中叶类，中生种。广东省农业科学院茶叶研究所等单位选育而成。2011年，通过广东省农作物品种审定定委员会审定，编号粤鉴茶2011001。芽叶生育力较强，绿色或黄绿色，肥壮，茸毛特多而长。春茶一芽二叶约含茶多酚20.8%、氨基酸4.1%、咖啡碱3.4%、水浸出物46.3%。产量高，每亩产干茶169 kg。适制名优红茶、白茶。制红茶，外形秀丽，金毫满披，花香浓郁，滋味浓爽，汤色红亮。抗逆性强。广东北部茶区有较大面积栽培，云南省有少量引种。

3. 丹霞 2 号

小乔木型，中叶类，中生种。广东省农业科学院茶叶研究所等单位选育而成。2011 年通过广东省农作物品种审定委员会审定，编号粤鉴茶 2011002。芽叶生育力强，绿色或黄绿色，肥壮，茸毛特多，色泽洁白。春茶一芽二叶干样约含茶多酚 18.9%、氨基酸 3.8%、咖啡碱 3.7%、水浸出物 45.5%。产量高，每亩产干茶 178 kg。适制名优红茶、白茶。制红茶，外形秀丽，金毫厚披，甜韵玫瑰香浓郁持久，滋味浓爽显香，汤色红浓明亮。抗逆性强。广东北部茶区有较大面积栽培，云南省有少量引种。

4. 五岭红

小乔木型，大叶类，早生种。广东省农业科学院茶叶研究所育成。2002 年通过全国农作物品种审定委员会审定，编号国审茶 2002004。芽叶生育力和持嫩性强，黄绿色，茸毛少。春茶一芽二叶干样约含茶多酚 18.7%、氨基酸 3.5%、咖啡碱 3.6%、水浸出物 46.3%。产量高。适制红茶，品质优良。制红碎茶，色泽乌润，颗粒重实，汤色红艳，滋味浓强鲜活，香气鲜高持久，显花香。抗寒性较弱，抗旱性较强，扦插繁殖力较强。主要分布在广东英德、南雄、广州、新会、罗定和湛江等地，四川、湖南、广西等省（区）有少量引种。

5. 鄂茶 4 号

小乔木型，中叶类，特早生种。湖北省宜昌县太平溪茶树良种繁育站从宜昌大叶群体种中采用单株育种法育成。湖北宜昌等地有较大面积栽培。1998 年通过全国农作物品种审定委员会审定为国家品种，编号 GS13001-1998。芽叶嫩芽黄绿，茸毛多，一芽二叶百芽重 20.1 g。2010 年武汉市江夏区金水闸取样春茶一芽二叶干样约含茶多酚 22.3%、氨基酸 2.8%、咖啡碱 3.2%、水浸出物 55.8%。产量高，14 年生茶树每亩产 175 kg 以上。适制红茶、绿茶，品质较优。制峡州碧峰，外形紧秀显毫，色泽翠绿油润，香气高久，滋味鲜爽回甘。抗寒性较强，抗芽枯病、心枯病能力与福鼎大白茶相当，扦插繁殖力强。

6. 云抗 10 号

乔木型，大叶类，早生种。云南省农业科学院茶叶研究所育成。1987 年通过全国农作物品种审定委员会认定，编号 GS13050-1987。2020 年重新通过农业农村部非主要农作物品种登记，编号 GPD 茶树（2020）530006。芽叶生育力强，黄绿色，茸毛特多。春茶一芽二叶干样约含茶多酚 15.6%、氨基酸 4.2%、咖啡碱 2.6%、水浸出物 51.6%。产量高，每亩可产干茶 250 kg。适制红茶。制红茶，香高持久，有花香，汤色红浓明亮，滋味浓强鲜。抗寒、抗旱性及抗茶饼病较强，扦插发根力强，成活率高。在云南西双版纳、思茅、临沧、保山等地有大面积栽培，四川、贵州等省（区）有引种。

7. 云茶 1 号

乔木型，大叶类，早生种。云南省农业科学院茶叶研究所育成。2020 年通过农业农村部非主要农作物品种登记，编号 GPD 茶树（2020）530007。芽叶生育力强，持嫩性强，芽叶肥壮，茸毛特多。春茶一芽二叶干样约含茶多酚 20.1%、氨基酸 3%、咖啡碱 3.7%、水浸出物 48.2%。产量高。适制绿茶、红茶、白茶、普洱茶。制绿茶，香气栗香，滋味醇爽；制红碎茶，香气浓，滋味浓；制白茶，香气甜花香、较醇，滋味醇爽、略露花香；制晒青茶，香气浓郁、带花香，滋味浓醇。扦插繁殖率中等，移栽成活率较高。抗茶炭疽病、茶饼病、茶小绿叶蝉。抗寒性、抗旱性较强。适宜于云南省绝对最低温度在 −5℃以上的地区种植。

8. 粤茗 1 号

小乔木型，大叶类，早生种。广东省农业科学院茶叶研究所选育。2018 年被农业农村部授予植物新品种权，编号 CNA20181230.6。芽叶绿色，茸毛中等。春茶一芽二叶干样约含茶多酚 29.4%、氨基酸 4.4%、茶多糖 3.1%、咖啡碱 3.1%、水净出物 40.4%、EGCG 10.34%。适制红茶。用其一芽二叶制成的红茶外形紧结壮实，乌润显毫，汤色红艳明亮，麝香浓郁持久，滋味甜醇浓厚。扦插繁殖力中等。适栽华南和西南部分红茶茶区。

9. 粤茗 2 号

小乔木型，大叶类，中生种。由广东省农业科学院茶叶研究所选育而成。2018 年被农业农村部授予植物新品种权，编号 CNA20181231.5。芽叶生育力较强，黄绿色，茸毛少，持嫩性强。春茶一芽二叶干样约含茶多酚 38.8%、氨基酸 3%、咖啡碱 2.3%、可溶性糖 2.9%、水浸出物 41.6%。适制红茶。用其一芽二叶制成的红茶外形紧结乌润，芽尖显毫，汤色红亮，甜香薄荷气细长持久，滋味浓厚鲜爽。抗寒性强，扦插繁殖力中等。适栽华南和西南部分红茶茶区。

10. 湘红 3 号

小乔木型，中叶类，中生种。湖南省茶叶研究所育成，2019 年通过农业农村部非主要农作物品种登记，编号 GPD 茶树（2019）430028。芽叶黄绿色，茸毛少。产量高。春茶一芽二叶干样约含茶多酚 19.4%、氨基酸 5.01%、咖啡碱 5.1%、水浸出物 38.3%。适制红茶，工夫红茶外形乌黑油润，汤色红艳明亮，香气甜香醇正，滋味甜醇。中抗茶云纹叶枯病、茶炭疽病、茶饼病、小绿叶蝉、茶橙瘿螨、咖啡小爪螨；抗寒性强，抗旱性强。适宜在湖南、湖北、安徽和广西等省（区）茶区种植。

11. 黔湄 419

又名抗春迟。小乔木型，大叶类，晚生种。该品种从镇沅大叶茶与平乐高脚茶自然杂交后代中采用单株育种法育成。四川、重庆、广东、广西、福建等省（市、区）有少量引种。1987 年通过全国农作物品种审定委员会审定，编号 GS13031-1987。芽叶生育力较强，黄绿色，肥壮，茸毛多，一芽三叶百芽重平均 60.2 g。春茶一芽二叶蒸青样含茶多酚 21.5%、氨基酸 3.2%、咖啡碱 4.4%、水浸出物 48.3%。产量高，每亩平均产干茶 211.8 kg。适制红茶，品质优良。抗寒性中等，抗茶牡蛎蚧、茶橙樱螨和茶白星病、茶饼病。扦插繁殖成活率较高。

12. 黔湄 502

又名南北红。小乔木型，大叶类，中生种。该品种从凤庆大叶茶与湖北宣恩长叶茶自然杂交后代中采用单株育种法育成。重庆、四川、广东、广西、湖南、福建等省（区、市）有少量引种。1987 年通过全国农作物品种审定委员会认定，编号 GS13032-1987。芽叶生育力较强，绿色，肥壮，茸毛多，一芽三叶百芽重平均 92.5 g。春茶一芽二叶蒸青样含茶多酚 20%、氨基酸 4%、咖啡碱 3.9%、水浸出物 46.6%。产量高，每亩平均产干茶 274.3 kg。适制红茶，品质优良。抗寒性较弱，抗旱、抗半跗线螨力较强。扦插繁殖成活率较高。

13. 福云 10 号

小乔木型，中叶类，早生种。由福建省农业科学院茶叶研究所于 1957—1971 年从福鼎大白茶与云南大叶种自然杂交后代中采用单株育种法育成。主要分布在福建茶区。湖南、浙江、贵州、四川等省有引种。1987 年，通过全国农作物品种审定委员会认定，编号 GS13035-1987。芽叶生育力强，发芽密，持嫩性强，淡绿色，茸毛多，一芽三叶百芽重 95 g。春茶一芽二叶干样约含茶多酚 14.7%、氨基酸 4.3%、咖啡碱 3.1%、水浸出物 46.3%。产量高，每亩产干茶 200～300 kg。适制红茶、绿茶、白茶。制工夫红茶，条索细秀，色乌润，白毫多，香高味浓。抗寒、抗旱能力较强。扦插与定植成活率高。

14. 安徽 3 号

灌木型，大叶类，中生（偏早）种。由安徽省农业科学院茶叶研究所于 1955—1978 年从祁门群体中采用单株育种法育成。主要分布在安徽茶区。江西、河南、浙江、江苏等省有引种。1987 年通过全国农作物品种审定委员会认定，编号 GS13039-1987。芽叶生育力强，淡黄绿色，茸毛多，一芽三叶百芽重 53 g。春茶一芽二叶干样约含茶多酚 15.6%、氨基酸 4%、咖啡碱 3.1%、水浸出物 50.9%。产量高，每亩可产鲜叶 290 kg 左右。适制红茶、绿茶。红茶有"祁红"传统特征。抗寒性强，扦插繁殖力强。

15. 蜀永 1 号

小乔木型，中叶类，中生种。由重庆市农业科学院茶叶研究所于 1962—1982 年以云南大叶茶为母本、四川中小叶种为父本，采用杂交育种法育成。四川、重庆有栽培。1987 年通过全国农作物品种审定委员会认定，编号 GS13046-1987。芽叶生育力强，黄绿色，茸毛较多，一芽三叶百芽重 102 g。春茶一芽二叶干样约含茶多酚 15.9%、氨基酸 4.2%、咖啡碱 3.8%、水浸出物 47.7%。产量高，3～5 龄茶树的茶园平均每亩产干茶 173.5 kg。适制红茶，品质优良。制红碎茶，香高，滋味浓鲜，汤色红艳。抗寒性较强，较抗茶半跗线螨。

16. 英红 1 号

乔木型，大叶类，早生种。由广东省农业科学院茶叶研究所于 1959—1986 年从阿萨姆种中采用单株育种法育成。广东英德、清远、湛江等地有栽培。四川、湖南、福建等省有少量引种。1987 年通过全国农作物品种审定委员会认定，编号 GS13047-1987。芽叶生育力和持嫩性强，黄绿色，茸毛中等，一芽三叶百芽重 134 g。春茶一芽二叶干样约含茶多酚 20.9%、氨基酸 5.5%、咖啡碱 3.7%、水浸出物 55.8%。产量高，每亩可产干茶 150 kg。适制红茶，品质优良。制红碎茶，颗粒匀整，色泽乌润，香气高锐，滋味浓鲜爽口，汤色红艳明亮。幼龄期抗寒性弱，扦插繁殖力较强。

17. 蜀永 2 号

小乔木型，大叶类，中生种。重庆市农业科学院茶叶研究所于1963—1985年以四川中小叶种为母本、云南大叶茶为父本，采用杂交育种法育成。四川、重庆有栽培。1987年通过全国农作物品种审定委员会认定，编号GS13048-1987。新梢粗壮，芽叶生育力强，黄绿色，茸毛较多，一芽三叶百芽重108 g。春茶一芽二叶干样约含茶多酚20.5%、氨基酸3.2%、咖啡碱4.1%、水浸出物47.4%。产量高，3～5龄茶树的茶园平均每亩产干茶385.4 kg。适制红茶，品质优良。制红碎茶，香气高长，滋味浓强，汤色红艳。抗寒性强。

18. 宁州 2 号

灌木型，中叶类，中生种。江西省九江市茶叶科学研究所于1962—1984年从宁州群体中采用单株育种法育成。主要分布在江西修水、铜鼓、武宁等县。为宁红的当家品种。江苏、湖南、福建、河南等省有引种。1987年通过全国农作物品种审定委员会认定，编号GS13049-1987。芽叶生育力强，发芽密度中等，绿色，较肥壮，茸毛中等，一芽三叶百芽重71 g。春茶一芽二叶干样约含茶多酚19%、氨基酸2.6%、咖啡碱4.1%、水浸出物50.1%。产量高，每亩可产干茶350 kg。适制红茶、绿茶。制红茶，显毫，香高，味浓醇厚。抗寒性较强、抗旱性较弱，抗病虫性中等。

19. 桂红 3 号

小乔木型，大叶类，晚生种。从广西临桂县宛田乡黄能村栽培的宛田大叶群体种经广西桂林茶叶科学研究所通过单株选育而成。桂北和桂中地区少量种植。1994年通过全国农作物品种审定委员会审定，编号GS13001-1994。芽叶生育能力及持嫩性较强，绿色，肥壮，茸毛中等，一芽三叶百芽重110 g。春茶一芽二叶干样约含茶多酚23.8%、氨基酸3.6%、咖啡碱2.6%、水浸出物47.8%。产量高，每亩产鲜叶507 kg。适制红茶和绿茶。制红茶，色泽乌润，香气高锐，滋味浓强、鲜爽，汤色红亮。抗旱、抗寒能力较强，但抗叶螨能力较弱。

20. 桂红 4 号

小乔木型，大叶类，晚生种。广西临桂县宛田乡黄能村栽培的宛田大叶群体种经广西桂林茶叶科学研究所通过单株选育法育成。桂北和桂中地区少量种植。1994年通过全国农作物品种审定委员会审定，编号GS13002-1994。育芽能力和持嫩性中上，嫩芽黄绿肥壮，茸毛少，一芽三叶百芽重 120 g。春茶一芽二叶干样约含茶多酚 24%、氨基酸 3.04%、咖啡碱 4.6%、水浸出物 48%。产量高，每亩产鲜叶 542.6 kg。适制红茶和绿茶。制红茶，色泽乌润，汤色红亮，香气高锐，滋味浓爽。抗旱、抗寒性较强，但抗橙瘿螨能力较弱。

21. 黔湄 701

小乔木型，大叶类，中生种。该品种是用湄潭晚花大叶茶与云南大叶种人工杂交后代中采用单株育种法育成。重庆、四川、广东、广西、湖南、福建等省（区、市）有少量引种。1994 年通过全国农作物品种审定委员会审定，编号 GS13014-1994。芽叶生育力较强，绿色，肥壮，茸毛多，一芽三叶百芽重平均 92.5 g。春茶一芽二叶蒸青样含茶多酚 23.2%、氨基酸 3%、咖啡碱 3.8%、水浸出物 48.4%。产量高，6 龄茶园每亩平均产干茶 296 kg。适制红茶，品质优良。抗寒性较弱，抗旱、抗半跗线螨力较强。扦插繁殖成活率较高。

22. 蜀永 703

小乔木型，大叶类，早生种。重庆市农业科学院茶叶研究所于 1962—1985 年以四川中小叶种为母本、云南大叶茶为父本，采用杂交育种法育成。四川、重庆等省（区、市）栽培。1994 年通过全国农作物品种审定委员会审定，编号 GS13019-1994。芽叶生育力强，持嫩性强，黄绿色，茸毛中等，富光泽，一芽三叶百芽重 155 g。春茶一芽二叶干样约含茶多酚 18.2%、氨基酸 3.7%、咖啡碱 4.2%、水浸出物 44%。产量高，3 ～ 5 龄茶园每亩产干茶 278.3 kg。适制红茶，品质优良。制红碎茶，有甜香，滋味浓较强。抗寒性中等。

23. 蜀永 808

小乔木型，大叶类，晚生种。重庆市农业科学院茶叶研究所于 1962—1985 年以云南大叶茶为母本、四川中小叶种为父本，采用杂交育种法育成。四川、重庆等省（区、市）栽培。1994 年通过全国农作物品种审定委员会审定，编号 GS13020-1994。芽叶生育力强，持嫩性强，黄绿色，茸毛多，富光泽，一芽三叶百芽重 117 g。春茶一芽二叶干样约含茶多酚 19.6%、氨基酸 3.3%、咖啡碱 4.4%、水浸出物 47%。产量高，3 ～ 5 龄茶园每亩产干茶 385.4 kg。适制红茶，品质优良。制红碎茶，香气较鲜爽，滋味浓较强。抗寒性中等。

24. 蜀永 3 号

小乔木型，大叶类，中生种。重庆市农业科学院茶叶研究所于 1963—1985

年以四川中小叶种为母本、云南大叶茶为父本，采用杂交育种法育成。四川、重庆等省（区、市）栽培。1994 年通过全国农作物品种审定委员会审定，编号 GS13023-1994。芽叶持嫩性强，黄绿色，茸毛较多，一芽三叶百芽重 119 g。春茶一芽二叶干样约含茶多酚 19.6%、氨基酸 3.2%、咖啡碱 3.9%、水浸出物 46.8%。产量高，3 ～ 5 龄茶树的茶园平均每亩产干茶 212.3 kg。适制红茶，品质优良。制红碎茶，香气较鲜爽，滋味浓爽，汤色红亮。抗寒性较强。

25. 秀红

小乔木型，大叶类，早生种。广东省农业科学院茶叶研究所于 1971—1993 年从英红 1 号自然杂交后代中采用单株育种法育成。主要分布在广东英德、南雄、广州、新会、罗定和湛江等地，四川、湖南、广西等省（区）有少量引种。2002 年通过全国农作物品种审定委员会审定，编号国审茶 2002003。芽叶生育力和持嫩性强，黄绿色，茸毛中等，一芽三叶百芽重 120 g。春茶一芽二叶蒸青样约含茶多酚 23.9%、氨基酸 4.1%、咖啡碱 4.2%、水浸出物 52.1%。产量较高，每亩可产干茶 120 kg。适制红茶，品质优良。制红碎茶，颗粒紧结棕润，滋味浓烈鲜活，香气高锐显花香。抗寒性和抗旱性较强。扦插繁殖力较强。

26. 五岭红

小乔木型，大叶类，早生种。广东省农业科学院茶叶研究所于 1971—1993 年从英红 1 号自然杂交后代中采用单株育种法育成。主要分布在广东英德、南雄、广州、新会、罗定和湛江等地，四川、湖南、广西等省（区）有少量引种。2002 年通过全国农作物品种审定委员会审定，编号国审茶 2002004。芽叶生育力和持嫩性强，黄绿色，茸毛少，一芽三叶百芽重 138 g。春茶一芽二叶蒸青样约含茶多酚 18.7%、氨基酸 3.5%、咖啡碱 3.6%、水浸出物 46.3%。产量高，每亩可产干茶 150 kg。适制红茶，品质优良。制红碎茶，色泽乌润，颗粒重实，汤色红艳，滋味浓强鲜活，香气鲜高持久，显花香。抗寒性较弱，抗旱性较强。扦插繁殖力较强。

27. 迎霜

小乔木型，中叶类，早生种。杭州市农业科学研究院茶叶研究所（原杭州市茶叶科学研究所）于 1956—1979 年从福鼎大白茶和云南大叶种自然杂交后代中采用单株选育法育成。全国大部分产茶区有引种，浙江、江苏、安徽、江西、河南、湖北、广西、湖南等省（区）有较大面积栽培。1987 年通过全国农作物品种审定委员会认定，编号 GS13041-1987。芽叶生育力强，持嫩性强，生长期长，全年可采至 10 月上旬，黄绿色，茸毛中等，一芽三叶百芽重 45 g。2011 年在杭州取样，春茶一芽二叶干样约含茶多酚 18.1%、氨基酸 5.4%、咖啡碱 3.4%、水浸出物 44.8%。产量高，每亩可产干茶 280 kg。适制红茶、绿茶。制工夫红茶，条索细紧，色乌润，香高味浓鲜；制红碎茶，品质亦优。抗寒性尚强，扦插繁殖力强。

第二节　红茶种植

我国红茶生产分为中小叶种和大叶种红茶，中小叶种红茶分布于江南、江北和西南茶区，大叶种红茶主要分布于华南茶区的广东、广西、云南和海南等地。除大叶种红茶种植有特殊要求外，红茶园区规划与建设、园地开垦和中小叶种红茶种植同绿茶茶园。

"大叶种"茶树种植行距为 1.5 ～ 1.8 m，株间距 40 ～ 50 cm，每亩种植 1 000 株左右。云南、海南等地春季干旱，适宜移栽的时间为雨季开始的 5—6 月。底肥施用、移栽方式、幼龄茶树管理等同第二章。

一、红茶树体管理

中小叶种红茶树冠管理同绿茶树冠管理（第二章）。

大叶种茶树一般属乔木型或半乔木型，茶树顶端优势比中小叶种强，且生长地域的水热条件较好，新梢生长旺盛，节间长，一般采用"分段修剪"办法构建骨架枝条。茶树主茎粗 4 ～ 5 mm 或长叶 7 ～ 8 片即进行定型修剪，第一次修剪在离地 15 cm 左右剪去以上枝条和叶片，之后待新枝长到 20 ～ 30 cm 高、茎粗 3 ～ 4 mm 并有 2 ～ 3 个分枝时，剪去分枝叉口为起点 8 ～ 10 cm（主茎）或留桩 10 ～ 12 cm（侧枝）以上处再次剪去枝条和叶片。气温高、生长快的地区，同一枝条可剪 2 ～ 3 次，养成 2 ～ 3 层分枝。分段修剪 2 年后，树上养成 4 ～ 5 层分枝，树冠高度 40 ～ 50 cm，再进行几次水平修剪后，即可实行留叶采摘。

二、红茶施肥

（一）施肥原则

红茶施肥同样需要遵循以氮肥为主、有机肥与化肥配合使用、基肥与追肥配合使用、在合适的位置施肥等4条施肥原则（第二章），但在养分用量和比例上与绿茶施肥有所不同。氮肥虽然能提高氨基酸含量，但高量氮肥会减少儿茶素等多酚类物质的合成，促进叶绿素和脂类物质过量累积，对红茶汤色和香气产生不利影响。因此，红茶茶园应适当控制氮肥用量，兼顾产量和品质平衡，氮素肥料总用量以13～20 kg/亩、不超过20 kg/亩较适宜，氮磷钾比例以1：0.3：0.4较合适。

（二）红茶高质高效施肥技术模式

1.红茶"有机肥＋茶树专用肥"施肥模式

基肥：10月中下旬，100～150 kg/亩腐熟饼肥或150～200 kg 商品畜禽粪有机肥、30～40 kg/亩茶树专用肥（18-8-12或相近配方），有机肥和专用肥拌匀后开沟15～20 cm或结合深耕施用。

第1次追肥：春茶开采前30～40 d 施用尿素6～8 kg/亩，开浅沟5～10 cm施用，或表面撒施＋施后浅旋耕（5～8 cm）混匀。

第2次追肥：春茶结束后，开浅沟5～10 cm施用尿素6～8 kg/亩，或表面撒施＋施后浅旋耕（5～8 cm）混匀。

第3次追肥：夏茶结束后，开浅沟5～10 cm施用尿素6～8 kg/亩，或表面撒施＋施后浅旋耕（5～8 cm）混匀。

2.大叶种红茶"沼液肥＋茶树专用肥＋有机肥"施肥模式

基肥：10月中下旬，100 kg/亩腐熟饼肥或150 kg 商品畜禽粪有机肥、30～40 kg/亩茶树专用肥（18-8-12或相近配方），有机肥和专用肥拌匀后开沟15～20 cm或结合深耕施用，同时每亩浇灌沼液肥500～1 000 kg 沼液（按沼水比1：1稀释）。

第1次追肥：春茶开采前30～40 d，尿素4～6 kg/亩溶解于500～1 000 kg 沼液中（按沼水比1：1稀释），开浅沟5～10 cm施用，施用后覆土。

第2次追肥：春茶结束后，开浅沟5～10 cm施用尿素6～8 kg/亩，或

表面撒施 + 施后浅旋耕（5 ～ 8 cm）混匀。

第 3 次追肥：夏茶结束后，开浅沟 5 ～ 10 cm 施用尿素 6 ～ 8 kg/ 亩，或表面撒施 + 施后浅旋耕（5 ～ 8 cm）混匀。

该技术模式就地利用沼液，解决春茶因干旱引起的萌发晚、萌发齐、整度差的问题。

第三节　红茶加工

红茶依其制法不同分为小种红茶、工夫红茶、红碎茶（又称切细红茶）3种，其中，工夫红茶是我国独特的传统产品，因精制时费工夫而得名，主要包括祁红、滇红、川红、宜红、宁红、闽红、越红等；红碎茶是国际市场红茶贸易的主要产品类型，主要包括传统红碎茶、CTC 红碎茶、转子红碎茶、LTP 红碎茶等几种。鲜叶采收参照绿茶。

一、工夫红茶加工

工夫红茶初制加工分为萎凋、揉捻、发酵及干燥等 4 道工序。工夫红茶要求鲜叶细嫩、匀净、新鲜。采摘标准依产品需要进行，鲜叶进厂后应严格对照鲜叶分级标准进行检验分级，分别加工付制。

（一）萎凋

目前，常用的萎凋方法有日光萎凋、室内自然萎凋、萎凋槽萎凋、萎凋机萎凋等。各萎凋方法和技术参数如下。

1. 日光萎凋

日光萎凋是在车间附近空旷向阳地带，将鲜叶均匀抖撒在竹篾垫或竹匾内在阳光下晾晒，依靠日光热力，促成鲜叶萎凋，散失水分。这种萎凋方法简便，其萎凋时间长短依阳光强弱、萎凋叶含水量高低而定，日光较强时 30 ～ 40 min 即可完成，一般需要 1 ～ 2 h；阳光弱时需更长时间，待日光萎凋结束后需要将茶叶移入室内摊晾。日光萎凋受自然条件限制太大，不可控因素较多。值得注意的是，强烈日光下进行萎凋，易造成鲜叶红变、萎凋不匀，芽叶焦枯，除个体农户小规模生产外，一般不适宜采用。

2. 室内自然萎凋

室内自然萎凋是利用室内空气的干燥能力进行萎凋，是最传统的萎凋方法，具有操作简单、方便的特点。在室内排列萎凋架，鲜叶摊放在萎凋帘上。室内自然萎凋要求室内通风良好，避免日光直射。根据自然风力的大小和空气湿度大小，用启闭门窗的方法加以调节，温度低或阴雨天可以用各种方法加温，但要求室内各点的温度比较一致。

室内温度保持在 20 ～ 24℃，相对湿度 60% ～ 70%，摊叶量萎凋帘上摊放鲜叶 0.5 ～ 0.75 kg/m²，嫩叶薄摊，老叶稍厚。萎凋时间一般控制在 18 h 以内为好，如果空气干燥，相对温度低，8 ～ 12 h 可达到湿度要求。由于室内萎凋占地面积大、萎凋时间长，很难适应大生产的需要。

3. 萎凋槽萎凋

萎凋槽萎凋是以人工控制的半机械化设备进行加温萎凋设备，具有结构简单、操作方便、造价低、工效高、节省劳力、降低制茶成本等优点。通常，萎凋槽长 10 m、宽 1.5 m，盛叶槽边高 20 cm，有效摊叶面积约 15 m²，此规格萎凋槽一端采用 7 号轴流风机，功率 2.8 kW，风量每小时 16 000 ～ 20 000 m³，风量大小应根据萎凋叶层厚薄和叶质柔软程度进行适当调节。萎凋槽基本结构由空气加热炉灶或电炉丝加热系统、鼓风机和风道、槽体和盛叶框或帘等组成。一般鼓风温度控制在 35℃左右，不超过 38℃，槽体前后温度应基本一致。

4. 萎凋室萎凋

萎凋室萎凋是在室内自然萎凋基础上采用的一种设施萎凋方法。即在室内排列萎凋架，架上放置竹匾或竹筛或其他透气网，将萎凋叶均匀抖撒摊放，同时在室内配置空调、除湿机和匀气风扇等，萎凋室内温度、湿度可设置，温度控制在 25 ～ 30℃，不超过 35℃，相对湿度控制在 55% ～ 65%，萎凋叶厚度超过 2 cm 需定时翻动，此方法使萎凋过程中萎凋叶更加均匀，萎凋时间基本可控。

5. 萎凋机萎凋

萎凋机萎凋是近年来为满足萎凋条件所研发的一种萎凋设备。采用箱式结构，内设百叶板或网带由链条传动，鲜叶均匀摊放于百叶板或网带上，可连续上叶下叶；设备一端配置有加温送风装置，风温、风量和湿度可调节控制，与萎凋室萎凋的要求相同。同时，可通过安装单色 LED 光源进行光补偿全天候萎凋，实现茶叶品质定向调控。

萎凋适度一般是指萎凋叶面萎软失去光泽，手握成团、松手散开，梗折不断，青气消退，清香或花香显露，萎凋叶含水量在 58%～62% 即可。通常，春茶和嫩叶掌握萎凋程度重些，夏秋茶和老叶掌握萎凋程度轻些，即"嫩叶萎凋重、老叶萎凋轻"的原则；判别方法基本采用俗称"一看二闻三摸"的经验和萎凋叶水分检测。研究发现，萎凋叶含水量低于 68% 时，随萎凋叶失水发酵叶内含酶活性明显降低，当达到重萎凋时，尽管萎凋叶内酶活性高但易和高浓度氧化的多酚发生不可逆的沉淀进而影响酶活性。因此，适度的轻萎凋有利于后续发酵 PPO 较高活性。

（二）揉捻

1. 揉捻方法与技术

目前，红茶揉捻均使用圆盘式揉捻机进行揉捻，且受投叶量、揉捻时间和加压等工艺条件影响。

（1）投叶量　不同型号揉捻机机械性能不同，根据揉捻叶机械组成和生产经验，春季一芽一叶至一芽二叶中小叶种鲜叶原料，当萎凋叶含水量在 60%±2% 时，对应各型号揉捻机的萎凋叶投量参数见表 3-1。

表 3-1　揉捻机型号及投叶量

揉捻机型号	30 型	40 型	45 型	55 型	65 型
每桶萎凋叶投量（kg）	6～9	12～15	20～25	30～35	50～55

注：大叶种、一芽三叶以上鲜叶原料可适当减少量。

投叶量的多少将影响揉捻叶细胞破碎程度和茶条卷紧程度，通常以自然填装至揉桶边沿为适度（亦可适当少量增加投叶量）。

（2）揉捻时间　揉捻时间按鲜叶原料老嫩程度有所差异，名茶原料 45～60 min，优质原料 60～90 min，大宗原料 90～120 min 为宜。

（3）揉捻压力　根据揉捻叶在揉桶中运动翻转成条的规律，一般采用"空压、轻压、中压、重压"的方法，加压应逐渐加重，不要突然加压，出料前嫩度较好的揉捻叶需松压，老叶不必，以免条索回松。加压轻重程度掌握"嫩叶轻压、老叶重压"，"轻萎凋轻压、重萎凋重压"的原则。揉捻过程采用循环加压方式进行。

2. 揉捻程度

揉捻程度的检测以细胞破坏率达 80% 以上，叶片 90% 以上成条，条索紧卷，茶汁外溢粘附于叶表面为宜。生产实践上主要采用感官检测和经验判断为主。值得注意的是，如揉捻不足，将会直接影响红茶后期发酵，使制成的毛茶滋味淡薄有青气，叶底花青。

（三）发酵

1. 发酵方法与技术

（1）传统发酵　发酵时采用竹篓、竹篮、竹筐等容器，将发酵叶装入其中，若温湿度低时需加盖湿布等保温保湿，一般茶堆厚度 40～50 cm，堆温过高（一般指超过 35℃）需翻拌茶叶。该方式基本由手工操作完成，简单方便，但无法控制发酵环境因子如叶温、湿度、通气（供氧）及大规模机械化、连续化生产。

（2）设施发酵。红茶发酵实质是茶多酚物质的氧化过程，需要适合的温度、湿度、氧气等环境条件。工夫红茶一般掌握气温以 24～26℃，叶温在 30℃为适宜，最高叶温不超过 38℃，相对湿度高的环境条件比相对湿度低时发酵质量更好，一般要求发酵环境的相对湿度在 85% 以上。为解决靠天吃饭的问题，在传统发酵方式基础上，将盛装发酵叶的竹篓、竹篮、竹筐等容器放入密闭空间如发酵室、发酵房中，并配置增温、增湿、排气设施，可实现对环境的设施化可控发酵。设施发酵是传统自然发酵的改进型，具有操作简便、投资少的特点，多数小型和微小型工夫红茶加工企业（户）均在使用。

（3）设备发酵　设备发酵是对传统发酵和设施发酵的提档升级，目前，常见的发酵设备有箱式发酵机、房式发酵机、连续自动化发酵机等设备。

箱式发酵机的基本结构为密闭箱内配置多层旋转架，架中放置盛装发酵叶筛盘，筛盘直径 100 cm、沿高 15 cm，底盘为 40～60 目筛网；房式发酵机的基本结构为外装 1 个卧式密闭房（室），内设百叶板或网带由链条传动，发酵叶均匀摊放于百叶板或网带上，摊叶厚度可调，可连续上叶下叶。两种设备均配置增温、增湿、排气和温湿度传感器等装置，房（室）外置控制面板，发酵时的环境因子参数基本可调控，适用于大中型红茶加工企业。但在这些发酵设备中茶叶处于一种静态发酵状态，易造成内部环境的温度、湿度不匀。此外，箱式发酵机若装叶厚度过高需手工翻拌，房式发酵机投入较高，目前单台价格多在 20 万元以上。

连续自动化发酵机是中国农业科学院茶叶研究所近年研发的一款新型的红茶发酵设备，基本结构采用透明材质圆筒，内设回转搅拌与柔性刮板，外置超声波雾化隧道加热系统、排气口和控制面板，具有发酵叶状态可视、发酵参数触屏操作、定时翻动、自动控制温湿度、自动进料出料、发酵全程状态可控等功能，还可选配在线视觉 / 嗅觉发酵品质监控系统等。该机可单机使用，也可 2 ～ 3 台 1 组进入连续自动化生产线中。80 型单台机每批次发酵时最大装机容量可达 150 ～ 200 kg 揉捻叶，换算为鲜叶达 300 ～ 400 kg，发酵时的环境温度 20 ～ 50℃、相对湿度高于 75% 可自动调控，出料时间小于 2 min，筒内氧浓度可保持在 20.5% ～ 21%，发酵时间的长短、翻动的次数间隔可调控，能耗低于 1.5 kW/h，其发酵品质均匀，发酵叶色泽统一性好，投入低，单台价格为 5 万～ 8 万元。

2. 发酵程度

发酵程度是控制红茶品质的关键因素。发酵过程中，叶色由青绿、黄绿、黄、黄红、红黄、红、紫红到暗红；香气则由青气、清香、花香、果香、熟香到逐渐低淡，直至出现发酵过度的酸气；叶温呈现低到高后降低的变化趋势。通常，发酵适度时表现为青草气消失，轻微出现一种新鲜的、清新的花果香味，叶色红匀，目测红变达 85% ～ 90%。在实际加工生产中，由于不能统一且快速地钝化酶活性，发酵程度一般掌握适度偏轻。目前，发酵程度主要由加工师傅"一看二闻三摸"的经验方法判断，因此，茶叶品质稳定性受加工经验、技术水平等主观因素影响很大。针对这一现状，有学者针对发酵过程在制品叶色、香气发生显著变化的特点，采用计算机图像技术，对工夫红茶发酵程度的判别方法进行研究，结果显示准确率已达到 90% 以上。

（四）干燥

1. 干燥的方法与技术

工夫红茶干燥方法多采用热风烘干（分为毛火、足火两次），个别产地使用锅炒炒干。烘干法常见烘笼烘焙和烘干机烘焙两种。烘笼为竹制，采用木炭加热，多用于名优工夫红茶和各地特色工夫红茶的干燥，烘茶品质高、香气好，但生产效率低、劳动强度大，不能大规模加工。而烘干机的形式多样，其原理都是利用加热的空气为介质，采用鼓风机使热气流进入烘箱或烘盘，热气流穿过叶层带走水分达到干燥目的。烘干技术工艺主要掌握温度、风量、烘干时间和摊叶厚度等。

（1）温度　热风烘焙时掌握"毛火高温、足火低温"原则。其中，打毛火时由于发酵叶含水量高，须采用较高温度破坏酶活性并迅速蒸发水分，减少长时间高温湿热作用的影响。若毛火温度过低，酶活性不能及时破坏，会让酶促氧化反应继续而导致发酵过度；毛火温度过高，水分蒸发过快，会造成干燥叶外干内湿，甚至外焦内湿，这时叶内会产生高温闷热现象，降低工夫红茶品质。而足火时在制品含水量已大大降低（多为25%左右），需采用低温烘焙发展和固定工夫红茶香气品质，若这时温度过高，容易产生高火、焦味。若采用自动烘干机其毛火进风口风温为120℃±10℃、足火进风口风温为90℃±10℃为宜，毛火与足火之间需摊晾回潮，待茶叶水分重新分布均匀后才能进入下一工序。

（2）风量　风量的控制主要是为了控制茶叶水分散失、温度积累及品质成分形成，由于毛火时茶叶含水量较高，足火时茶叶含水量相对较低，加之热风会造成香气损失，因此，通常毛火时风量较大，足火时适当降低风量。

（3）摊叶厚度　烘干时摊叶厚度需适当，在保证干燥品质的同时又要提高干燥效率和热能利用率。通常，毛火摊叶厚度以1 cm左右，足火可加厚至2 cm左右，不超过3 cm为宜，并掌握"毛火薄摊、足火厚摊""嫩叶薄摊、老叶厚摊""碎叶薄摊、粗叶厚摊"的原则。

2. 干燥程度

工夫红茶干燥一般要求毛火后在制品含水量掌握在20%±5%为宜，足火后的产品含水量应为4%～6%，不能超过7%。

二、红碎茶加工

我国红碎茶主要用于外销，目前，CTC制法仍在云南、海南、广东等地使用，转子机法在湖南、广东等地仍有部分使用，而传统制法与LTP制法已基本消失。红碎茶各种制法的初精制工序大体相同但各工序技术参数各有差异，初制工艺大致分为萎凋、揉切、发酵、干燥等4个步骤。

（一）萎凋

红碎茶各种制法对萎凋叶含水量要求不一样，但总体上要求适度轻萎凋。

通常情况下，CTC 制法对萎凋叶含水量要求为 65% ～ 70%，CTC 加 LTP 制法的萎叶含水量要求为 68% ～ 72%，转子制法对萎凋叶的含水量要求为 59% ～ 61%。尽管萎凋叶的含水量要求适度偏轻，但为了内含物质的转化和积累均需足够时间，通常萎凋时间不得少于 8 h。

（二）揉切

1. 揉切方法和技术

（1）传统揉切　传统制法是一种较为原始的制法，特别是采用揉捻机与圆盘式揉切机，先打条、后揉切。要求短时、重压、多次揉切、多次出茶。萎凋叶先在揉捻机上揉 30 ～ 40 min 后下机解块筛分，筛下茶直接发酵；筛上茶送圆盘式揉切机揉切，切后筛分，重复上述操作直到仅有少量茶头为止。揉切时，加压和松压交替，一般加压 5 ～ 8 min，减压 2 ～ 3 min。揉切次数和揉切时间长短视气温高低、叶质嫩度而定。

（2）转子机揉切　转子机揉切分转子机组揉切、揉捻机 + 转子揉切机揉切、揉捻机 + 揉切机 + 转子揉切机揉切 3 种。第 1 种方式是将萎凋叶直接放进转子揉切机切细；第 2 种是将萎凋叶先进行 20 ～ 30 min 揉捻，然后结块筛分，筛下茶直接进行发酵，筛上茶进入转子揉切机进行切细处理，重复上述操作直到仅有少量茶头为止；第 3 种方式是先进行 20 ～ 30 min 揉捻，然后用圆盘式揉切机揉切 10 ～ 20 min，然后下机筛分，筛下茶进入发酵工序，筛上茶进入转子揉切机反复多次切分直到仅有少量茶头为止。

（3）CTC 机揉切　该方法一般分为转子揉切机与三联 CTC 组合、LTP 与二次 CTC 组合两种方式。前者是将萎凋叶先用转子揉切机揉切后再进入 3 台联装 CTC 机进行深度揉切，揉切叶经解块打散后进入发酵工序；后者是将萎凋叶先进行 LTP 机锤切后再进入 2 台联装的 CTC 机进行揉切，然后下机解块后进入发酵工序。

2. 揉切适度

揉捻叶卷紧成条（成条率在 80% 以上），手握茶有茶汁从指缝中溢出，碎茶细胞破损率达 95% 以上。

3. 揉切环境

揉切环境要求低温（22 ～ 26℃）、高湿（相对湿度 85% 以上），宜选择在早、晚进行揉切，同时坚持快揉、快切、快分原则，且加工过程尽量保证茶叶不堆积聚热。

（三）发酵

通常采用发酵框（竹筐）等常规发酵设备其摊叶厚度 8 ～ 12 cm，输送带式发酵摊叶厚度 0.5 ～ 1 cm，发酵车式发酵摊叶厚度 45 ～ 60 cm，应注意茶叶的通风透气。发酵室温控制在 22 ～ 26℃、相对湿度高于 90%，发酵叶温不超过 30℃。发酵以发酵叶青草气基本消失、花果香显为适度。

（四）烘干

红碎茶干燥与工夫红茶干燥相似，采用热风烘干，分毛火、足火两次进行。一般毛火进风口温度 110 ～ 120℃为宜，摊叶厚度 1 ～ 2 cm，烘至茶叶含水量 20% 左右为宜；下机摊晾，足火进风口温度 100 ～ 110℃为宜，摊叶厚度 2 ～ 3 cm，烘至含水量 4% ～ 6% 为宜。

三、小种红茶加工

小种红茶是福建省特有的红茶类型，是我国红茶生产和出口历史最悠久的传统茶类。小种红茶香气高，微带松柏香味，茶汤呈深黄色，滋味浓而爽口，甘醇。小种红茶的制作工艺较复杂，分为初制工序和精制工序。小种红茶初制加工包括鲜叶萎凋—揉捻—发酵—过红锅—复揉—烟熏—复焙等 7 道工序，加工工艺较为特殊。精制工序包括定级归堆—毛茶大堆—走水焙—筛分—风选—拣制—烘焙—匀堆—装箱等 9 道工序。萎凋分为室内加温萎凋和日光萎凋两种，以室内加温萎凋为主，日光萎凋为辅。

（一）初制工序

茶青→萎凋→揉捻→发酵→过红锅→复揉→窨焙→复火→毛茶。

1. 萎凋

小种红茶的萎凋有日光萎凋与加温萎凋两种方法。桐木关一带在揉茶季节时雨水较多，晴天较少，一般都采用室内加温萎凋。加温萎凋都在初制茶厂的"青楼"进行。

"青楼"共有 2 ～ 3 层，只架设横档，上铺竹席，竹席上铺茶青；最底层用于薰焙经复揉过的茶坯，通过底层烟道与室外的柴灶相连。在灶外烧松材明火时，其热气进入底层，在焙干茶坯时，利用其余热使 2 ~ 3 楼的茶青加温而萎凋。

日光萎凋在晴天室外进行。其方法是在空地上铺上竹席，将鲜叶均匀撒在竹席上，在阳光作用下萎凋。

2. 揉捻

茶青适度萎凋后即可进行揉捻。早期的揉捻用人工揉至茶条紧卷，茶汗溢出。现均改用揉茶机进行。

3. 发酵

小种红茶采用热发酵的方法，将揉捻适度的茶坯置于竹篓内压紧，上盖布或厚布。茶坯在自身酶的作用下发酵，经过一定时间后当茶坯呈红褐色并带有清香味，即可取出过红锅。

4. 过红锅

小种红茶的特有工序，过红锅的作用在于停滞酶的作用，停止发酵，以保持小种红茶的香气甜纯，茶汤红，滋味浓厚。其方法是当铁锅温度达到要求时投入发酵叶，用双手翻炒。这项炒制技术要求较严，过长则失水过多容易产生焦叶，过短则达不到提高香气增浓滋味的目的。

5. 复揉

经炒锅后的茶坯，必须复揉使回松的茶条紧缩。方法是下锅后的茶即趁热放入揉茶机内，待茶条紧结即可。

6. 窨焙

将复揉后的茶坯抖散摊在竹筛上，放进"青楼"的底层吊架上，在室外灶堂烧松材明火，让热气导入"青楼"底层，茶坯在干燥的过程中不断吸附松香，使小种红茶带有独特的松脂香味。

7. 复火

烘干的茶叶经筛分拣去粗大叶片、粗老茶梗后，置于焙笼上，再用松柴烘焙，以增进小种红茶特殊的香味。

经过以上工序的茶叶便是正山小种红茶的初制毛茶。

（二）精制工序

定级归堆→毛茶大堆→（走水焙）→筛分→风选→拣剔→烘焙→干燥熏焙→匀堆→装箱→成品。

1. 定级分堆

毛茶进厂时便对毛茶按等级分堆存放，以便结合产地、季节、外形内质，及往年的拼配标准进行拼配。

2. 毛茶大堆

把定级分堆的毛茶按拼配的比例归堆，使茶品的质量保持一致。

3. 走水焙

在归堆的过程中，各路茶品含水率并不一致，部分茶叶还会返潮，或含水率偏高，需要进行烘焙，使含水率归于一致便于加工。

4. 筛分

通过筛制过程整理外形去掉梗片，保留符合同级外形的条索和净度的茶叶。小种红茶的筛制方法有平圆、抖筛、切断、捞筛、飘筛、风选等6种。小种红茶的加工筛路可分为本身、园身、轻身、碎茶、片茶等5路。

5. 风选

筛分后的茶叶再经过风扇，利用风力将片茶分离出去，留下等级内的茶。

6. 拣剔

把经风扇过风后仍吹不掉的茶梗、外形不合格的茶叶以及非茶类物质拣剔出来，使其外形整齐美观，符合同级净度要求，拣剔有机拣和手拣。一般先通过机械拣剔处理，尽量减轻手工的压力，再手工拣剔才能保证外形净度色泽要求，做到茶叶不含非茶类夹杂物，保证品质安全卫生。

7. 烘焙

经过筛分，风选工序以后的红茶会吸水，使茶叶含水率过高，需要再烘焙，使其含水率符合要求。

8. 干燥熏焙

生产烟正山小种红茶还需要在上述工序完成后加上一道松香熏制工序。成品的烟正山小种要求更加浓醇持久的松香味（桂圆干味），因此，在最后干燥烘焙过程中要增加松香窨工序，让在干燥的茶叶吸附。经窨焙的正山小种红茶有一般浓醇的松香味（桂圆干味），外形条索乌黑油润。

9. 匀堆

经筛制，拣剔后各路茶叶经烘焙或加烟足干形成的半成品，要按一定比例拼配小样，测水量，对照审评标准并作调整，使其外形、内质符合本级标准，之后再按小样比例进行匀堆。

10. 装箱

经匀堆后鉴定各项因子符合要求后，即将成品装箱完成红茶精制的整个过程。

第四章

青茶绿色高质高效生产技术模式

第一节 品种选择

青茶即乌龙茶，目前主要优质茶品种如下。

1. 春闺

灌木型，小叶类，迟芽种。福建省农业科学院茶叶研究所育成。2021 年通过农业农村部非主要农作物品种登记，编号 GPD 茶树（2021）350011。开采期一般为 5 月上旬，一芽二叶盛期一般在 4 月中旬。发芽密度高，茸毛中。产量较高。春茶一芽二叶干样约含茶多酚 17.8%、氨基酸 4.2%、咖啡碱 3.8%、水浸出物 41.4%，适制乌龙茶、绿茶。制闽南乌龙茶汤色蜜绿，香气花香显露，滋味清爽带花味，制绿茶汤色嫩绿，香气清高，滋味醇厚爽口。中抗茶炭疽病和小绿叶蝉，抗寒性和抗旱性中等。适宜在福建乌龙茶、绿茶种植区种植。因芽期迟，要注意防治茶假眼小绿叶蝉、螨类、茶丽纹象甲等为害。

2. 瑞香

灌木型，中叶类，迟芽种。福建省农业科学院茶叶研究所育成。2021 年通过农业农村部非主要农作物品种登记，编号 GPD 茶树（2021）350012。开采期一般为 5 月上旬、6 月下旬、8 月中旬、10 月上旬，一芽二叶盛期一般在 5 月上旬、6 月下旬、8 月中旬、10 月上旬。发芽密度高，茸毛少。产量高。春茶一芽二叶干样约含茶多酚 17.5%、氨基酸 3.9%、咖啡碱 3.7%、水浸出物 51.3%，适制乌龙茶、绿茶、红茶。制乌龙茶花香显，滋味醇厚有香；制绿茶汤色翠绿清澈，清香带花香，滋味醇、汤中有香；制红茶汤色红亮，甜香、花香明显，滋味醇厚。中抗茶小绿叶蝉、茶橙瘿螨和茶炭疽病，抗旱性、抗寒性中等。适宜在福建安溪、三明、武夷山茶区种植。

3. 九龙袍

灌木型，中叶类，迟芽种。福建省农业科学院茶叶研究所育成。2021 年通过农业农村部非主要农作物品种登记，编号 GPD 茶树（2021）350013。开采期一般为 5 月上旬、6 月下旬、8 月中旬、10 月上旬前后，一芽二叶盛期一般在 4 月中旬。发芽密度低，茸毛少。产量高。春茶一芽二叶干样约含茶多酚 35.48%、氨基酸 4.32%、咖啡碱 3.28%、水浸出物 46.49%。适制乌龙茶，外形重实，色乌润，香气浓长，花香显，滋味醇爽滑口，耐冲泡。中抗茶小绿叶蝉、象甲、茶毒蛾和炭疽病，抗寒与抗旱性中等。适宜在福建泉州、宁德茶区春、秋季种植。

4. 鸿雁 12 号

灌木型，中叶类，早生种。广东省农业科学院茶叶研究所育成。2010 年通过全国茶树品种鉴定委员会鉴定，编号国品鉴茶 2010020。芽叶生育力强，绿色带紫，茸毛少。春茶一芽二叶干样约含茶多酚 23.2%、氨基酸 2.1%、咖啡碱 3.5%、水浸出物 52.5%。产量较高。适制乌龙茶和红茶，品质优良。制乌龙茶，花香高长持久，滋味浓爽滑口，汤色黄绿明亮；制功夫红茶，色泽乌润，汤色红艳，滋味醇爽滑口，花蜜香高锐持久。抗寒、抗旱及抗小绿叶蝉能力强，扦插繁殖力强。广东英德、连平、开平、湛江等地分布较多，广西、湖南及福建等省（区）有少量引种。

5. 茗科 1 号

又名金观音，灌木型，中叶类，早生种。福建省农业科学院茶叶研究所育成。2002 年通过全国农作物品种审定委员会审定，编号国审茶 2002017。芽叶生育力强，发芽密且整齐，持嫩性较强，紫红色，茸毛少。春茶一芽二叶干样约含茶多酚 19%、氨基酸 4.4%、咖啡碱 3.8%、水浸出物 45.6%。产量高。适制乌龙茶、绿茶。制乌龙茶，香气馥郁悠长，滋味醇厚回甘，"韵味"显，具有铁观音的香味特征，制优率高。对小绿叶蝉的抗性较强，易感红锈藻病。适应性强。扦插繁殖力强，成活率高。适合我国乌龙茶区种植。

6. 黄玫瑰

小乔木型，中叶类，早生种。福建省农业科学院茶叶研究所育成。2010

年通过全国茶树品种鉴定委员会鉴定，编号国品鉴茶 2010025。芽叶生育力强，发芽密，持嫩性较强，黄绿色，茸毛少。春茶一芽二叶干样约含茶多酚15.9%、氨基酸4.2%、咖啡碱3.3%、水浸出物49.6%。产量高，每亩产乌龙茶干茶 200 kg。适制乌龙茶、绿茶、红茶。制乌龙茶香气馥郁高爽，滋味醇厚回甘，制优率高，制绿茶、红茶，香高爽，味鲜醇。对小绿叶蝉的抗性较强，对茶橙瘿螨的抗性弱，中感轮斑病、红锈藻病、赤叶斑病。抗旱、抗寒性强。扦插繁殖力强，种植成活率高。适合于乌龙茶区和江南红茶、绿茶区种植。

7. 金牡丹

灌木型，中叶类，早生种。福建省农业科学院茶叶研究所育成。2010 年通过全国茶树品种鉴定委员会鉴定，编号国品鉴茶 2010024。芽叶生育力强，持嫩性强，紫绿色，茸毛少。春茶一芽二叶干样约含茶多酚 18.6%、氨基酸3.7%、咖啡碱3.6%、水浸出物49.6%。产量高，每亩产乌龙茶干茶 150 kg 以上。适制乌龙茶、绿茶、红茶，品质优，制优率高。制乌龙茶，香气馥郁芬芳，滋味醇厚甘爽，"韵味"显，具有铁观音的香味特征；制红茶、绿茶，花香显，味醇厚。较抗小绿叶蝉、茶橙瘿螨，见有赤叶斑病、轮斑病、云纹叶枯病及较严重的红锈藻病。抗旱、抗寒性较强，扦插繁殖力强，种植成活率高。适宜在福建、广东、广西、湖南及相似茶区栽培。

8. 鸿雁 1 号

灌木型，中叶类，早生种。广东省农业科学院茶叶所选育而成。2010 年通过全国农业技术推广服务中心和全国茶树品种鉴定委员会鉴定，编号国品鉴茶2020022。2019 年又通过农业农村部非主要农作物品种登记，编号 GPD 茶树（2019）520004。芽叶生育力强，绿色带紫，茸毛少。产量高。春茶一芽二叶干样约含茶多酚34.58%、氨基酸2.11%、咖啡碱3.89%、水浸出物46.84%。适制乌龙茶，外形绿润显干香，花香浓郁持久，味浓爽，汤色绿黄明亮，叶底嫩匀。中抗茶炭疽病，感茶小绿叶蝉。抗寒性和抗旱性较强。适宜广东、广西、湖南、福建等茶区种植。

9. 白芽奇兰

灌木型，中叶类，晚生种。由福建省平和县农业局茶叶站和崎岭乡彭溪茶场于1981—1995 年从当地群体中采用单株育种法育成。福建及广东东部乌龙茶茶区有栽培。1996 年通过福建省农作物品种审定委员会审定，编号闽审茶1996001。芽叶生育力强，发芽较密，持嫩性强，黄白绿色，茸毛尚多，一芽三叶百芽重 139 g。春茶一芽二叶干样约含茶多酚 16.4%、氨基酸 3.6%、咖啡碱 3.9%、水浸出物 48.2%。产量较高，每亩产乌龙茶 130 kg 以上。适制乌龙茶、红茶。制乌龙茶，色泽褐绿润，香气清高细长，似兰花香，滋味醇厚甘鲜。抗旱性与抗寒性强。扦插繁殖力强，成活率高。

10. 大红袍

灌木型，中叶类，晚生种。武夷传统五大珍贵名丛之一，来源于武夷山风景区天心岩九龙窠岩壁上母树，在福建武夷山茶区有较大面积种植应用。由武夷山市茶业局选育而成，2012 年通过福建省农作物品种审定委员会审定，编号闽审茶 2012002。芽叶生育能力较强，发芽较密、整齐，持嫩性强，淡绿色，茸毛较多，一芽二叶百芽重 80 g。春茶一芽二叶干样约含茶多酚 17.1%、氨基酸 5%、咖啡碱 3.5%、水浸出物 51%。产量中等，每亩产乌龙茶 100 kg 以上。适制闽北乌龙茶，品质优。制乌龙茶，外形条索紧结、色泽乌润、匀整、洁净，内质香气浓长，滋味醇厚、回甘、较滑爽，汤色深橙黄，叶底软亮、朱沙色明显。抗旱、抗寒性较强。扦插繁殖力强，成活率高。

11. 佛手

灌木型，大叶类，中生种。有红芽佛手和绿芽佛手之分，主栽品种为红芽佛手。原产于虎邱镇金榜骑虎岩。已有 100 多年栽培史。主要分布在福建南部、北部乌龙茶茶区。福建其他茶区有较大面积栽培，台湾、广东、浙江、江西、湖南等省有引种，邻国日本亦有引种。1985 年通过福建省农作物品种审定委员会审定，编号闽认茶 1985014。芽叶生育力较强，发芽较稀，持嫩性强，绿带紫红色（绿芽佛手为淡绿色），肥壮，茸毛较少，一芽三叶百芽重 147 g。春茶一芽二叶干样约含茶多酚 16.2%、氨基酸 3.1%、咖啡碱 3.1%、水浸出物 49%。产量高，每亩产乌龙茶 150 kg 以上。适制乌龙茶、红茶，品质优良。制乌龙茶，条索肥壮重实，色泽褐黄绿润，香气清高悠长，似雪梨或香橼香，滋味浓醇甘鲜。抗旱、抗寒性较强。扦插繁殖力较强，成活率较高。

12. 肉桂

灌木型，中叶类，晚生种。原为武夷名丛之一。原产福建省武夷山马枕峰（慧苑岩亦有与此齐名之树），已有 100 多年栽培史。主要分布在福建武夷山内山（岩山）。福建北部、中部、南部乌龙茶茶区有大面积栽培，广东等省有引种。1985 年通过福建省农作物品种审定委员会审定，编号闽审茶 1985001。芽叶生长势强，发芽较密，持嫩性强，紫绿色，茸毛少，一芽三叶百芽重 53 g。

春茶一芽二叶干样约含茶多酚 17.7%、氨基酸 3.8%、咖啡碱 3.1%、水浸出物 52.3%。产量高,每亩产乌龙茶 150 kg 以上。适制乌龙茶,香气浓郁辛锐似桂皮香,滋味醇厚甘爽,"岩韵"显,品质独特。抗旱、抗寒性强。扦插繁殖力强,成活率高。

13. 紫玫瑰

曾用名银观音。灌木型,中叶类,中生种。福建省农业科学院茶叶研究所 1978—2004 年以铁观音为母本,黄棪为父本,采用杂交育种法育成。为"九五"国家科技攻关优质资源。2005 年通过福建省农作物品种审定委员会审定,编号闽审茶 2005003。芽叶生育力强,发芽密,持嫩性强,紫绿色,茸毛少,一芽三叶百芽重 62 g。春茶一芽二叶干样约含茶多酚 16.3%、氨基酸 6.2%、咖啡碱 3.1%、水浸出物 48.4%。产量高,每亩产乌龙茶可达 200 kg。适制乌龙茶、绿茶,品质优异,制优率高。制乌龙茶,品质优异,条索紧结重实,香气馥郁悠长,味醇厚回甘,"韵味"显,具铁观音的品质特征。抗旱、抗寒能力强。扦插繁殖力强,种植成活率高。

14. 凤凰八仙单丛

又名八仙过海。小乔木型,中叶类,中生种。为凤凰单丛花蜜香型珍贵名丛之一,由 1 株宋代老名丛压条繁育而成,因只存活 8 株,并在乌岽山上形成"八仙过海"状,故名"八仙过海"。广东省农业科学院茶叶研究所、广东省农业厅经作处和凤凰镇人民政府从凤凰单丛古茶树中系统选育。原产广东省潮州市潮安县凤凰茶区,现存的 8 株第二代名丛,距今已有 300 多年历史,主要分布在 600 m 以上的凤凰茶区。2009 年通过广东省农作物品种审定委员会审定,编号粤审茶 2009001。芽叶生育力较强,黄绿色,茸毛少,一芽三叶百芽重 110 g。春茶一芽二叶蒸青样约含茶多酚 17.5%、氨基酸 3.7%、咖啡碱 3%、水浸出物 47.5%。产量高,幼龄茶园每亩产干茶 150 kg。适制乌龙茶,芝兰花香高锐浓郁,滋味醇爽,韵味明显,回甘力强。抗寒性强,扦插繁殖力中等。

15. 凤凰单丛

小乔木型,中叶类,早生至晚生种。由广东省潮州市潮安县凤凰镇农民从凤凰水仙群体中采用单株育种法育成。以树型、形态、香味命名的 80 个品系,均为单株繁殖,单株采制,统称为凤凰单丛。广东东部、北部、西部均有较大面积栽培。1988 年通过广东省农作物品种审定委员会审定,编号粤审茶 1988006。芽叶生育力较强,黄绿色,茸毛少,一芽三叶百芽重 121 g。春茶一芽二叶干样约含茶多酚 21.9%、氨基酸 2.5%、咖啡碱 3.5%、水浸出物 51.8%，富含芳香类化合物。产量较高，幼龄茶园每亩产干茶 100 kg。适制乌龙茶、红茶和绿茶。制乌龙茶，花蜜香浓郁持久，滋味浓醇甘爽，汤色橙黄明亮。抗寒性强，扦插繁殖力强。

16. 乌叶单丛

小乔木型，中叶类，中生种。广东省农业科学院茶叶研究所和凤凰镇人民政府从潮安县凤凰镇凤凰水仙群体茶树群落自然变异株中系统选育而成。原产广东省潮安县。广东东部茶区有较大面积栽培。2012 年通过广东省农作物品种审定委员会审定，编号粤审茶 2013001。芽叶黄绿色，茸毛少，一芽三叶百芽重 110 g。一芽二叶蒸青样约含茶多酚 17.8%、氨基酸 4.4%、咖啡碱 3.4%、水浸出物 49.7%。每亩可采一芽二叶初展鲜叶 334.5 kg。适制高档乌龙茶和红茶。制乌龙茶，外形条索紧直匀整，色泽乌褐油润，有光泽，香气高锐持久，栀子花香明显，滋味浓醇鲜爽，回甘强，蜜韵明显，汤色金黄明亮、清澈，叶底匀整软亮，带红镶边。抗逆、抗虫性强，遗传性状稳定。

17. 黄棪

又名黄金桂、黄旦。小乔木型，中叶类，早生种。原产福建省安溪县虎邱镇罗岩美庄，已有 100 多年栽培史。主要分布在福建南部。福建、广东、江西、浙江、江苏、安徽、湖北、四川等省（区）有较大面积引种。1985 年通过全国农作物品种审定委员会认定，编号 GS13008-1985。芽叶生育力强，发芽密，持嫩性较强，黄绿色，茸毛较少，一芽三叶百芽重 59 g。春茶一芽二叶干样约含茶多酚 16.2%、氨基酸 3.5%、咖啡碱 3.6%、水浸出物 48%。产量高，每亩产乌龙茶干茶 150 kg 左右。适制乌龙茶、绿茶、红茶。制作乌龙茶香气馥郁芬芳，俗称"透天香"，滋味醇厚甘爽。抗旱、抗寒性较强。扦插与定植成活率较高。

18. 福建水仙

又名水吉水仙、武夷水仙。小乔木型，大叶类，晚生种。原产于福建省建阳市小湖乡大湖村。已有 100 多年栽培史。主要分布于福建北部、南部。20 世纪 60 年代后，福建、台湾、广东、浙江、江西、安徽、湖南、四川等省（区）有引种。1985 年通过全国农作物品种审定委员会认定，编号 GS13009-1985。芽叶生育力较强，发芽密度稀，持嫩性较强，淡绿色，较肥壮，茸毛较多，节间长，一芽三叶百芽重 112 g。春茶一芽二叶干样约含茶多酚 17.6%、氨基酸 3.3%、咖啡碱 4%、水浸出物 50.5%。产量较高，每亩产乌龙茶 150 kg。适制乌龙茶、红茶、绿茶、白茶。制作乌龙茶色翠润，条索肥壮，香高长似兰花香，味醇厚，回味甘爽。抗寒、抗旱能力较强，适应性较强。扦插与定植成活率高。

19. 本山

灌木型，中叶类，中生种，有长叶本山和圆叶本山之分，原产安溪县西坪镇尧阳南岩，主要分布在福建南部、中部乌龙茶茶区。为安溪县主栽品种之一，各乡镇均有种植，主要分布于西坪、虎邱、芦田、龙涓、蓬莱、剑斗等乡镇。1985年通过全国农作物品种审定委员会认定，编号GS13010-1985。芽叶生育力较强，发芽较密，持嫩性较强，淡绿带紫红色，茸毛少，一芽三叶百芽重44 g。春茶一芽二叶干样约含茶多酚14.5%、氨基酸4.1%、咖啡碱3.4%、水浸出物48.7%。产量较高，每亩产乌龙茶干茶100 kg以上。适制乌龙茶、绿茶。制作乌龙茶条索紧结，枝骨细，色泽褐绿润，香气浓郁高长，似桂花香，滋味醇厚鲜爽，品质优者有"观音韵"，近似铁观音的香味特征。抗旱性强，抗寒性较强。扦插繁殖力强，成活率高。

20. 大叶乌龙

又名大叶乌、大脚乌。灌木型，中叶类，中生种。原产福建省安溪县长坑乡珊屏田中，已有100多年栽培史。主要分布在福建南部、北部乌龙茶茶区，台湾、广东、江西等省（区）有引种。1985年通过全国农作物品种审定委员会认定，编号GS13011-1985。芽叶生育力较强，持嫩性较强，节间较短，绿色，茸毛少，一芽三叶百芽重75 g。春茶一芽二叶干样约含茶多酚17.5%、氨基酸4.2%、咖啡碱3.4%、水浸出物48.3%。产量较高，每亩产乌龙茶130 kg以上。适制乌龙茶、绿茶、红茶。制作乌龙茶，色泽乌绿润，香气高，似栀子花香味，滋味清醇甘鲜。抗旱性强，抗寒性较强。扦插繁殖力强，成活率高。

21. 岭头单丛

又名白叶单丛、铺埔单丛。小乔木型，中叶类，早生种。由广东省潮州市饶平县坪溪镇岭头村农民和市（县）科技人员从凤凰水仙群体中采用单株育种法育成。广西、湖南、福建等省有少量引种。2002年通过全国农作物品种审定委员会审定，编号国审茶2002002。芽叶生育力较强，黄绿色，茸毛少，一芽三叶百芽重121 g。春茶一芽二叶蒸青样约含茶多酚22.4%、氨基酸3.9%、咖啡碱2.7%、水浸出物56.7%。产量高，每亩可产干茶150 kg。适制乌龙茶、红茶和绿茶。制乌龙茶花蜜香浓郁持久，有"微花浓蜜"特韵，滋味醇爽回甘，汤色橙黄明亮。抗寒性强，扦插繁殖力强。

22. 黄观音

又名茗科 2 号。无性系，小乔木型，中叶类，早生种。由福建省农业科学院茶叶研究所于 1977—1997 年以铁观音为母本、黄棪为父本，采用杂交育种法育成。在福建、广东、云南、海南、广西、湖南、江西等茶区有种植。2002 年通过全国农作物品种审定委员会审定，编号国审茶 2002015。芽叶生育力强，发芽密，持嫩性较强，新梢黄绿带微紫色，茸毛少，一芽三叶百芽重 58 g。春茶一芽二叶干样约含茶多酚 19.4%、氨基酸 4.8%、咖啡碱 3.4%、水浸出物 48.4%。产量高，每亩产乌龙茶干茶 200 kg 以上。适制乌龙茶、红茶、绿茶。制乌龙茶，香气馥郁芬芳，具有"通天香"的香气特征，滋味醇厚甘爽，制优率高。抗寒、抗旱性强。扦插繁殖力特强，种植成活率高。

23. 丹桂

灌木型，中叶类，早生种。由福建省农业科学院茶叶研究所于 1979—1997 年从肉桂自然杂交后代中采用单株育种法育成。福建乌龙茶茶区及浙江、广东、海南等茶区有栽培。2010 年通过全国茶树品种鉴定委员会鉴定，编号国品鉴茶 2010015。芽叶生育力强，发芽密，持嫩性强，黄绿色，茸毛少，一芽三叶百芽重 66 g。春茶一芽二叶干样约含茶多酚 17.7%、氨基酸 3.3%、咖啡碱 3.2%、水浸出物 49.9%。产量高，每亩产乌龙茶 200 kg 以上。适制乌龙茶、绿茶、红茶。制乌龙茶香气清香持久、有花香，滋味清爽带鲜、回甘。耐贫瘠，抗病虫害能力强，抗旱与抗寒性强。扦插繁殖力强，成活率高。

24. 紫牡丹

曾用名紫观音。无性系，灌木型，中叶类，中生种。福建省农业科学院茶叶研究所于 1981—2005 年从铁观音的自然杂交后代中采用单株选种法育成。被评为"九五"国家科技攻关农作物优异种质，被列为福建农业"五新"品种。2010 年通过全国茶树品种鉴定委员会鉴定，编号国品鉴茶 2010026。芽叶生育力强，持嫩性较强，紫红色，茸毛少，一芽三叶百芽重 54 g。春茶一芽二叶干样约含茶多酚 18.4%、氨基酸 5%、咖啡碱 4.3%、水浸出物 48.6%。产量高，每亩产乌龙茶干茶 150 kg 以上。制乌龙茶条索紧结重实，色泽乌褐绿润，香气馥郁鲜爽，滋味醇厚甘甜，"韵"味显，具有铁观音的香味特征，制优率高于铁观音。抗寒、抗旱能力强。扦插繁殖力强，成活率高。

第二节　青茶种植

一、青茶茶园环境和种植

我国青茶（乌龙茶）产区主要有福建、广东和台湾，年产量约 28 万 t（不含台湾），约占全国茶叶总产量的 10%。福建乌龙茶年产量约 23 万 t，主要分为闽南乌龙茶产区和闽北乌龙茶产区；广东乌龙茶年产量约 5 万 t，主要集中在粤东的潮州及周边市（县）。福建闽南和广东产区属高温、强日照的南亚热带季风气候，福建闽北产区属较典型的亚热带气候，茶园光、热、水资源丰富。福建乌龙茶产区河谷盆地和山地丘陵相互交错，形成了独特的微域气候，造就了同一县域因不同海拔高度及地形地貌差异而致所产茶叶不同的品质。如闽南乌龙茶区的安溪铁观音品质素有内安溪（北线，海拔 500 m 及以上茶区）和外安溪（南线，海拔 250 m 及以下低山丘陵茶区）之别，内安溪的铁观音品质一般比外安溪的好；闽北乌龙茶区的武夷岩茶，也分为正岩茶（产于武夷山中心地带的峰峦岩壑间）、半岩茶（产于碧石、青狮等岩的茶园）和洲茶（产于溪沿洲地茶园），茶叶品质总体是正岩茶优于半岩茶，半岩茶优于洲茶。

乌龙茶优异品质的形成对气候和环境有较高的要求。一是雨量较充沛，云雾多，空气湿度大，漫射光丰富，蓝、紫光比重增加，有利于茶树体内氮的代谢，鲜叶中氨基酸和含氮芳香物质含量相对较高，茶多酚含量相对较低。二是昼夜温差大，新梢生长速度较缓慢，同化产物积累多，芽叶肥壮，持嫩性增强。三是生态条件相对优越，一般附近森林茂密，园地生态和水土保持良好，生物多样性指数高，土壤腐殖质含量高、肥力足，茶树生长势相对旺盛，体内营养物质贮备多，有效成分含量高。从乌龙茶产区现有生产状况看，生态栽培技术就是努力为茶树生长发育营造良好的环境条件，提供适宜的栽培技术措施，以最大限度实现茶树优质高效的栽培目标。

（一）园区规划与建设

1. 路网优化

根据茶园面积和地形地势，新建或改建茶园主干道、支道和步道。改造建设园内机耕机采等机耕便道和人员操作道。机耕、机采（含双人、单人机械采茶机和单人电动采茶机）作业茶园，以 5 亩左右为一个地块单元，在茶园地块四周建设宽度 1.5～2 m 的支道，以便机械通行与肥料、鲜叶等运输；操作道以便于机械操作为原则进行修建，横向条栽机采茶园每隔 40 m 左右修建 1 条宽 80 cm 的操作道，机耕机采茶园内操作通道则是对茶行进行修边，保证行间距 40～50 cm，便于机械操作行走。

2. 水利系统

茶园与森林或荒地交界处应设置疏水隔离沟，沟深 50 cm、宽 60 cm，沟壁倾斜 60°。主干道和支道内侧建排水沟，沟深 20 cm、宽 20～30 cm。

茶园坡度大于 10° 的须构筑等高梯级，外埂内沟，梯面内倾。在茶园内侧建长 100～200 cm、宽 20～30 cm、深 10～20 cm 的竹节沟，每个竹节沟间隔 2～3 m。达到小雨、中雨不出园，大雨不冲刷。

根据茶园面积和水源地情况，在茶园上方或排水沟的出口处等适当位置建设蓄水（灌溉）池，每 30～45 亩茶园建设 1 个 4～6 m³ 的蓄水池，其中，集雨蓄水（灌溉）池要建小滤沙池。每公顷建造 1～2 个蓄积坑，容量 10～50 m³，蓄积坑可结合沤肥池，沤肥池需做好防臭措施。有条件的还应设灌溉设施，做到涝时能排，旱时能灌。灌溉设施配套建设的输水、引水和灌溉管道埋设以不妨碍耕作机械等作业为准。

3. 生态建设

乌龙茶区以山地丘陵为主，特别是坡度大的茶园应以水土保持为中心，实行山、水、林、园、路统筹规划，沟沟相通，排蓄兼顾。山地茶园开设环山缓坡路，路面种草，路旁设沟种树，周围造林，营造适于茶树生长发育的良性生态环境。

（1）种植行道树　茶园机耕道两旁种植行道观赏树，茶园内空闲地、陡坡退茶地适当种植景观类植物，树种宜落叶树和常绿、乔木和灌木相结合。福建乌龙茶区可种植银杏、高山含笑、山樱花、桂花、紫薇、山茶、杨梅、柿等；广东乌龙茶区可种植乔木类（山樱花、玉兰、红山茶、羊蹄甲、风铃木、凤凰木、紫薇等）、灌木类（茶梅、茶花、红花檵木、映山红、扶桑、木槿、栀子花等）、草本类（蔓花生、一串红、萱草、太阳花、马齿牡丹、鸡冠花、葱兰等）、藤本类（紫藤、禾雀花、金银花、龙吐珠、珊瑚藤、炮仗花等），海拔和纬度低，树种树冠覆盖度大的，种植密度可低些，反之，可适当密些，但一般不超过 10 株／亩。

（2）防护林和遮阴树　在山脊、风口或茶园上方应设置防护林带，宽度5～10 m，以植株高大，抗风力强，生长快，与茶树无共同病虫害的树种如松树、檫树、乌桕、苦楝、杉树、榆树、合欢、香樟、女贞、油茶、紫穗槐等。

广东乌龙茶区生产茶园内种植遮阴树以 8～15 株 /hm² 为宜，宜选择树体高大、根系深、分枝部位较高、秋冬季落叶、与茶树无共同病虫害的品种，如合欢、托叶楹、南洋楹、台湾相思、五角枫、乌桕、楝树、泡桐、马尾松等。

（3）梯壁留草护坡　茶园梯壁留草护坡，即锄去恶性杂草，保留非恶性杂草。当杂草影响茶叶生产时，采用割草机割草并将所割杂草返回茶园覆盖，必要时（梯壁园土裸露时）种草（白三叶、百喜草、圆叶决明、黄花菜等），茶园梯壁以不露土为宜。避免用锄头挖梯坎、梯壁，全面禁用除草剂。

（4）茶园套种绿肥　幼龄、台刈茶园茶行间及周边间作黄豆、圆叶决明、爬地兰、平托花生等绿肥或植草，或套种百日菊、金丝黄菊、万寿菊、紫花苜蓿等进行茶园"花化"，亩种植百日菊等种子 0.5 kg 左右，或在夏至前后用草覆盖于茶树行间，厚度 3 cm 左右。茶园封行后，行间不再种植豆科绿肥和观花植物等。

闽南茶区茶园套种绿肥，以夏季绿肥为主；闽北高海拔茶园，可搭配种植紫云英、光叶紫花苕等冬季绿肥。广东乌龙茶区夏绿肥可选用如茶肥 1 号、圆叶决明、乌豇豆、印度豇豆、大叶猪屎豆、饭豆、田菁等，冬绿肥可选用毛叶苕子、光叶苕子、满园花、紫云英、黄花苜蓿、黑麦草、箭筈豌豆等（表 4-1）。

表 4-1　适宜广东乌龙茶区茶园种植的绿肥品种

夏季绿肥	种植时间	冬季绿肥	种植时间
茶肥 1 号	4 月下旬至 5 月中旬	毛叶苕子	10 月中下旬
圆叶决明	5 月上中旬	光叶苕子	10 月中下旬
乌豇豆	4 月下旬至 5 月上旬	满园花	10 月中下旬
印度豇豆	5 月中旬	紫云英	10 月中下旬
大叶猪屎豆	5 月上中旬	黄花苜蓿	10 月上旬
饭豆	4 月下旬至五月上旬	黑麦草	9 月下旬
田菁	4 月下旬至五月中旬	箭筈豌豆	10 月中下旬

（二）青茶树冠培育

乌龙茶的生产因品种与采摘标准有别于其他茶类，其培育树冠的修剪方式方法有一定的差异。

1. 幼龄茶树

大多实行定型修剪结合打顶的方式培养树冠。乌龙茶区常采取幼树定剪 3 次，定剪高度 15～20 cm（离地面）、15～20 cm（离上次剪口）、10～15 cm（离上次剪口）。第一次定剪高度需按生产实际把握，分枝部位较高的小乔木型茶树如"福建水仙"应剪高些，灌木型品种如"铁观音"分枝部位较低可剪低些，土壤肥力低的或茶苗长势弱的也可剪低些。具体做法是剪主枝培养骨干枝，留养侧枝同时配合打顶，增加侧枝和分枝，扩大树冠。也有对幼年期茶树全部以采（采大养小、采高留低，打顶护侧）代剪进行树冠培养的，定植后 1 年幼树长高达 30 cm 以上时，在早春采去 25 cm 以上的顶梢和较长侧梢，以后在当年生长期内对各轮新梢在原有基础上提高 5～8 cm 连续反复进行，全年树冠提高 20～25 cm。

2. 成年期茶树

初投产茶园宜以养为主，以采为辅。即留下新梢茎部全部真叶和鱼叶，或留二叶的采摘法，以促进分枝、扩大树冠面。成年期树冠管理宜采养结合，即采高养低、采面养底、采密养稀、采中养侧的培育办法。特别是肥培管理条件一般的茶园，有利于以叶养树，培养树冠。

开采期茶树的修剪大多采用抽枝修剪为主，即壮枝重剪、弱枝轻剪或不剪、密枝多剪、疏枝少剪。其目的是抑制顶端优势，促进侧枝生长，或疏去细弱枝，培养骨干枝，引导茶树体内营养物质合理调整和分配，利于树冠结构的形成。具体修剪因品种、肥管、树龄、树势和枝条分布的不同而异。对福建水仙、黄棪、梅占、黄观音、凤凰单丛、岭头单丛等小乔木型品种宜采用压强扶弱抽枝修剪以控制高度，扩大树幅；对铁观音、本山、佛手等披张型品种应抽剪中心枝，以促进侧枝生长，使枝叶茂盛；对金观音（茗科 1 号）、肉桂、白芽奇兰、大红袍、大叶乌龙等小灌木型品种则适当疏枝，抽剪树冠下部细弱枝以培养骨干枝；对分枝结构紊乱、长期滥采造成结节枝密集于冠面的茶树，可采用平剪结合抽枝剪，通过水平剪除结节枝，再进行树丛内修剪，密集处多剪，空虚处可采取疏剪、剔枝、短截等方法。

不同树龄、树势的茶树宜采取不同的剪法。对肥水管理正常的旺采期茶树，通常采用压强扶弱的抽枝剪；对开采初期肥管条件好，树势旺盛，或高生长能力特强的则削弱其顶端优势，采取强枝、主干枝深剪，弱枝、侧枝浅剪或不剪的方法。一般强枝的修剪高度要比弱枝降低 10 cm 左右。

抽枝剪的时期以春茶前后为宜，也可在每个茶季采后分别进行。同时根据冠面情况在茶季采后结合进行树冠表面轻修剪，可提高芽叶质量、减少茶树开花结果。

3. 老龄期茶树

当茶树萌芽能力明显减弱且芽叶细小、"鸡爪"枝密集时通常采取重修剪结合留养的方法，同时配合进行翻耕、培土和增加施肥以重新培养强壮树冠。具体修剪方法因品种、树龄、树势而异，直立或半直立型品种如梅占、毛蟹、福建水仙等树龄老而树势衰退的采取重修剪结合留养。披张型品种如铁观音、本山、佛手等，因幼树早采少留养或缺肥少管而造成未老先衰的，则宜采取深修剪、抽枝剪结合留养为宜。

4. 机采茶园修剪

根据树龄、树势和衰老程度，采取科学的定剪、轻修剪、深修剪、重修剪和台刈等技术措施进行树冠改造，避免过度修剪。手采茶园改造机采茶园可采用配套的机械轻修剪（单人或双人修剪机）、行间修边，留操作道 20～30 cm，单条茶行长度控制在 40 m 以内。机采茶园树冠控制在 80 cm 以下，绿叶层保持在 20 cm 以上。

二、低效茶园改造

乌龙茶区现有的低效茶园主要是因栽培措施不力引起的，属于环境胁迫型。现以铁观音（灌木型，中叶类，乌龙茶区种植面积最大，约 100 万亩）和福建水仙（小乔木型，大叶类，乌龙茶区种植面积第二，约 30 万亩）两个具代表性的乌龙茶茶树品种为例，简要介绍低效茶园的改造技术。

（一）铁观音矮化密植茶园改造

20 世纪 90 年代，清香型铁观音茶深受市场追捧，种植面积在福建乌龙茶区迅速扩大，为追求快速投产多采取矮化密植。但铁观音茶树树姿披张，枝条斜生，易开花结实，根系较不发达且受伤后不易愈合，并不适宜矮化密植。一是密植后不能中耕翻土，茶树根系浅且易衰老，吸收功能较弱，抗逆性下降。二是群体通风性差，易发生病虫害为害等。三是投产后 5～6 年，茶树开始出现衰老，大量枯枝落叶，芽叶瘦小，叶质薄，持嫩性差，产量低，品质下降（尤其影响滋味的浓厚和韵味）。

1. 合理稀植

春茶结束后根据茶园立地条件，依行距 150～180 cm、株距 33 cm 左右按照"去弱留强、去劣留良"的原则，挖除种植密度大的茶树。

2. 深耕改土

深耕结合施用有机肥，茶树挖除后同时深耕 35 cm 以上，亩施腐熟饼肥（菜籽饼、豆饼等）180～200 kg，加三元复合肥 30～40 kg，覆土后茶行间铺草覆盖，以提高土壤畜水性和通气性，促进主根向下伸长和侧根的形成，增强茶树吸水吸肥能力。

3. "一基两追"施肥法

基肥不仅量要大，还要做到"早、深、好"。基肥用量为全年用量的 60%（可亩施用茶树专用配方肥 60 kg），在秋季茶结束后 10 月中下旬，于上坡位置或茶行内侧开深 15～20 cm 沟施肥；以不断提高茶树对养分的吸收与积累，有效改良土壤，增强茶树抗寒力。追肥在春季茶前 40 d、秋季茶前 25 d 进行，施用茶树专用配方肥各 20 kg，开沟深 5～10 cm，或撒施后机械旋耕，耕作深度 5～10 cm。

4. 合理留高

改造后的 2～3 个生长季节应以养蓬为主，以采代剪，逐步提升茶树高度（以 70～80 cm 为宜），同时按要求培养新的采摘树冠。

（二）福建水仙低产茶园改造

福建闽北、闽南茶区均有大面积种植，因其叶梗梢壮、节间长，叶张肥厚、表皮层较薄又易损伤红变（不耐摇青）的种性特征，在幼树定植时多数茶农选择较少施用底肥，生产茶园大多施肥不足且年仅施 1 次，特别是老茶园甚至不施肥。也有部分福建水仙茶园由于管理不善，土薄根露、树冠叶层薄、病虫为害重而产量低、品质差。

1. 深耕改土

福建水仙茶树根系较发达，耕作的次数和深度应比其他茶树品种要多且深些。通常隔年进行 1 次深耕，每年还应结合除草、追肥进行 3～4 次浅耕或中耕，以改善土壤耕作层，增加土壤通透性和蓄水保肥能力。浅耕培土安排在非产茶季节进行，浅耕后应将耕锄下来的杂草等覆盖表土上。

深耕结合施用有机肥，特别是土层浅薄的茶园要深耕 40 ～ 50 cm，亩施腐熟饼肥（菜籽饼、豆饼等）180 ～ 200 kg 加三元复合肥 30 ～ 40 kg，复土后茶行间铺草覆盖，以促进根系往地下伸长和侧根的形成，提高茶树吸水吸肥能力，达到"根深叶茂"。

2. 肥培管理

基肥不仅量要大，还应做到"早、深、好"。基肥用量为全年用量的 70%（可亩施用茶树专用配方肥 70 kg），在秋季茶结束后的 10 月中下旬，于上坡位置或茶行内侧，开深 15 ～ 20 cm 沟施肥，以不断提高茶树对养分的吸收与积累，有效改良土壤，增强茶树抗寒力。在秋季茶前 30 d 增加 1 次追肥，施用茶树专用配方肥 30 kg，开沟深 5 ～ 10 cm 施肥，或撒施后机械旋耕，耕作深度 5 ～ 10 cm。

3. 树冠培养

改造后的 2 ～ 3 个生长季节应以养蓬为主，因其分枝稀少且分枝位点较高，宜采用"多次、平剪、适度矮化"的进行修剪（详见乌龙茶树冠培育），以促进冠面新梢分枝。

三、乌龙茶施肥

（一）乌龙茶区土壤肥力

1. 福建乌龙茶区

闽南乌龙茶区主要包括泉州、漳州、厦门以及龙岩漳平市和三明大田县，茶园土壤属南亚热带砖红壤性红壤地带。闽北乌龙茶区主要包括建瓯、建阳、武夷山以及三明市沙县、泰宁县，茶园土壤属中亚热带红壤地带。采用土壤pH 值 4.5 ～ 5.5 为茶园适宜土壤酸度和福建旱地土壤有机质评判标准，分析福建乌龙茶主产区 7 697 个的代表性土样测定结果表明，福建省乌龙茶茶园土壤总体上明显偏酸，有机质含量普遍适中，碱解氮缺乏，速效钾偏低，有效镁普遍缺乏。

土壤养分肥力状况具有明显的区域性，闽南乌龙茶区安溪县、永春县、南安市、大田县以及临近的华安县的茶园土壤酸化较严重，其次是平和县和南靖县，地处闽北乌龙茶区的武夷山市和建瓯市的茶园酸化程度最轻。永春县、南靖县和平和县的土壤有机质平均含量最高，大田县和华安县居中，安溪县、南安市、武夷山市和建瓯市含量最低。碱解氮含量，永春县、华安县、武夷山市和建瓯市属于极缺乏等级；安溪县、大田县和平和县缺乏程度略轻，南安市和南靖县属于中等状态。土壤有效磷含量最高的是平和县和南靖县，属于极丰富水平；而南安市、大田县、武夷山市和建瓯市属于极缺乏等级；其他县（市）如安溪县、永春县和华安县则属于中等状态。在土壤速效钾含量方面，建瓯市的平均含量只有 56.8 mg/kg，属于极缺乏等级，其他县（市）均属于缺乏等级。

2. 广东乌龙茶区

以山地茶园为主，土壤类型多为黄壤土、红壤土，土壤养分中等偏下。土壤 pH 值 3.83 ～ 5.17，平均 4.61，有机质含量平均值 22.9 g/kg，属中等水平，碱解氮、有效磷较为缺乏（表 4-2）。

表 4-2　广东乌龙茶区茶园土壤主要养分状况

指标	单位	范围	平均
pH 值		3.83 ～ 5.17	4.61
有机质	g/kg	7.27 ～ 38.6	22.9
全氮	g/kg	0.52 ～ 1.07	0.85
铵态氮	mg/kg	12 ～ 66.1	23.3
硝态氮	mg/kg	5.34 ～ 48	15.4
有效磷	mg/kg	2.78 ～ 73.6	22.3
速效钾	mg/kg	36.5 ～ 304	123

（二）乌龙茶高效施肥技术模式

在保障产量和品质的前提下，根据主栽茶树品种需肥特性、土壤养分状况，以养分平衡为中心，控制氮肥施用总量，过量减施，缺乏时补充。福建茶区适当调减磷、钾用量，适当补镁肥；广东茶区适当调减氮肥用量。

1. 福建乌龙茶区施肥技术模式

福建乌龙茶区全年氮（N）素用量控制在 20 ～ 30 kg/ 亩，磷肥（P_2O_5）用量 6 ～ 10 kg/ 亩，钾肥（K_2O）6 ～ 12 kg/ 亩，镁肥（MgO）1.5 ～ 3 kg/ 亩。因不同茶园土壤肥力存在一定差异，施用时根据土壤肥力测定结果，在用量控制范围内调整氮磷钾镁肥具体用量，含量高时低水平维持，含量低时高水平施肥补充（表4-3）。

表 4-3　福建乌龙茶区茶园土壤速效磷钾镁丰缺指标　　　　　单位：mg/kg

指标	高	中	低
碱解氮	＞ 242	242 ～ 124	＜ 124
有效磷	＞ 34	34 ～ 9	＜ 9
速效钾	＞ 109	109 ～ 64	＜ 64
有效镁	＞ 60	60 ～ 40	＜ 40

注：有效磷指 Olsen-P，速效钾、有效镁为中性醋酸铵（1 mol/L 醋酸铵，pH 值 =7）浸提剂浸提测定。

推荐推广最新茶园施肥研究技术成果，推广高氮低磷的茶树专用肥，替代目前常用的等养分比例三元复合肥，降低磷钾的过量投入。

闽南乌龙茶区推荐应用"茶树专用肥""有机肥＋茶树专用肥"等高质高效施肥技术模式，总量控制 N 21 ～ 28 kg/ 亩、P_2O_5 6 ～ 8 kg/ 亩、K_2O 9 ～ 12 kg/ 亩、MgO 2 ～ 3 kg/ 亩。在闽南乌龙茶区安溪、永春、大田县等地进行试验、示范，与当地习惯施肥对比化肥减施 33% ～ 60%，茶鲜叶平均亩增产 3.2%，茶叶品质有所改善，平均亩节本增效 174 元，土壤质量和环境状况明显改善。在漳州平和、华安等地示范，与当地习惯施肥对比，化肥减施 25% ～ 33%，茶叶增产 8% ～ 18.6%，亩净增收 461.5 ～ 838.9 元。

闽北乌龙茶区推荐应用"茶树专用肥""有机肥＋茶树专用肥"高质高效施肥技术模式，总量控制 N 21 ～ 24 kg/ 亩、P_2O_5 6 ～ 7 kg/ 亩、K_2O 9 ～ 11 kg/ 亩、MgO 2 ～ 2.5 kg/ 亩。在南平市建瓯、建阳、武夷山等乌龙茶区试验、示范，与当地习惯施肥对比，化肥减施 26% ～ 31%，茶叶平均增产 6.4%，亩均节本增效 304 元。

（1）闽南乌龙茶区"茶树专用肥"高质高效施肥技术模式

基肥：11月下旬至12月上旬，30 ～ 45 kg/ 亩茶树专用肥，在上坡位置或茶行内侧，开沟深 15 ～ 20 cm 施肥。

第 1 次追肥：春茶开采前 40 ～ 45 d，30 ～ 35 kg/ 亩茶树专用肥，开浅沟 5 ～ 10 cm 施用，或地表撒施后机械浅旋耕与土混匀。

第 2 次追肥：7月下旬至8月上旬，40 ～ 55 kg/ 亩茶树专用肥，开浅沟 5 ～ 10 cm 施用，或地表撒施后机械浅旋耕与土混匀。

茶树专用肥为 N∶P_2O_5∶K_2O∶MgO 为 21∶6∶9∶2，有机质高于 15%；或相近配方。

（2）闽南乌龙茶区"有机肥+茶树专用肥"高质高效施肥技术模式

基肥：11月下旬至12月上旬，180～250 kg/亩畜禽粪商品有机肥，同时施用15～20 kg/亩茶树专用肥，在上坡位置或茶行内侧，开沟深15～20 cm施肥。

第1次追肥：春茶开采前40～45 d，20～25 kg/亩茶树专用肥，开浅沟5～10 cm施用，或地表撒施后机械浅旋耕与土混匀。

第2次追肥：7月下旬至8月上旬，40～55 kg/亩茶树专用肥，开浅沟5～10 cm施用，或地表撒施后机械浅旋耕与土混匀。

茶树专用肥为N：P_2O_5：K_2O：MgO为21：6：9：2，有机质高于15%；或相近配方。

（3）闽北乌龙茶区"茶树专用肥"高质高效施肥技术模式

基肥：10月下旬至11月中旬，70～80 kg/亩茶树专用肥，在上坡位置或茶行内侧，开沟深15～20 cm。

追肥：春茶开采前40～45 d，30～35 kg/亩茶树专用肥，开浅沟5～10 cm施用，或地表撒施后机械浅旋耕与土混匀。

茶树专用肥为N：P_2O_5：K_2O：MgO为21：6：9：2，有机质高于15%；或相近配方。

（4）闽北乌龙茶区"有机肥+茶树专用肥"高质高效施肥技术模式

基肥：10月下旬至11月中旬，180～250 kg/亩畜禽粪商品有机肥，加上50～55 kg/亩茶树专用肥，在上坡位置或茶行内侧，开沟深15～20 cm施肥。

追肥：春茶开采前40～45 d，20～25 kg/亩茶树专用肥，开浅沟5～10 cm施用，或地表撒施后机械浅旋耕与土混匀。

茶树专用肥为N：P_2O_5：K_2O：MgO为21：6：9：2，有机质高于15%；或相近配方。

2. 广东乌龙茶区

广东乌龙茶区推荐推广"控释肥""有机肥替代"等高质高效施肥技术模式，总量控制N 30～37 kg/亩、P_2O_5 10～11 kg/亩、K_2O 10～12 kg/亩。在饶平、潮安县等地试验、示范，与当地习惯施肥对比，化肥减施25%～50%，茶鲜叶平均亩增产1.6%，茶叶品质明显改善，平均亩节本增效401元，土壤质量和环境状况明显改善。

（1）广东乌龙茶区"控释肥"高质高效施肥技术模式

基肥：11 月下旬至 12 月上旬，160 kg/ 亩商品有机肥，结合 55 kg/ 亩复合肥（15-15-15）和 21 kg/ 亩控释肥（N 39.5%），茶行开深 15 ～ 20 cm 沟施肥。

追肥：春茶开采前 40 ～ 45 d，21 kg/ 亩控释肥（N 39.5%），茶行另一侧开深 10 ～ 15 cm 沟施肥。

本技术模式由广东省农业科学院茶叶研究所提供。

（2）广东乌龙茶区"有机肥替代化肥"高质高效施肥技术模式

基肥：11 月下旬至 12 月上旬，110 kg/ 亩商品有机肥，结合 45 kg/ 亩复合肥（15-15-15），茶行开深 15 ～ 20 cm 沟施肥。

追肥：春茶开采前 40 ～ 45 d，32 kg/ 亩尿素（N 46%），茶行另一侧开深 10 ～ 15 cm 沟施肥。

四、乌龙茶园绿色防控

坚持"预防为主，综合防治"的植保方针，根据靶标害虫的发生规律和为害特点，综合实施健身栽培、理化诱控和生物防治技术措施，应急使用高效低水溶性化学农药，严格执行安全间隔期采茶，保障茶叶产品的质量安全。

（一）福建乌龙茶区

茶园主要害虫以茶小绿叶蝉、灰茶尺蠖为主，局部发生茶丽纹象甲、茶毛虫、茶叶螨类等。现推荐的 3 套化学农药减药技术模式经闽南乌龙茶区示范，与常规防治区相比，可减少化学农药使用 2 次，化学农药（有效成分）减量 40% 以上，茶叶质量符合绿色食品要求，茶叶平均增产 2.4%，亩增收 269 ～ 344 元。在闽北乌龙茶区示范，与常规防治区相比，减少化学农药使用 2 次，化学农药（有效成分）减量 51% ～ 54.9%，茶叶质量符合绿色食品要求，茶叶产量提高 2.5% ～ 4.3%，亩增收 178 ～ 527 元。

减药技术模式在实际使用中应注意以下事项：全面实施冬季石硫合剂封园，务必喷湿茶树叶片背面，以提高冬防效果。

诱虫灯、黄板和害虫（灰茶尺蠖、茶毛虫等）性信息素诱捕器应大面积集中连片使用，以提高防治效果。

为保证性诱剂诱杀效率，性信息素诱捕器需及时更换白色粘板，每 2 ～ 3 个月更换 1 次性诱芯。

生物源农药对紫外线敏感，应避免阳光直射，宜傍晚或阴天施药，注意农药轮换使用，减缓害虫抗药性。

1. 福建乌龙茶区"茶小绿叶蝉＋灰茶尺蠖"减药技术模式

（1）适宜茶园　茶小绿叶蝉和灰茶尺蠖发生茶园。

（2）目标　控制茶小绿叶蝉和灰茶尺蠖为害，茶叶产量基本持平或略增产，茶叶质量符合国家标准要求。减少化学农药使用 2～3 次，化学农药减量 25%～100%。

（3）基本技术　12 月至翌年 1 月全面喷施 45% 石硫合剂晶体 120 倍液进行冬季封园，减少茶叶螨类、粉虱、蚧和芽叶病害等越冬病虫基数。2 月下旬安装或打开窄波 LED 灯（15～20 亩/盏），12 月关灯。加强病虫监测，适期防治。

（4）关键技术　①茶小绿叶蝉：3 月上中旬（茶蓬下方 20～40 cm 处，控制春茶为害）和 8 月上中旬（茶蓬上方 20～40 cm 处，控制秋茶为害）悬挂诱虫色板各 1 次，悬挂密度 20～25 片/亩。5—6 月如出现第 1 峰百叶若虫数达 6 只以上时，9—10 月如出现第 2 峰百叶若虫数达 12 只以上时，及时喷施鱼藤酮、除虫菊素、茶皂素等生物农药 450 倍液防治，必要时应急使用 24% 虫螨腈 1 500 倍液，或 15% 茚虫威 1 000 倍液，或 30% 唑虫酰胺 1 500 倍液进行防治。②灰茶尺蠖：2 月下旬（低海拔）至 3 月上旬（高海拔）悬挂灰茶尺蠖性信息素诱捕器 4 个/亩，诱杀越冬代成虫。重点抓住第 2 代（6 月中旬前后）、第 3 代（7 月中旬前后）、第 4 代（8 月中下旬）灰茶尺蠖卵孵盛期喷施茶核·苏 300 倍液，或 2～3 龄幼虫期适时喷施清源保苦参碱或短稳杆菌 450 倍液，必要时应急使用 24% 虫螨腈 1 000～1 500 倍液防治。

2. 福建乌龙茶区"茶小绿叶蝉＋茶丽纹象甲"减药技术模式

（1）适宜茶园　茶小绿叶蝉和茶丽纹象甲发生茶园。

（2）目标　控制茶小绿叶蝉和茶丽纹象甲为害，茶叶产量基本持平或略增产，茶叶质量符合国家标准要求。减少化学农药使用 2～3 次，化学农药减量 25%～100%。

（3）基本技术　12 月至翌年 1 月全面喷施 45% 石硫合剂晶体 120 倍液进行冬季封园，减少茶叶螨类、粉虱、蚧和芽叶病害等越冬病虫基数。2 月下旬安装或打开窄波 LED 灯（15～20 亩/盏），12 月关灯。加强病虫监测，适期防治。

（4）关键技术　①茶小绿叶蝉：3 月上中旬和 8 月上中旬在茶蓬上方 20～40 cm 处悬挂诱虫色板各 1 次，悬挂密度 20～25 片/亩分别控制春茶、秋茶为害。5—6月如出现第1峰百叶若虫数达6只以上时，9—10月如出现第2峰百叶若虫数达12只以上时，及时喷施鱼藤酮、除虫菊素、茶皂素等生物农药450倍液防治，必要时应急使用24%虫螨腈1 500倍液，或15%茚虫威1 000倍液，或30%唑虫酰胺1 500倍液进行防治。②茶丽纹象甲：3月上中旬（成虫出土前1个月），在茶树树冠下开10 cm浅沟，亩用白僵菌菌粉1.5～2 kg拌细土，均匀撒施浅沟内并覆土，防治土壤中象甲幼虫、蛹。在成虫出土高峰期前（4月中旬前后）和成虫高峰期（5—6月），亩用白僵菌菌粉1 kg兑水45 kg，过滤、喷雾或与10%高效氯氰菊酯800倍液，或2.5%联苯菊酯800倍液混合喷雾。

3. 福建乌龙茶区"茶小绿叶蝉＋茶毛虫"减药技术模式

（1）适宜茶园　茶小绿叶蝉和茶毛虫发生茶园。

（2）目标　控制茶小绿叶蝉和茶毛虫为害，茶叶产量基本持平或略增产，茶叶质量符合国家标准要求。减少化学农药使用2～3次，化学农药减量25%～100%。

（3）基本技术　12月至翌年1月全面喷施45%石硫合剂晶体120倍液进行冬季封园，减少茶叶螨类、粉虱、蚧类和芽叶病害等越冬病虫基数。2月下旬安装或打开窄波LED灯（15～20亩/盏），12月关灯。加强病虫监测，适期防治。

（4）关键技术　①茶小绿叶蝉：3月上中旬和8月上中旬在茶蓬上方20～40 cm处悬挂诱虫色板各1次，悬挂密度20～25片/亩分别控制春茶、秋茶为害。5—6月如出现第1峰百叶若虫数达6只以上和9—10月如出现第2峰百叶若虫数达12只以上时，及时喷施鱼藤酮、除虫菊素、茶皂素等生物农药450倍液防治，必要时应急使用24%虫螨腈1 500倍液，或15%茚虫威1 000倍液，或30%唑虫酰胺1 500倍液进行防治。②茶毛虫：5月中下旬和7月下旬各悬挂1次茶毛虫性信息素诱捕器，3～4个/亩，诱集第1代和第2代茶毛虫成虫。茶毛虫1～2龄幼虫期可用茶毛虫病毒Bt混剂300～500倍液防治，2～3龄幼虫期（高山茶区5月、7月和9月）用0.6%清源保苦参碱或短稳杆菌450倍液防治，必要时应急使用24%虫螨腈1 000～1 500倍防治。

（二）广东乌龙茶区

本茶区高山古树茶园主要害虫为茶天牛等，低山台地茶园主要害虫为茶小绿叶蝉等。推荐应用茶小绿叶蝉＋茶天牛减药技术模式，与常规防治区相比，化学农药（有效成分）平均减量 38% 以上，茶叶平均增产 1.5% 以上，茶叶质量符合食品安全国家标准。

1. 注意事项

冬季封园，石硫合剂一定要喷透并覆盖茶园中的枯枝落叶，亩用水量需 70 L。物理诱杀技术，茶天牛食诱剂通常在 5 月下旬进行，药剂注射一般在 11 月下旬进行。

2."茶小绿叶蝉＋茶天牛"减药技术模式

（1）适宜茶园　茶小绿叶蝉和茶天牛发生茶园。

（2）目标　控制茶小绿叶蝉和茶天牛为害，茶叶产量基本持平或略增产，茶叶质量符合国家标准要求。减少化学农药使用 2 ～ 3 次，化学农药减量 25% ～ 100%。

（3）基本技术　12 月至翌年 1 月全面喷施 45% 石硫合剂晶体 120 倍液进行冬季封园，减少茶叶螨类、粉虱、蚧类和芽叶病害等越冬病虫基数。2 月下旬安装或打开窄波 LED 灯（15 ～ 20 亩 / 盏），12 月关灯。

（4）关键技术　①茶小绿叶蝉：春茶结束后悬挂天敌友好型色板，悬挂密度 20 ～ 25 片 / 亩。5—6 月如出现第 1 峰百叶若虫数达 6 只以上和 9—10 月如出现第 2 峰百叶若虫数达 12 只以上时，及时喷施鱼藤酮、除虫菊素、茶皂素等生物农药 450 倍液防治。必要时应急使用 24% 虫螨腈 1 500 倍液，或 15% 茚虫威 1 000 倍液，或 30% 唑虫酰胺 1 500 倍液防治。②茶天牛：5 月下旬至 6 月上旬悬挂食诱剂（食诱剂为蜂蜜稀释 20 倍液或糖醋酒液）诱捕器 3 ～ 4 个 / 亩，诱杀成虫。10—12 月用白僵菌、苏云金杆菌、短稳杆菌 100 ～ 200 倍液等药剂以注射方式施用防治幼虫，黄泥封孔。必要时用 80% 敌敌畏或 10% 联苯菊酯 300 ～ 500 倍液等药剂以注射方式施用防治幼虫，黄泥封孔。

第三节　青茶加工

我国乌龙茶按照地域、工艺等主要可分为铁观音为代表的闽南乌龙茶、武夷岩茶为代表的闽北乌龙茶、单枞为代表的广东乌龙茶和以冻顶乌龙为代表的台湾乌龙茶等四大类。

一、鲜叶的采收

铁观音鲜叶的采摘最佳标准是小至中开面 2～3 叶或幼嫩对夹叶，适当嫩采，成熟度适中的鲜叶有助于茶叶品质以及成茶率的提高。手工采摘时要避免双手大把抓叶，导致叶片损伤，破坏叶张的完整。采摘一般在晴天 9—16 时采摘，气温 18～22℃伴有微风的天气条件，有利于刚采摘的鲜叶保持鲜活性；雨天不适合采摘茶叶；谷雨前后气温较高，鲜叶生长快，容易粗老，过老采摘也会影响茶叶品质。

采摘时应特别注意保鲜，采摘后的鲜叶不能长时间置放于茶篓里，不能重压，采摘一定数量后及时把鲜叶倒出，置于阴凉处并轻轻地翻松鲜叶，避免鲜叶因积堆温度升高而产生质变，从而破坏青叶的鲜活性。每筐青叶控制在 15～20 kg 为佳，收集到一定数量后，尽快将青叶运送回茶厂，回厂后立即将青叶摊放在阴凉区域，或是摊放到竹筛并上架摊放，散热，避免青叶在运输途中温度升高出现闷红、死青现象，尤其是上午采摘的青叶，注意避免因长时间的堆放产生闷青。

二、青茶加工

（一）安溪铁观音加工（闽南乌龙茶）

1. 萎凋（晒青）

阳光萎凋在晴天 16 时左右，阳光不强时进行晒青，利用光能作用，蒸发青叶水分，减轻青叶的青臭气。晒青程度要达到叶面失去光泽，叶色变为暗绿色，用手摸青叶由硬挺变软，叶片自然下垂，手抓有一定的弹性为宜。由于铁观音的叶质肥厚、主脉粗壮、表皮层较厚其鲜叶含水量高，晒青时间宜长，晒青程度需偏重，水分减重要达到 10%～12%。

2. 凉青

晒青完成后，将青叶移进室内凉青，青房的温度控制在 20～26℃，相对湿度控制在 60%～70%。把 0.5～1 kg 的青叶摊放在水筛上，静置于凉青架，凉青时间 1 h 左右，以降低青叶的温度，促使梗叶的水分重新平衡。

3. 做青

摇青是做青的关键，要根据当天青叶的晒青程度和做青间的温度、湿度，以及摇青后青叶的气味来确定。传统发酵工艺铁观音需要进行 4 ～ 5 次摇青，每次摇青时间依次加长，其间要注意观察青叶叶色、叶脉、水分和香气的变化。以电动摇青机，转速 30 r/min 为例，投放青叶不超过摇青机容量的 2/3，第 1 次摇青时间为 2 min 左右，摇青结束后将青叶摊放于水筛上，每筛青叶约 0.5 kg，摊叶厚度依青叶走水情况而定，一般凉青厚度由薄到厚，第 1 ～ 2 次摇青与凉青的时间间隔 1.5 ～ 2 h，第 3 ～ 4 次摇青后凉青时间逐次延长，摊青厚度逐渐增厚。

第 1 次摇青摇出淡淡的青气味，待青气味消退后进行第 2 次摇青；第 2 摇重于第 1 次摇，时间 3 ～ 4 min，可闻到青叶的青气比第 1 摇稍浓，再次上架凉青，待到青气味再次消退后，进行第 3 次摇青；第 3 次时间 12 min，摇青后清香气初显；第 4 次摇 25 min，4 次摇青后叶片边缘红点显现，花香味显露；第 5 次摇可视青叶叶色、红边和香气的变化程度决定是否再摇，如果发酵程度达不到做青要求，需进行补摇。摇青结束，青叶叶色由青绿转为黄绿色，红点红边明显，青气味转化为浓郁的花果香气息。传统发酵工艺安溪铁观音的做青时间通常需 10 ～ 13 h。

4. 杀青

当叶片红边达到 20% 左右，叶面色泽泛黄，花果香浓郁时可以进行杀青作业。杀青使用燃气滚筒杀青机，掌握高温短时，先闷后透，透闷结合的原则；温度 250 ～ 280℃，投叶后会听到"噼噼啪啪"的响声，快速产生水蒸汽，每次投叶量约 6 kg，当炒到叶色转为暗绿，手抓有粘手感，叶面卷且柔软，没有青臭气，茶叶含水率 60% 左右时为炒青适度，立即出锅，下锅后迅速抖散杀青叶降温，避免闷黄。

5. 揉捻

杀青后的青叶经过短时间的摊晾后，装入 45 型乌龙茶揉捻机揉捻，以快速重压短时为原则，揉捻 5 min，茶叶卷曲成条后下机。

6. 包揉与烘焙

首先将经过揉捻的茶叶进行初烘，烘干机温度控制在 110 ～ 120℃，待茶叶有刺手感时即可下机，摊晾后进行初包揉。初包揉是用包揉布把茶叶包成球形，放到速包机包揉，揉紧度要循序渐进，整个茶球的紧结度要适中；然后把茶球放到球茶机搓揉挤压，球茶机的压力不宜一次加大，要根据茶球被揉捻的松紧程度来加减压力。茶球静置一段时间后，待茶条初步成卷曲形，打开包揉布将茶球放进打散机，解块筛末，复烘焙，当复烘后的茶条含水量在 15% 左右时，进入复包揉作业。

按照干茶外形紧结程度的要求，可将复烘焙与复包揉工序多次作业，以达到外形卷曲程度；最后一次复包揉后，将茶球捆紧于茶巾布内静置 1 h，使茶条紧结形状得以定形。

7. 干燥

干燥的前阶段温度 90℃，去除水分和茶叶的一些杂气味，要把烘干箱门小开，时间约 30 min，让水汽和杂味排出；再用 70 ~ 90℃ 的温度烘焙 4 ~ 6 h 即可达到干燥程度。成品初制茶香气清纯，花果香馥郁持久，色泽铁青油润起霜，将茶叶摊晾后即可装箱。

（二）武夷岩茶加工（闽北乌龙茶）

1. 萎凋

采用晒青萎凋，将鲜叶用水筛或竹席薄摊后日晒，晒青阳光宜选择弱光或中强光，历时 15 ~ 30 min，减重 12% ~ 18%，叶态萎软，叶色转暗为度。完成晒青后即摊放于室内凉青，要求薄摊室内水筛上凉青，凉青历时 0.5 ~ 1 h 即可。

2. 做青

岩茶做青程序中的摇青、凉青反复次数多，时间短，做青发酵程度重等特点。做青历程见表 4-4。

表 4-4　武夷岩茶做青历程　　　　　　　　单位：min

次数	摇青时间	凉青时间
第 1 次	0.5	20 ~ 30
第 2 次	1	30
第 3 次	1.5	30 ~ 60
第 4 次	2	60
第 5 次	2 ~ 3	60
第 6 次	3 ~ 4	60
第 7 次	3 ~ 4	60
第 8 次	2 ~ 3	50 ~ 60

武夷岩茶做青摇青摇次多达 7 ~ 8 次，摇青程度掌握由轻渐重；凉青时间为 0.5 ~ 1 h，凉青历时由短到长。最后一次摇青后接着进行堆青，堆青是武夷岩茶的一大特色，通常也称作"发篓"，堆厚 30 ~ 50 cm，历时 2 ~ 5 h，适度时会出现浓厚的香气，红边面积达 20% ~ 30%，手插入堆中有烫手感时为度。就整个萎凋与做青程度掌握而言，具有"重晒、轻摇、重发酵"的工艺特点。

3. 杀青

（1）手工锅炒　待锅温达 180 ~ 200℃时，投叶 0.5 ~ 1 kg，扬闷结合炒 4 ~ 6 min，待香气起手捏成团，折梗不断时为度。

（2）锅式杀青机　锅温要求 240 ~ 260℃，炒制历时 5 ~ 8 min。滚筒杀青，筒壁温度 280 ~ 300℃，炒制历时 5 ~ 6 min。

4. 揉捻和干燥

武夷岩茶与闽南乌龙茶不同，属直条形乌龙茶，因此揉捻掌握成条紧结即可，要求与干燥交替结合进行，即双炒双揉。工艺历程：初揉→初干→复揉→足干。

（1）初揉　手工制法初揉将杀青叶趁热置于揉茶筋上，装叶约 0.5 kg，双手呈往复推进状态迅速趁热搓揉成条，历时 2 ~ 3 min，初干，锅温 150 ~ 180℃，初揉叶 0.5 ~ 1 kg，稍加炒制，目的在于使叶温升高提高叶子的可塑性以利复揉成形。经复揉后足干。足干方法同初烘，技术掌握要求文火慢焙，烘至足干。

（2）机械制法　初揉采用闽茶 40 型、55 型等型号揉捻机，完成杀青后立即趁热装机揉捻，装叶量根据机型要求装叶，揉捻历时 10 ~ 15 min，揉捻加压宜掌握"轻、重、轻"的原则，揉至基本成条为度。

（3）初干　初烘采用手拉百叶式或自动链板式烘干机，风温 110 ~ 130℃，摊叶厚 1 ~ 2 cm，历时 10 ~ 15 min，初烘主要目的是通过热处理，使叶张软化以利复揉成条，切忌过干。

（4）复揉　方法同初揉，历时较短，掌握成条即可。

（5）足干　完成复揉后，即行足干，足干风温 90 ~ 110℃，摊叶厚 1.5 ~ 2.5 cm，历时 15 ~ 20 min，烘至足干为度。

（三）凤凰单枞加工（广东乌龙茶）

凤凰单枞有 700 多年的生产历史，源远流长，声誉远播。凤凰单枞主产地潮州是我国三大乌龙茶产区之一。潮州凤凰山系是国家级茶树地方良种"凤凰水仙种"的原产地，数代茶农从凤凰水仙品种中分离筛选出来的众多品质优异的单株，即"凤凰单丛"，它是我国茶树品种中自然花香最清高、花香类型最多样、滋味醇厚甘爽、韵味特殊的珍稀的高香型名茶品种资源，新育成的品种岭头单丛，具有早生、高产、优质、适应性广的特点。凤凰单丛茶出产于凤凰镇，因凤凰山而得名。

采摘时间为春茶采摘最迟不超过 6 月中旬；秋、冬茶采摘在 9 月中旬之后。3 年以上树龄开采，对夹形成 3～5 d，采 1 梢 2～4 叶，芽叶完整，匀净，然后通过多道工序制作而成。

1. 初制工艺流程

晒青→凉青→做青（浪菜）→杀青（炒茶）→揉捻→干燥等 6 道工序。

（1）晒青　晒青工序，一定要按各种茶青的叶质情况，合理、均匀晒青。按"一薄、二轻、二重、一分段"的原则操作。一薄，即晒青时，要做到叶片薄摊不重叠，使茶青叶受阳光照射后，达到水分蒸发一致和叶温一致。二轻，即茎短叶，薄叶片含水分少的应轻晒；在干旱天气，空气湿度小，采摘的青叶要轻晒。二重，即茎叶肥嫩，含水分多的叶片要重晒；在雨后采摘，空气湿度大的要重晒。一分段，即茎长叶多，老叶多的青叶要分段晒，即晒一段时间后，放置阴凉处，让其水分平衡再晒。如果 1 次重晒，会造成水分失调，形成干茶后，香气不高带苦涩味。晒青失水率控制在 10%～15%。

（2）凉青　晒青的补充，将晒青后的茶青连同水筛搬进室内晾青架上，放在阴凉通风透气的地方，使叶子散发热气，降低叶温和平衡调节叶内的水分，以恢复叶子的紧张状态。如晒青不足要以恒温方法或将鲜叶高放于通风干燥处，让其继续蒸发水分。如晒青过度，形成水分失调，可放地上，让其增加湿度，起到调节水分的作用。

（3）做青　做青是鲜叶叶细胞在机械力的作用下不断摩擦损伤后，发生了以多酚类化合物酶性氧化为主导的，以及其他物质的转化与累积等化学变化的过程。做青以后，茶叶逐步形成花香酸郁、滋味醇厚的内质和绿叶红边的叶底。做青包括摇青和做手静置两个反复交替进行的工序，是形成单丛茶色，香、味的关键过程，也是单丛茶初制中最复杂、最细致的工序。摇青是叶片受到摩擦，叶缘损伤，促进水分与内含物由梗向叶的运输。静置前期，水分运输断续进行，梗脉水分向叶肉细胞渗透补充，叶呈挺硬紧张状态，叶面光泽恢复，青气明显，俗称还阳。静置后期，水分运输减弱，蒸发大于补充，叶呈萎凋状态，叶面光泽消失，青气退，花香现，俗称退青。退青与还阳的交替过程即是茶农常称的"走水"，走水过程中，叶内化学变化的产物不断累积，至做青后期，由于青叶厚堆，叶层湿度加大，叶片水分蒸发受到限制，内部代谢水分重行调整补充，叶片挺硬，叶背卷起呈汤匙状，绿叶红边显现，香气清高带蜜味，这时就可以杀青。

做青要求遵循重晒轻摇、轻晒重摇和先轻后重的原则，摇青，手持水筛作回旋与上下转动，叶梢在筛面作圆周旋转与上下跳动、叶与筛面、叶与叶之间不断碰撞摩擦。摇青次数先少后多。做手，是用双手收拢叶子，捧起轻轻拍抖，先轻后重，静置时间的控制则要遵循先短后长，便发酵程度逐渐加深的原则。碰青、摇青和静置3个过程往返交替数次进行，次数不低于4次。

单丛茶做青一般分6次进行，可分两个阶段：①回青阶段，从第1次至第3次，每次摇青后静置时间控制在1.5～2 h，叶温控制在25～30℃，在摇青操作时要均匀轻碰、松放、薄摊，并要控制操作环境的相对湿度和室内温度。②发酵阶段，从第4次至第6次，每次做青间隔时间应控制在2～2.5 h，叶温控制在30～35℃，室温也应相应提高，操作时应采取摇青稍长结合做手稍重的方式，再厚放、实堆，达到发酵吐香。一般从第3次做青后，青叶开始出现轻微红边，并开始吐香。至第6次做青及静置后，发酵程度已达到20%～30%，此时如叶梢挺立似鲜活状，红边鲜艳，花香清幽且带蜜味，即为做青适度。

凤凰单丛由于品种（系）多，叶片形态各异，叶色和内含物也相应不同，做青时必须分别对待，还要根据气候条件、茶青老嫩、晒青程度等多变因素加以灵活掌握。

（4）杀青　是用高温钝化发酵过程青叶中酶的活性，使叶片停止发酵，固定做青形成的品质，为揉捻创造条件，并进一步纯化香气的过程。单丛茶杀青多采用传统炒青法，通过炒青使叶片水分大量蒸发，叶质熟化回软，便于揉捻成茶条状。炒青的火温控制在200℃左右，青叶入锅翻动时能发出均匀响声，当炒至青叶从绿变浅绿，再呈现淡黄色，叶面完全失去光泽，青味挥发，产生花蜜香味，手感柔软时，便可进行揉捻。

（5）揉捻　可使茶叶变成条状，外形美观，同时破坏叶细胞的原生质结构（细胞的膜结构），使茶叶中已焦糖化和果胶物质已转化的内含物渗出粘附于叶外。揉捻后茶叶色泽油润，滋味浓醇，汤色清亮而耐冲泡。揉捻要从轻到紧，最后松揉，揉捻好的茶叶要及时拆松，薄摊并进行烘焙，防止残酶继续活动引起红变。目前揉捻多用机械代替。条索成形紧结，叶细胞破碎率50%～60%。

（6）干燥　能蒸发茶叶内多余水分，使内含物进行充分非酶性氧化和转化，滋味更趋浓醇。烘焙也是制作单丛茶最后重要环节，一般分3次进行，中间摊晾两次。在烘焙过程中一定要根据茶叶变化情况随时调节温度，及时翻拌，坚持薄焙，多次烘干。茶胚失水率90%～94%。

2. 精制工艺流程

归堆→拣剔筛末→拼堆（分级）→烘焙（提香）→摊晾→包装等6个环节。

（1）归堆　同香型归堆，翻拌均匀。

（2）拣剔筛末　茶枝、茶末、黄片≤1.8%。

（3）拼堆　按表4-5所列等级标准分级拼堆。

表4-5　凤凰单枞感官等级

项目等级		特级	一级	二级	三级
外形		紧结壮直，匀整，褐润有光	紧结壮直，匀整，褐润	尚紧结，匀齐，尚润	尚紧结，匀净，乌褐
内质	香气	天然花香，清高细锐，持久	清高花香，持久	清香尚长	清香
	滋味	鲜爽回甘，有鲜明花香味，特殊韵味	浓醇爽口，有明显花香味，有韵味	醇厚尚爽，有花香味	浓醇，稍有花香
	汤色	金黄清澈明亮	金黄清澈	清黄	棕黄
	叶底	淡黄红边，软柔鲜亮	淡黄，软柔，明亮	淡黄，尚软，尚亮	尚软，尚亮

（4）烘焙（提香）　烘焙2次以上，含水率4%～5%。

（5）摊晾　退热至室温，密封封存。

（6）包装　符合食品卫生标准。

第五章

黑茶绿色高质高效生产技术模式

第一节　品种选择

黑茶作为一类特殊的后发酵茶类，因其产区的不同而分为普洱茶（云南）、茯砖（湖南）、青砖（湖北）、六堡茶（广西）和康砖（四川）等品类。根据国家茶叶产业技术体系黑茶育种岗位和黑茶加工岗位等的调查，目前，黑茶的加工原料来源比较广泛，尚未有针对黑茶加工特质的品种作为我国主推品种。针对黑茶特别是边销茶加工原料偏老带来的氟含量超标问题，国家茶叶产业技术体系进行了低氟品种的筛选，并进行了黑茶的适制性评价及销区的饮用评价。以下几个品种氟含量较低，且做出的黑茶风味适合销区群众。

1. 中茶 108

品种介绍见绿茶适制品种中茶 108。该品种不仅加工绿茶品质优，而且加工黑茶品质优，氟含量低，经多年多点重复测定，一芽五叶氟含量低于 300 mg/kg，是湖北青砖茶和四川藏茶的主推品种。

2. 中茶 302

品种介绍见绿茶适制品种中茶 302。该品种不仅加工绿茶品质优，而且加工黑茶品质优，氟含量低，经多年多点重复测定，一芽五叶氟含量低于 300 mg/kg，是湖北青砖茶和四川藏茶的主推品种。

3. 槠叶齐

灌木型，中叶类，中生种，湖南省农业科学院茶叶研究所育成。2019 年通过国家非主要农作物品种登记，编号 GPD 茶树（2019）430017。芽叶生育力和持嫩性强，茸毛中等。春茶一芽二叶干样约含茶多酚 17.8%、氨基酸 4.4%、咖啡碱 4.1%、水浸出物 40.4%。产量高。适制红茶、绿茶和黑茶。具有适应性强、持嫩性好、产量高、加工黑茶品质优、氟含量低等特点，已在湖南、湖北、四川等名优绿茶和黑茶产区有较大面积推广。

4. 湘波绿 2 号

灌木型，中叶类，早生种。湖南省农业科学院茶叶研究所选育。2019 年通过国家非主要农作物品种登记，编号 GPD 茶树（2019）430018。芽叶黄绿色，茸毛多，持嫩性强。春季一芽二叶干样约含茶多酚 24.4.%、氨基酸 4.72%、咖啡碱 4.46%、水浸出物 42.7%。产量高。属绿茶和黑茶兼制品种，加工黑茶具有氟含量低、品质优等优点，目前，主要在湖南长沙、安化、桃源、石门、资兴和湖北咸宁等地推广，是安化黑茶的主推品种之一。

5. 鄂茶 1 号

品种介绍见绿茶适制品种鄂茶 1 号。具有优质绿茶和黑茶兼制的品种特点，氟含量低，经多年多点重复测定，一芽五叶氟含量低于 300 mg/kg，是湖北青砖茶的主推品种之一。

6. 桃源大叶

灌木型，大叶类，早生种。由湖南省桃源县茶树良种站、湖南农业大学茶叶研究所从桃源群体中采用单株育种法育成。湖南常德、石门、新化、长沙、岳阳等地有较大面积种植。1992 年通过湖南省农作物品种审定委员会审定，编号 1992 年品审证字第 107 号。发芽密度小，芽叶生育力强，持嫩性强，绿略带紫红色，茸毛尚多，一芽二叶百芽重 21.1 g。春茶一芽二叶干样约含茶多酚 19.2%、氨基酸 5.1%、咖啡碱 2.6%、水浸出物 49.2%。属绿茶和黑茶兼制品种，加工黑茶具有氟含量低、品质优等优点，是安化黑茶的主推品种之一。

7. 云抗 10 号

见适制红茶品种云抗 10 号。该品种不仅适制红茶和绿茶，而且是普洱茶的主推品种之一。

8. 云抗 14 号

小乔木型，大叶类，中生种。云南省农业科学院茶叶研究所育成。1987年通过全国农作物品种审定委员会认定，编号 GS13051-1987。芽叶生育力强，新梢生长快，持嫩性强，肥壮，茸毛特多。春茶一芽二叶干样约含茶多酚18.2%、氨基酸 2.6%、咖啡碱 3.1%、水浸出物 46.5%。产量高，抗寒、抗旱性强，移栽成活率高。该品种不仅加工红茶品质优，而且是普洱茶的主推品种之一。

第二节　黑茶种植

一、黑茶茶园环境和种植

我国黑茶主要有云南普洱茶、广西六堡茶、湖南黑茶（茯砖）、湖北老青茶（青砖）、四川边茶（康砖、金尖等）茶等，其中，普洱茶采自云南大叶种，其他黑茶基本采自中叶种。有关园区规划与建设、园地开垦、茶树种植、树冠培育等分别见第二章和第三章相关内容。

二、黑茶施肥

（一）黑茶施肥原则

云南普洱茶和广西六堡茶一般采摘一芽二至四叶，湖南黑茶依等级不同采摘一芽三至六叶，大致相当于全年生产大宗绿茶；湖北老青茶、四川边茶采摘半木质化成熟新梢，常采用名优绿茶＋黑茶的采摘生产方式。因此，黑茶茶园产量普遍较高，氮肥年总用量 20 ~ 30 kg/ 亩、磷肥（P_2O_5）60 ~ 90 kg/ 亩、钾肥（K_2O）90 ~ 120 kg/ 亩。

（二）黑茶高质高效施肥技术模式

总体来看可以参照大宗绿茶施肥，如采用"茶树专用肥＋有机肥"施肥模式（第二章）。

第三节 黑茶加工

黑茶是六大茶叶种类之一，是我国特有茶类。《茶叶分类》（GB/T 30766—2014）中黑茶的定义是"以鲜叶为原料，经杀青、揉捻、渥堆、干燥等加工工艺制成的产品"。2019 年，全国黑茶产量 37.81 万 t，占总产量的 13.54%，仅次于绿茶。黑茶生产历史悠久，产区广阔，销售量大，品种花色多。我国黑茶产区目前主要集中在湖南、云南、湖北、四川、陕西、广西等省（区），因各地原料特征各异，或因长期积累的加工习惯等差异，形成了各自独特的产品形式和品质特征。成品黑茶现有湖南的"三尖"（天尖、贡尖、生尖）、"三砖"（黑砖、花砖、茯砖）和千两茶，湖北老青砖茶，广西六堡茶，云南普洱茶和四川康砖茶等。

黑茶是我国西部边区人们不可或缺的生活必需品，"宁可一日无食，不可一日无茶""一日无茶则滞，三日无茶则病"是我国西北广大少数民族日常生活的真实写照。黑茶过去以边销为主，部分内销与侨销。近年来，随着黑茶在调节身体代谢平衡、预防亚健康等保健功能方面研究的深入，黑茶已越来越多受到国内外消费者的认同，内销量越来越大。

一、黑茶品质特征

黑茶成品繁多，炒制技术和压造成型的方法不尽相同、形状多样，品质不一，但多有一些共同的特点：黑茶要求原料成熟度相对较高，较大宗红茶、绿茶粗老一些；都有渥堆变色过程；都要通过高温汽蒸和缓慢干燥、压造成型过程等。通过初制加工后，黑茶一般具有外形叶张宽大厚实，条索卷折，色泽黄褐油润，香气纯正、无粗青气，依茶叶品类不同，还具有"陈香""菌花香""槟榔香"等特殊香味，汤色橙黄或黄褐色，滋味醇和而少爽、味厚而不涩的品质特征。

（一）湖南黑茶

1. 黑毛茶

黑毛茶指没有经过压制的干毛茶。外形条粗叶阔，色泽黑褐油润。根据《安化黑茶 黑毛茶地方标准》（DB43/T 659—2011）规定，安化黑毛茶分为特级、一级、二级、三级、四级、五级、六级等共 7 级（表 5-1）。

表 5-1　不同等级安化黑毛茶感官品质要求

等级	外形	香气	滋味	汤色	叶底
特级	谷雨前后一芽二叶鲜叶为主，有嫩茎，条索紧直有锋苗，有毫，色泽乌黑油润	清香或带松烟香	浓醇回甘	橙红明净	嫩黄绿
一级	谷雨后或4月下旬一芽二叶至三叶鲜叶为主，带嫩茎，条索紧结有锋苗，色泽乌黑油润	清香尚浓或带松烟香	浓厚	橙红明亮	嫩匀柔软
二级	立夏前后或5月上旬一芽三叶鲜叶原料为主，带嫩梗，条索粗壮肥实，色泽黑褐尚润	纯正	醇厚	橙黄明亮	肥厚完整
三级	三四叶鲜叶为主，有嫩梗、带红梗，外形呈泥鳅条，色泽黑褐尚润带竹青色	纯正	醇和	橙黄较亮	肥厚完整
四级	小满前后或5月下旬五叶鲜叶为主，带红梗，外形部分泥鳅条，色泽黑褐	纯正	平和	黄尚亮	摊张
五级	五六叶鲜叶为主，红梗，稍带麻梗，条索折皱叶、黄叶，色泽黄褐略花杂	平正	粗淡	淡黄稍暗	摊张
六级	芒种后加工对夹叶驻梢为主，同等嫩度的鲜叶，麻梗黄，外形折叠叶为主，色泽黄褐	平正	粗淡	淡黄稍暗	摊张

注：资料来源于《安化黑茶　黑毛茶》（DB43/T 659—2011）。

2. 湘尖茶

以安化黑毛茶为原料，经过筛分、复活烘焙、拣剔、半成品拼配、汽蒸、装篓、压制成型、打汽针、凉置通风干燥、成品包装等工艺过程制成的篓状黑茶产品，包括天尖、贡尖、生尖。其感官品质标准见表 5-2。

表 5-2　湘尖茶感官品质

类别	外形	香气	滋味	汤色	叶底
天尖（湘尖1号）	以特级、一级安化黑毛茶为原料，团块状，有一定结构力，解散团块后茶条紧结，扁直，乌黑油润	纯浓或带松烟香	浓厚	橙黄	黄褐夹带棕褐，叶张较完整，尚嫩匀
贡尖（湘尖2号）	以二级安化黑毛茶为原料，团块状，有一定结构力，解散团块后茶条紧结，扁直，油黑带褐	纯浓或带松烟香	醇厚	橙黄	棕褐，叶张较完整
生尖（湘尖3号）	以三级安化黑毛茶为原料，团块状，有一定结构力，解散团块后茶条粗壮尚紧，呈泥鳅条状，黑褐	纯正或带松烟香	醇和	橙黄	黑褐，叶宽大较肥厚

注：资料来源于《黑茶 第3部分：湘尖茶》（GB/T 32719.3—2016）。

3. 紧压黑茶

紧压黑茶分成"三砖一花卷","三砖"为茯砖茶、黑砖茶和花砖茶,"一卷"是千两茶。各类紧压茶感官审评标准见表5-3。

茯砖茶是以三级黑毛茶为主要原料蒸压而成,产品原被分为特制茯砖和普通茯砖两类,两者虽然在加工原料的嫩度有些差别,但其加工工艺完全相同,所以二者在内质风味上基本相似,均要求汤色橙黄,香气纯正,并具有特殊的菌花香,相较之下,特茯由于原料相对较嫩,其滋味会优于普茯,滋味醇厚或醇和。在《黑茶》(GB/T 32719.5—2018)中,茯茶被分为散状黑茶产品和通过压制成型的条形、圆形状等各种性状的成品和此成品再改形的黑茶产品。散装茯茶分为特级和一级,压制茯茶分为手筑茯茶和机制茯茶。"金花"是判断茯砖茶品质的关键标准。

黑砖茶是20世纪40年代创制的产品,以黑毛茶为原料,砖面上方压印有"黑砖茶"3字,下方有"湖南安化"4字,中部为五角星。外形呈砖片形,砖面平整,花纹图案清晰,棱角分明,厚薄一致,色泽黑褐,无黑霉、白霉、青霉等霉菌。

花砖茶由花卷演变而来,为的是减少制造劳动强度,同时也保持原花卷品质。花砖茶以黑毛茶为原料,原料品质优于黑砖,砖面上方印有"中茶"商标图案,下方压印有"安化花砖"字样,四边压印斜条花纹。砖外形态与黑砖茶要求一致,均为砖面平整,花纹图案清晰,无霉菌等。

花卷茶以黑毛茶为原料,按照传统加工工序加工而成的外形呈长圆柱体状以及经切割后形成的不同形状的小规格黑茶产品。其按产品外形尺寸和净含量不同分为万两茶、五千两茶、千两茶、五百两茶、三百两茶、百两茶、十六两茶、十两茶等多种,常见的花卷为千两茶和百两茶。

表5-3　紧压茶感官审评

类别	外形	香气	滋味	汤色	叶底
散状茯茶特级	条索紧结,尚匀齐,色泽乌黑、油润,金花茂盛无杂菌	纯正菌花香	醇厚	橙黄或橙红尚亮	黄褐,尚嫩,叶片尚完整
散状茯茶一级	条索尚紧结,匀整,色泽乌褐尚润,金花茂盛无杂菌	纯正菌花香	醇和	橙黄尚亮	黄褐,叶片尚完整
手筑/机制茯茶	松紧适度,发花茂盛,无杂菌	纯正菌花香	醇正	橙黄明亮	黄褐,叶片尚完整

续表

类别	外形	香气	滋味	汤色	叶底
黑砖茶	松紧适度,色泽黑褐,无杂菌	纯正或带松烟香	醇和或微涩	橙黄或橙红	黄褐,叶片尚完整,带梗
花砖茶	松紧适度,色泽油褐,无杂菌	纯正或带松烟香	醇和	橙黄或红黄	黄褐,叶片尚完整
花卷茶	色泽黑褐,圆柱体形,压制紧密,无蜂窝巢状,茶叶紧结或有"金花"	纯正或带松烟香、菌花香	醇厚或微涩	橙黄	深褐、尚软亮

注:部分资料来源于《黑茶 第 5 部分:茯茶》（GB/T 32719.5—2018）、《黑茶 第 2 部分:花卷茶》（GB/T 32719.2—2016）。

（二）湖北青砖

青砖茶属黑茶类,湖北特产,是我国传统边销砖茶之一,已有数百年生产历史,因具有分解脂肪、舒畅肠胃等功能,一直以来,是边疆少数民族生活中不可或缺必需品,对保障民族同胞的身体健康、维护边疆稳定和民族团结起到重要作用。青砖茶原主产于鄂南的赤壁、咸安、通山、崇阳、通城等县,湖北省茶区均有生产。青砖茶是黑茶类的一种压制茶,以老青茶为原料,经筛拼、汽蒸、压制而成,产于湖北赵李桥茶厂,称"湖北老青茶"（表 5-4）。

表 5-4 青砖感官审评

类别	外形	香气	滋味	汤色	叶底
青砖	紧结平整,砖面光滑,棱角整齐,色泽青褐,压印纹理清晰,无霉菌	纯正	醇和	橙红	暗褐

注:资料来源于《紧压茶 第 9 部分:青砖茶》（GB/T 9833.9—2013）。

（三）四川黑茶

四川黑茶,俗称四川边茶。四川边茶按产地分为南路边茶和西路边茶两大类。

1. 南路边茶

南路边茶是四川边茶的大宗产品,主要包括康砖和金尖两个花色,砖形要求平整,洒面均匀,金尖每甑长短误差不超过 3 cm,康砖每块长短误差不超过 0.5 cm,松紧适度,无起层脱面（表 5-5）。

表5-5　四川南路边茶感官审评

类别	外形	香气	滋味	汤色	叶底
康砖	园角长方体，表面平整紧实，洒面明显，色泽棕褐油润，砖内无黑霉、白霉、青霉等霉菌	纯正、陈香显	醇厚	红亮	棕褐稍花杂、带细梗
金尖	圆角长方体，较紧实、无脱层，色泽棕褐尚油润，砖内无黑霉、白霉、青霉等霉菌	纯正、陈香显	醇正	红亮	棕褐花杂、带梗

注：资料来源于《紧压茶 第4部分：康砖茶》（GB/T 9833.4—2013）、《紧压茶 第7部分：金尖茶》（GB/T 9833.7—2013）。

2. 西路边茶

西路边茶鲜叶较南路边茶更粗老，其成品有"人民团结牌"茯茶和方包两种。二者虽其毛茶较粗老，但成品品质规格较高，尤以内质较讲究（表5-6）。

表5-6　四川西路边茶感官审评

类别	外形	香气	滋味	汤色	叶底
茯砖	砖形完整，松紧适度，黄褐显金花	纯正	醇和	红尚明亮	棕褐均匀，含梗20%左右
方包	篾包方正，四角稍紧，色泽黄褐	稍带烟焦气	醇正	浅红略暗	粗老黄褐，含梗量可达60%

（四）云南普洱茶

普洱茶按加工工艺及品质特征分为普洱茶（生茶）、普洱茶（熟茶）两种类型。按外观形态分普洱茶（熟茶）散茶、普洱茶（生茶、熟茶）紧压茶。

1. 普洱散茶

在《普洱茶》（NY/T 779—2004）中，普洱散茶分为普洱金芽茶、宫廷普洱茶及特级、一级至五级共8个花色品种。同时，在国家标准《地理标志产品普洱茶》（GB/T 22111—2008）中将普洱散茶分特级、一级至十级，共11个级别。现将金芽茶、宫廷普洱茶、特级和一级的品质特征分述如表5-7所示。

表5-7　普洱散茶感官审评

类别	外形	香气	滋味	汤色	叶底
金芽	全芽整叶，有锋苗，全披金毫，色泽橙黄	毫香细长，陈香	醇厚甘爽	橙红明亮	红亮柔软
宫廷	紧细匀直、规格匀整，有锋苗，金毫显露，色泽褐润	陈香馥郁	醇和甘滑	红浓明亮	褐红亮软

类别	外形	香气	滋味	汤色	叶底
特级	紧细较匀、规格整齐，有锋苗，金毫显露，色泽褐润	陈香高长	醇厚回甘	红浓明亮	褐红亮软
一级	紧结重实，有锋苗，芽毫较显，红褐尚润	陈香显露	醇浓回甘	深红明亮	褐红亮软

注：资料来源于《普洱茶》（NY/T 779—2004）。

2. 普洱茶（生茶、熟茶）紧压茶

普洱茶（生茶、熟茶）紧压茶外形有圆饼形、碗臼形、方形、柱形等多种形状和规格（表5-8）。

表 5-8　普洱紧压茶感官审评

类别	外形	香气	滋味	汤色	叶底
生茶	色泽墨绿，形状端正匀称、松紧适度、不起层脱面；洒面茶应包心不外露	清纯	浓厚	明亮	肥厚黄绿
熟茶	色泽红褐，形状端正匀称、松紧适度、不起层脱面；洒面茶应包心不外露	独特陈香	醇厚回甘	红浓明亮	红褐

注：资料来源于《普洱茶》（GB/T 22111—2008）。

（五）广西六堡茶

六堡茶是广西的特产，因源于苍梧县的六堡乡而得名。根据六堡茶的制作工艺和外观形态，分为六堡茶散茶和六堡茶紧压茶（表5-9）。

表 5-9　普洱压制茶感官审评

类别	外形	香气	滋味	汤色	叶底
六堡茶	紧结重实、匀齐，黑褐油润光泽	纯正或带有槟榔香味	甘醇爽口	红浓	红褐柔软

二、黑茶加工技术

（一）湖南黑茶

1. 黑毛茶

鲜叶采摘以适制黑茶的茶树品种成熟新梢为加工黑毛茶的鲜叶原料，一

般采摘标准为一级黑毛茶以一芽三叶、四叶为主；二级茶以一芽四叶、五叶为主；三级茶以一芽五叶、六叶为主；四级茶以对夹新梢及带红梗的成熟新梢为主。加工的鲜叶原料应严格按照验收标准要求收购，不得含非茶类杂物。

湖南黑毛茶制造分杀青、揉捻、渥堆、复揉、干燥等 5 道工序。制成毛茶分为 4 级。一级和二级用于加工天尖、贡尖，三级用于加工花砖和特制茯砖，四级用于加工普通茯砖和黑砖。

（1）杀青　黑茶杀青的目的与绿茶相同，是利用高温制止酶的催化作用。但因黑茶原料比较粗老，为了避免黑茶水分不足，杀不匀透，一般除雨水叶、露水叶和幼嫩芽叶外，都要按 10∶1 的比例洒水后再杀青，此步骤称为"洒水灌浆"。洒水要均匀，以便于黑茶杀青能杀匀杀透。杀青方式分手工杀青和机械杀青两种。手工杀青，因黑茶鲜叶原料粗大，为便于翻炒和提高效率，特采用大口径斜锅，直径 80 ～ 90 cm，炒锅斜嵌入灶中呈 30° 左右的倾斜面。灶高 70 ～ 100 cm，伴有 75 cm 高的挡火墙，防止火焰、烟灰落入锅中，并备有杀青用的草把和油桐树枝丫制成的三叉状炒茶叉，三叉各长 16 ～ 24 cm，柄长约 50 cm。因原料过于粗老，杀青需采用高温快炒，锅温通常在 280 ～ 320℃，每锅投叶量 4 ～ 5 kg，具体依鲜叶老嫩程度而定。鲜叶下锅后，立即以双手匀翻快炒，至烫手时改用炒茶叉抖抄，称为"亮叉"。当出现蒸汽时，则以右手持叉，左手握草把，将炒叶转滚闷炒，称为"渥叉"。亮叉水分迅速蒸发，渥叉则保持蒸汽，为保证鲜叶杀匀、杀透，杀青宜多闷少抛。待鲜叶软绵且带黏性，茶梗不易折断，叶色由青绿转为暗绿，无光泽，青草气消褪，清香显出，即为杀青适度。机械杀青，用机械来进行杀青，只要让锅的温度达到要求，而且投放入的鲜叶最好控制在 8 ～ 10 kg。还要根据茶叶的老嫩程度及含水量的多少来进行闷炒或者抖炒，此杀青的适度与手工杀青无异。随着社会发展和机械化的推广，目前，黑茶产区大部分采用滚筒杀青机进行杀青，相关机械操作方法可参考绿茶，但杀青温度要高于绿茶。

（2）揉捻　黑茶揉捻分为初揉和复揉两道工序。初揉使叶片初步成条，茶汁揉出粘附于叶的表面，为渥堆创造条件。复揉是把渥堆后回松的茶条卷紧，叶细胞破损率达到 30% 以上，从而增进了外形和内质。

由于鲜叶粗老，在杀青叶出锅后要迅速趁热揉捻，初揉或复揉都需采取轻压、短时、慢揉的方法。实验表明，揉捻机转速以 37 r/min 左右，加轻压或中压，时间以初揉 15 min、复揉 10 min 的品质为最好。初揉要求粗老叶成大部分成皱褶条，不需解块即堆积渥堆。渥堆后，先解块，充分抖散茶条，再复揉。复揉后的茶坯不宜摊放过久，如不能及时干燥则要多加翻拌透气散热，以免沤坏。

（3）渥堆　渥堆是将揉捻叶堆积 12～24 h，在茶叶内湿热和微生物的共同作用下，内含成分发生一系列深刻的氧化分解作用，叶色变成黄褐，青涩味减轻，形成黑茶独特品质的过程。

初揉后的茶坯不经解块立即堆积起来，堆高约 100 cm，上面加盖湿布等物，借以保温保湿。黑茶渥堆要在背窗、洁净的地面，避免阳光直射，室温在 25℃以上，相对湿度保持在 85% 左右。渥堆过程中要进行翻堆，以便发酵均匀。堆积 24 h 左右时，茶坯表面出现水珠，叶色由暗绿变为黄褐，青气消除，发出甜酒糟香气，手伸入茶堆感觉到发热，茶堆表面出现水珠，茶团黏性变小，一打即散，即为渥堆适度。

（4）干燥　经过渥堆工序，然后解块复揉后的茶坯应即时干燥。黑茶传统的干燥方法有别于其他茶类，系采用松柴明火烘焙，分层累加湿坯和长时间一次干燥法，使黑茶形成油黑色并带有松烟香。

2. 湘尖茶

湘尖茶是湖南黑茶成品中的篓状黑茶类型。天尖、贡尖、生尖加工程序近似，只是所用原料有所区别。传统湘尖茶加工工艺为：黑毛茶原料经过筛分整理后拼堆，高温汽蒸软化后，装篓适度压实定型，自然晾置干燥。为使茶坯迅速蒸软，传统大篓湘尖茶要分 4 次称投料、分次汽蒸，俗称"四吊三压"，如天尖每吊称 12.5 kg，称好的茶坯置于高压蒸汽上汽蒸 20～30 s，即装入篓中，第 1、第 2 吊装好后，施压 1 次，第 3、第 4 吊茶，每装 1 次，压 1 次，共压 3 次。压好后捆好篾条，捆紧后在蔑包顶上以直径 1 cm 的铜钻，插 5 个孔洞，深约 35 cm，俗称打"梅花针"，然后在每个孔中，插上 3 根丝茅草，以利水分导出发散。将制好的茶包运至通风干燥地方，经 4～5 d，检验水分含量在 14.5% 以内，即可出厂。目前，湖南黑茶加工企业多将传统的 40～50 kg 大篓湘尖包装改为 1～2 kg 小篓湘尖包装，因此称茶和施压次数也相应减少至 1～2 次。

3. 千两茶

安化千两茶加工沿袭传统的手工操作，由 6 个熟练制茶师傅自组成一个班组，相互协同完成踩制全程。以安化"三级七等"黑毛茶为原料，经筛分去杂，汽蒸软化后，随即装入垫有箬叶和棕片的特制长圆筒形花格篾篓，用棍、锤等加压工具，运用绞、压、踩、滚、捶等技术方法，边滚压边绞紧，直至形成高 155 cm、直径 20 cm 左右，紧实呈树干圆柱形茶体。成形的千两茶需要在特设的凉棚里竖立斜置，在自然条件下晾置干燥，经近 2 个月的"日晒夜露"缓慢干燥，方能达到出厂要求。

4. 茯砖茶

茯茶因其砖身内要通过特定环境控制和培养一种被称为"冠军散囊菌"的金色菌落，具有特殊的保健功效和独特的品质特征。传统茯砖茶采用手工垂直筑制，现代茯砖茶则采用机械平面压制。茯砖茶加工分毛茶筛选和压制两大阶段。毛茶筛拼包括毛茶拼配、原料筛制和净茶拼配。特制茯砖全部采用黑毛茶三级为原料，但配料时必须考虑春、夏茶和地区品质差异的特点，合理调配，以保证品质的稳定性。普通茯砖以黑毛茶四级为主，拼入部分三级。在筛制之前，应扦样审评毛茶，选用原料，确定配方，然后领取毛茶拼和付制。原料经过筛分、切碎、风选、拣剔求杂等精制过程获得各筛号茶即净茶后，应先试拼小样确定拼配比例，再拼大堆。选取不同筛号茶拼和匀堆。拼大堆一般采用分层匀堆法，即将要求拼入的各筛号茶一层一层地耙平摊匀在干净的地面上，每一筛号茶铺 1 层，每层不宜铺太厚，且要铺匀，从堆中挖取茶叶进行压制时应从堆面挖到底并将挖得的茶加以拌和，使压制后单位成品质量一致。

压制工艺基本实现了联合自动化，主要流程分为汽蒸、渥堆、称茶、蒸茶、紧压、定型、验收包砖、发花干燥等。

（1）汽蒸　汽蒸是使茶坯吸收高温蒸汽，增加湿度、提高温度，为下一步渥堆创造湿热作用的先决条件。同时，通过高温可以除去毛茶因久储滋生的有害霉菌和细菌。汽蒸需在蒸茶机里完成，蒸茶机有立式静态蒸茶桶和卧式螺旋推进动态蒸茶机两种。立式蒸茶桶是往蒸茶机中通入 98 ～ 102 ℃的蒸汽，茶坯实际受蒸时间约为 5 min；卧式蒸茶机蒸汽压力为 0.4 ～ 0.7 MPa，蒸汽温度为 150 ～ 170 ℃，茶坯从进到出的总时间为 8 ～ 10 s 即可蒸透。随后茶坯自动放出，下落到渥堆间渥堆。

（2）渥堆　渥堆是为了借助湿热作用，使茶坯在黑毛茶初制的基础上进一步进行各种复杂的物理化学变化，以弥补湿坯渥堆的不足，消除青杂味和粗涩味，同时为有益微生物创造适宜的繁殖条件，即为茯砖发花创造一定的条件。渥堆时堆高一般为 2 ～ 3 m、叶温 75 ～ 88 ℃，堆积时间为 3 ～ 4 h，不得少于

2 h。渥堆适度的标志是青气消除，色泽黄褐，滋味醇和无粗涩味。

（3）称茶　称茶之前应先检验茶坯含水量，再按下式计算出每块砖的称茶重量。

$$称茶投量重量=\frac{成品单位标准重量 \times 成品标准干物率}{投料茶坯干物率 \times（1-加工损耗率）}$$

式中，成品单位标准重量为 2 kg，成品标准干物率为 88%，此两项为固定参数，而茶坯干物率指汽蒸渥堆后的干湿情况，每批茶都必须检测以后才能知晓。加工损耗率通常视为 1%。

当每砖称茶重量确定后，可开始称茶。可以人工司称计量，也可机械司称计量。即将茶坯从输送带均匀地输入电子控制的自动司称机，落入称茶斗，当达到预定重量时立即停止落茶，已称好的茶坯得到指令后将自动放出。在茶坯中加入适量的茶汁，加茶汁是为了增加茶坯的含水量和营养物质，便于发花过程中砖片维持一定的湿度，也有利于紧压成形。茶汁是由茶梗、茶果壳熬煮的水，每砖加茶汁的数量由“茶汁机”控制，以进烘前的湿砖含水量控制在 23% ～ 26% 为标准，一般春、夏稍低，秋、冬稍高。加茶汁必须控制均匀喷洒，加入茶汁的同时应进行搅拌，搅拌时间控制在 10 ～ 12 s，各工序的作业时间须与装匣紧压相适应协调配合。

（4）蒸茶　拌茶机内茶坯根据指令落入蒸茶机进行汽蒸，使茶坯受热变软且具有黏性。蒸茶时间一般需 5 ～ 6 s。

（5）装匣紧压　打开蒸茶机使汽蒸后的茶坯落在输送带上打散、散热，再如木戽内装匣，要及时将茶耙匀，先扎紧四角，再将茶坯耙平，保证中间低松、边角满紧，以使成品茶边角紧实，棱角分明。盖上衬板后推到摩擦式压力机下施压成砖。

（6）冷却定型和退砖　将施压后的匣输送到凉置架上冷却定型，历时 80 min 左右使砖温由 80 ℃左右降到 50 ℃左右，然后进入退砖机，将砖片从匣中退出。

（7）验收包砖　砖片退出后，应迅速准确地扒开退砖机下的砖片，取出衬板，并将砖片平直轻巧地放入输送带上，经检验合格的砖片送包装车间用印有商标的包装纸逐片包封。包好的砖片堆码整齐，待送烘房发花干燥。

（8）发花干燥　“发花”是加工茯砖茶的一个特殊工艺。发花就是通过控制一定的温湿度条件，使砖体内形成冠突散囊菌优势菌的过程。整个发花干燥期需要 20 d 左右，进烘的前 12 d 为发花期，之后 5 ～ 7 d 为干燥期。发花阶段的温度应保持在 28 ℃左右，相对湿度保持在 75% ～ 85%，以利于冠突散囊菌的生长。烘房的温湿度必须随时严格检查，通常每隔 8 h 检查 1 次，适时增减火温和开关调节排湿窗。第 1 次检查发花情况在进烘后 8 d 前后，观察"金花"的色泽、颗粒大小等，以了解发花条件是否适宜，发花是否正常，以便采取适当的补救措施；第 2 次在进烘后的 12 d 检查发花是否已普遍茂盛，以便决定是否转入干燥阶段。干燥时间约需 7 d，逐天提高烘温 2 ～ 3 ℃，最高温度为 45 ℃，直至达到出烘水分标准。砖茶干度达到出厂检验标准时（水分含量不超过 14%），即可停止升温，并打开烘房门窗降温，至砖茶冷却后出烘。经按规定项目检查合格后立即进行包装，捆扎的塑料袋或铁皮要困成"井"字形，以确保牢固结实。

5. 黑砖、花砖

加工黑砖茶的原料以黑毛茶三级为主，拼入部分四级。花砖茶则全部以黑毛茶三级为原料。黑砖茶加工的主要工序包括原料筛分、整理和拼配、汽蒸压制、干燥包装等。付制的黑毛茶需经筛分、切茶、风选、拣剔、拼堆等程序，整饰外形、调整品质等工序。汽蒸压制工序包括称茶、汽蒸、压制、冷却、退砖、修砖、检验茶砖厚薄和重量等操作，压制方法与茯砖基本相同。但黑砖和花砖无需发花，无"加茶汁"工序。之后在烘房中干燥，温度先低后高，逐步均衡升温，同时注意排湿。烘至含水量在 13% 以下，出烘包装。

（二）云南普洱茶

普洱茶分为普洱茶（生茶）和普洱茶（熟茶）两大类型。普洱茶（生茶）是以符合普洱茶产地环境条件下生长的云南大叶种茶树鲜叶为原料，经杀青、揉捻、日光干燥、蒸压成形等工艺制成的紧压茶，其是以晒青毛茶为原料压制而成的。普洱茶（熟茶）是以符合普洱茶产地环境条件下生长的云南大叶种晒青茶为原料，采用特定工艺，经后发酵加工形成的散茶和紧压茶，普洱茶（熟茶）紧压茶是以普洱茶散茶为原料压制而成的。

1. 晒青毛茶

（1）鲜叶采摘　根据云南大叶种特性和普洱茶加工要求进行合理采摘。可分为手工采摘和机器采摘，要求为保证无害化和防止污染。特级为一芽一叶为主和 30% 以下的一芽二叶；一级以一芽二叶为主，同等嫩度对夹叶占 30% 以下；二级为一芽二叶、三叶占 60% 以上，同等嫩度对夹叶占 40% 以下；三级为一芽二叶、一芽三叶占 50% 以上，同等嫩度对夹叶占 50% 以下；四级为一芽三叶、一芽四叶占 70% 以上，同等嫩度对夹叶占 30% 以下；五级为一芽三叶、一芽四叶占 50% 以上，同等嫩度对夹叶占 50% 以下。目前，晒青毛茶的采摘标准，是质、量兼顾的，以收益最高为依据，一般采一芽二叶、一芽三叶和同等嫩度的对夹叶。

（2）工艺技术　晒青毛茶加工工艺分为鲜叶摊放、杀青、揉捻、干燥等工序。

晒青毛茶的鲜叶摊放、杀青、揉捻等工序与绿茶加工工序基本一致，但干燥主要采用日光晒干。揉捻好的茶坯需解块后再置于日光下晒干，期间还可再轻揉捻 1 次，以使茶条紧结。日光干燥要注意摊晒场地的清洁卫生，茶坯不能直接接触地面，不能混入其他非茶类夹杂物。晒青毛茶的干茶含水量要求低于 10%。根据鲜叶原料的嫩度不同，将晒青毛茶分为 11 级。

2. 普洱茶散茶（熟茶）

（1）毛茶精制拼配　按级归堆、付制，单级付制，多级收回。先分筛取料，剔除杂质，除去碎片末。

（2）渥堆发酵　关键步骤是渥堆发酵。普洱茶的渥堆发酵包括潮水、砌堆、翻堆、起堆等步骤。① 潮水：渥堆发酵前的晒青毛茶含水量一般在 9% ～ 12%，必须增加茶叶的含水量才能进行正常渥堆发酵。渥堆发酵前先对晒青毛茶进行人工喷水，以增加茶叶含水量。潮水后的晒青毛茶需根据茶叶老嫩、气温、空气湿度、季节、发酵场地等不同情况进行分级渥堆发酵。② 砌堆：潮水后，即将茶叶堆成 1 ～ 1.5 m 高的长方棱台形，每堆茶叶在 5 ～ 20 t，最好不超过 10 t。茶堆盖上湿润的粗白布等覆盖物，以保温保湿。③ 翻堆：发酵过程中，必须掌握好渥堆发酵的温度变化，适时翻堆。开始渥堆发酵后的翌日必须翻堆，之后，每 7 d 翻堆 1 次，完成发酵需翻堆 5 ～ 7 次。渥堆茶堆中的最佳温度为 50 ～ 55 ℃（距茶堆表面 50 cm 处的温度），温度低于 45 ℃达不到理想发酵效果，高于 65 ℃则会出现茶叶"烧心"，造成叶底不展开、滋味淡薄、汤色发暗等缺点。④ 起堆：当发酵到 25 ～ 30 d 时，应取样审评，以确定是否可以起堆。当茶叶显现褐红色，白毫变金黄色，茶汤醇厚滑口、苦涩味降低、汤色红浓、具有陈香特点时，即可起堆，进入干燥工序。

（3）干燥　普洱茶干燥宜采用室内发酵堆开沟进行通风干燥。当茶叶含水量低于 12%，即可起堆进行分筛、分级、装袋入库储存。普洱茶的干燥切忌烘干、炒干和晒干。

（4）精制包装　发酵后的普洱散茶需进行筛分整形、割脚等处理，拣净茶果、茶梗和其他夹杂物，根据茶叶各花色等级的质量要求进行拼配，以求达到品质稳定。

3. 普洱紧压茶

如前所述，普洱紧压茶分为生茶和熟茶。生茶以晒青毛茶为原料压制而成，熟茶以普洱茶散茶为原料压制而成。因消费者饮用习惯不同，对普洱紧压茶的花色品种有不同的要求，从而对毛茶嫩度要求不一；边销紧压茶较粗老，允许毛茶有一定含梗量；内销、侨销和外销的方茶、普洱散茶，则以较细嫩的晒青毛茶做主要原料。各类普洱紧压茶加工，因各厂家的加工设备、产品质量标准等不同稍有区别，其原料的拼配比例、加工技术参数略有差异，但基本工艺一致。加工流程包括毛茶拼配、筛分切细、半成品拼配、蒸茶压制、烘房干燥、检验包装等工序。

（1）毛茶拼配　毛茶进厂对照收购标准样复评验收，检测含水量后，按等级拼堆入仓。毛茶拼配应根据成品规格的要求，保证内质，上级、下级进行适当调剂搭配。

（2）筛分切细　紧压茶筛分较简单，但必须分出盖面（又称洒面茶）、底茶（又称里茶或包心茶），剔除杂物。

切茶又称细碎。滇青毛茶中较粗老的 9 级、10 级、级外和台刈等茶，因叶片粗大，毛茶拼合后，需投入多刀切茶机，经平圆 4 孔分筛，筛面复切，筛底付制拣后做紧茶、饼茶、方茶的里茶。

部分粗老叶经切碎后，还要渥堆。渥堆时在旱季每 100 kg 茶洒水 20 kg，雨季则适当减少，经 5～7 d，叶片转为褐色，粗青气减退，散发老茶清香，即可开堆。

（3）半成品拼配　紧压茶压制，分为面茶和里茶。经筛切后的半成品筛号茶，分别根据各种蒸压茶加工标准样进行审评，确定各筛号茶拼入面茶及里茶的比例。随后，各筛号茶经比例拼堆充分混合后，喷水进行软化蒸压。

（4）蒸茶压制　一般分为称茶、蒸茶、压模、脱模等工序。① 称茶：经拼堆喷水的付制茶坯含水量一般在 15% 以上，为保证成品出厂时单位重量和含水量符合规定标准，需计算确定称茶重量。为保证品质规格，称量要准确，正差不能超过 1%，负差不能超过 0.5%。称茶要准确、迅速，一般先称里茶，再称面茶。按先后倒入蒸模，投入小标签，交给蒸茶工序。② 蒸茶：投入蒸茶机，使高温水蒸汽迅速促进变色和便于成型，蒸茶时间只需 5 s，蒸后水分增加 3% ～ 4%。③ 压模：大多采用冲压装置，由冲头压盖加压，压力一般为 10 kg 左右，一般每甑茶冲 3 ～ 5 次，使茶块厚薄均匀，松紧适度。④ 脱模：压过的茶块，在模内冷却定型后脱模。冷却时间视定型情况而定。机压定型较好，施压后放置即可脱模；而手工压制则须半小时冷却后方可脱模。

（5）烘干房干燥 传统做法是把成品放置在晾干架上，让其自然失水干燥到成品标准含水量，时间一般长达 5 ～ 8 d，为节约人力、物力，现已改用烘房干燥，利用锅炉蒸汽余热，温度通常在 45 ～ 55 ℃，视产品不同，烘干时间也不同，通常在 13 ～ 36 h。待普洱茶紧压茶含水量在 13% 以下，熟茶紧压茶含水量在 12.5% 以下，即可出烘。烘房干燥过程中需注意排湿。

（6）检验包装和贮存 经过干燥的成品茶，进行抽样，检验水分、单位重量、灰分、含梗量等，并对样品进行审评。合格产品及时包装。随后在环境清洁、干燥、无异味的专用仓库长期保存。

（三）湖北青砖茶

1.老青茶

茶鲜叶经过杀青、揉捻、干燥等工艺制成的晒青毛茶，为青砖茶原料。根据新梢嫩度不同，分为面茶和里茶。老青面茶鲜叶原料：当季一轮新生嫩叶及茎梗。老青里茶鲜叶原料：当年一轮新生成熟叶（叶全展开，主要为红梗）。基本工艺流程为：鲜叶→杀青→揉捻→晒干。老青茶（面茶）感官指标应符合以下要求：干茶条索成形，汤色绿黄，香气和滋味无异味。老青茶（里茶）感官指标应符合干茶条索有形，香气和滋味无异味。

（1）杀青 采用大型连续式滚筒杀青机，投叶量大，以 80 型滚筒杀青机为例，投叶量 1 500 ～ 2 000 kg/h，筒壁温度 250 ～ 300 ℃，杀青时间 2 ～ 3 min。杀青以闷杀为主，杀青后叶质由硬脆变为柔软，叶色变暗，叶质柔软，青草气减弱即为杀青适度，如鲜叶成熟度高或者天气干燥，鲜叶含水分较少，可在杀青前适当洒水，洒水比例为鲜叶重量 10% ～ 15%。

（2）揉捻 由于鲜叶原料成熟度相对较高，鲜叶经杀青后需趁热揉捻，生产中揉捻多采用 55 型或 65 型等大中型揉捻机，既能提高效率，又便于揉捻成型。揉捻投叶量以装满揉桶为宜，由于杀青以闷杀为主，叶表面有大量的水分，揉捻开始不宜加压，否则叶子易相互黏结，中间叶片难以翻动，不利于成型，揉捻 4 ~ 5 min 后可逐步加压，整个揉捻时间 10 ~ 15 min。当茶汁揉出，叶片卷皱，初具条形，即可下机。揉捻加压遵循由轻到重，逐步加压的原则，以叶片卷起、茶条初现、茶汁溢出为揉捻适度。

（3）晒干　在专用晒场上进行日光晒干，晒的过程中要经常翻动茶坯，使其干燥均匀，晒至手握茶条刺手，茶梗一折即断，含水率 15% 左右为适度。

若杀青揉捻后遇长期阴雨，无法进行晒干，也可采用烘干机烘干，但注意要采用"低温多次慢烘"，烘干机进风温度不高于 80 ℃，每次烘干作业 15 ~ 20 min，烘后需摊晾回潮，使茶坯内水分均匀，烘 3 ~ 5 次，烘至手握茶条刺手，茶梗一折即断，含水量低于 13% 即可。

2. 青砖茶

以老青茶为原料，依照渥堆、复制、拼配、压制、烘干等工序制作，面茶、里茶具有香气纯正、滋味醇和等品质特征的黑茶。青砖茶主要为长方形砖块状，外形要求砖面光滑、棱角整齐、紧结平整、色泽青褐、压印纹理清晰，砖内外无霉菌；内质要求香气纯正，无青、馊、异味，优质砖茶有木香或菌香，滋味醇和，汤色红（黄）橙明亮，叶底暗褐。工艺流程为：原料（老青茶）→渥堆陈化→复制→拼配→压制→烘干。

（1）渥堆陈化　渥堆陈化是青砖茶品质形成的核心工序，其多在大型企业内进行。目前渥堆陈化加工工序可分为：洒水增湿→小堆渥堆→大堆陈化。① 洒水增湿：对毛茶进行洒水增湿，所用水要符合《生活饮用水卫生标准》（GB 5749—2016）要求，洒水要均匀，通常为一层茶（50 cm 厚）洒 1 次水，保证茶坯含水量基本一致，洒水后茶坯含水量 30% ~ 40%，嫩度较好的毛茶含水率适当降低。② 小堆渥堆：小堆是将增湿后的毛茶筑成高 3 m 左右的长方形，边缘需要筑紧筑实，每堆约 5 t 茶坯，夏季经过 4 ~ 6 d、冬季经过 7 ~ 10 d，茶堆内温度上升至 50 ~ 65 ℃，堆表凝聚大量水珠，面茶呈乌绿色，里茶呈紫铜色，即需进行翻堆，翻堆后重新筑堆，5 ~ 15 d 后，堆温上升至 50 ~ 60 ℃，再次进行翻堆，当手握茶坯有爽手感，含水量达到 20% 左右，即可归并成大堆。③ 大堆陈化：每堆茶坯数量加到 30 t，堆 10 ~ 20 d 后堆表出现水珠，堆温上升至 50 ~ 60 ℃，茶香味浓，即可开沟通风散热，沟为"十"字形或

"井"字形的主沟，两侧挖支沟，主沟从堆底开到堆顶，支沟自底向上开 2/3 的涵洞，沟宽和洞宽各约 80 cm，沟壁与地面应保持垂直，且上下宽度一致，以免倒塌，同时应使沟的两端正对门窗，以有利于通风干燥。目前加工中，大堆在开沟通风后保持 180 d 以上，进行风干陈化，以促进青砖茶品质风味形成，大堆结束含水量 11% ～ 13% 时，即为适度，可起堆进行复制拼配。

（2）复制 复制是整理茶条，使大小、长短基本一致，剔除杂物的过程。一般工艺流程分为：解块→筛分→切茶→筛分→去杂→匀堆拼配。面茶和里茶要分开复制。将渥堆适度茶坯，按照不同等级进行切扎、筛分、风选，使其大小、长短基本一致，并剔除茶坯中非茶类夹杂物。

（3）拼配 按照青砖茶产品的品质要求，将不同等级的毛茶按一定的比例进行拼和。

（4）压制 蒸汽压制是形成青砖茶外形周正的关键工段，其工艺流程为：称料→蒸制→入模→压制→定型→退砖→修砖→冷却。

蒸压器具要保持清洁，蒸压前应检测付制茶含水率并计算确定称茶量，并将面茶：里茶重量按不低于 2∶8 比例，先放面茶，后放里茶，再放面茶于模具中。茶坯经蒸汽软化后，装入斗模内，迅速进行紧压，紧压后，需定型一段时间，然后退模，取出茶砖，并对照青砖茶加工标准样，检查砖片完整情况，若边角不整齐，经修缮整齐后，方可送烘房干燥，若砖片不完整或重量超过正负误差则需要返回重压。

（5）烘干 采用专用烘房，烘房内装有回流管道，管道上焊有散热翅片，干燥时，热蒸汽进入管道，通过散热翅片，升高烘房内空气温度，干燥茶砖。烘房内要设有排湿装置，以排除室内潮湿水汽。

青砖茶干燥根据砖片规格不同，一般需要 7 ～ 10 d。干燥过程中，温度调节要遵循先低后高、逐渐升温的原则，一般干燥初期温度 35 ～ 40 ℃，干燥中期 40 ～ 55 ℃，干燥后期 55 ～ 65 ℃，待其达到标准适度后，停止通入蒸汽加温，冷却 1 ～ 2 d，即可出烘房包装。青砖成品茶含水量要求控制在 12% 以内。

（四）广西六堡茶

1. 六堡茶毛茶

六堡茶毛茶的采摘标准为一芽二叶、三叶或一芽三叶、四叶和同等嫩度的对夹叶。采后保持新鲜，分级摊晾，当天采摘，当天付制。制造工序为：杀青→初揉→堆闷→复揉→干燥。

（1）杀青　六堡茶杀青是低温杀青，其余与绿茶相同。方法分为手工杀青和机械杀青，目前，一般采用机械杀青。待鲜叶炒至叶质柔软，叶色变为暗绿色，略有黏性，发出清香为适度。

（2）揉捻　揉捻以整形为主，破损细胞组织为辅。嫩叶揉捻前须进行短时摊晾，粗老叶则须趁热揉捻，以利成条。投叶量以加压后占茶机揉桶容积 2/3 为好，采取轻、重、轻的原则，先揉 10 min 左右，进行解块筛分，再上机复揉 10 ～ 15 min。

（3）堆闷　将揉捻后的叶子进行堆积和放置，同时保温和保湿，利用湿热作用促进一系列的化学变化，使揉捻叶由暗绿变为黄铜色，青气消失，发出浓纯的香气，滋味也由苦涩转为浓醇，以利于六堡茶特有品质特征的形成。视下机揉捻叶数量的多少，采取竹箩堆闷或用竹篾垫底堆筑堆闷，当堆温达 55℃ 时，及时进行翻堆散热，当堆温降到 30 ℃时再将茶叶收堆，继续堆闷直到适度为止。

（4）复揉　复揉使得渥堆后条索回松的茶条进一步卷紧，同时使堆内堆外茶坯干湿一致，以利干燥。复揉要轻压轻揉，使条索达到细紧为止，时间 5 ～ 6 min。

（5）干燥　干燥用烘干机或用七星灶烘焙。烘焙分毛火和足火两次进行，至茶叶含水量不超过 10%。

2. 六堡茶精制茶

是以六堡茶毛茶为原料，在广西一定区域内经筛分、拣剔、拼配、渥堆、汽蒸、包装、陈化等工艺加工制成的具有独特品质特征的散茶和紧压茶。

（1）筛制　通过筛分、风选、拣剔除去梗、片及非茶类物质，达到分级要求。按品质要求进行拼配。

（2）渥堆　根据六堡茶毛茶等级和气候条件，合理采取初蒸渥堆或加冷水渥堆。初蒸渥堆，茶叶上蒸茶机蒸 3 ～ 5 min，至叶全软为度，出蒸后略加摊晾，即进行渥堆。加冷水渥堆，根据茶叶的含水情况，合理确定茶水比例，均匀加水，茶叶含水量控制在 26% 以内。堆高 60 ～ 80 cm，每日勤检查，当堆温升至 58 ～ 60 ℃时立即翻堆、解块，堆温控制在 45 ～ 55 ℃为宜。待叶色变为红褐色或黑褐色，发出醇香，以形成六堡茶特有的"红、浓、陈、醇"品质特征，即为渥堆适度。

（3）蒸压　蒸压器具要保持清洁，蒸压前应测量每批预制茶（渥堆适度茶）含水量并计算确定称茶量。复蒸的茶叶一般趁热压入篓内或趁热压制成砖、饼、沱等。

（4）晾置　汽蒸后的散茶和蒸压后的紧压茶必须置于清洁、阴凉通风、无异杂味，忌高温高湿的环境内，待茶叶温度降至室温，茶叶含水量降至18%以下。

（5）陈化　茶叶前期陈化要求在清洁、阴凉，无异杂味的陈化仓库进行，保持室内相对湿度在80%～90%，温度23～28 ℃，时间30～45 d。然后将茶叶移至清洁、无异杂味、阴凉通风的仓库内继续后期陈化。

各类黑茶加工工艺流程见表5-10。

表5-10　各主要黑茶产品加工工艺

产地	代表品种	加工工艺流程
湖南黑茶	湘尖茶	原料→筛分整理→拼堆→计量→汽蒸→压制定型→晾置干燥→包装→入库
	千两茶	原料→筛分整理→拼堆→计量→汽蒸→装篓→滚压定型→自然干燥→包装→入库
	黑砖茶	原料→渥堆→干燥→筛分整理→拼堆→计量→汽蒸→压制定型→干燥→包装→入库
	花砖茶	原料→渥堆→干燥→筛分整理→拼堆→计量→汽蒸→压制定型→干燥→包装→入库
	茯砖茶	原料→筛分整理→拼堆→渥堆→计量→蒸茶→压制定型→发花干燥→包装→入库
湖北黑茶	老青砖	里茶：鲜叶→杀青→渥堆→干燥 面茶：杀青→初揉→出晒→复炒→复揉→渥堆→干燥
四川黑茶	南路边茶	杀青→初揉→初干→复揉→渥堆→干燥
	西路边茶	茯砖：毛茶整理→蒸茶筑砖（称茶→蒸茶→筑砖）→发花干燥→成品包装 方砖：毛茶整理→炒茶筑包→烧包晾包
云南黑茶	普洱熟茶散茶	原料→分级归堆→快速（人工）后发酵→干燥→筛分拣剔→检验→包装
	普洱紧压茶（熟茶）	原料→分级归堆→快速（人工）后发酵→干燥→筛分拣剔→普洱茶熟茶散茶→蒸压→干燥→检验→包装
	普洱紧压茶（生茶）	原料→分级归堆→筛分拣剔→蒸压→干燥→缓慢后发酵→检验→包装
广西黑茶	六堡茶	初制工序：鲜叶→杀青→初揉→堆闷→复揉→干燥 精制工序：筛制→拼配→渥堆→汽蒸→压制→陈化

茶叶绿色高质高效生产技术模式

196

（五）四川康砖茶

康砖茶是紧压茶的一种，属四川南路边茶，主要使用四川雅安一带的原料制成，主销西藏、青海、四川等地。康砖茶的感官品质为圆角长方形，形似枕头，表面平整、紧实，洒面色泽棕褐，汤色红褐，香气纯正，滋味醇和，叶底暗褐。

1. 做庄茶加工

工艺流程为：鲜叶→杀青→揉捻→渥堆→干燥。

（1）杀青　分蒸汽杀青和锅炒杀青两种。蒸汽杀青用 0.3 MPa 的高压蒸汽蒸制鲜叶 2 ～ 3 min。锅炒杀青常用瓶炒机，锅温 300 ～ 320℃，杀青时间 10 ～ 15 min。

（2）揉捻　分两次，第 1 次揉 1 ～ 2 min，不加压，使梗叶分离，揉捻后茶叶含水量为 65% ～ 70%，及时进行初干，待干燥到含水量 35% ～ 40%，趁热进行第 2 次揉捻，时间 5 ～ 8 min，适当加压。以揉捻成条、叶片不破碎为度，复揉后及时渥堆。

（3）渥堆　①自然渥堆：将揉捻叶趁热堆置，堆高 1.5 ～ 2 m，冬季堆面需遮盖。经过 3 ～ 7 d，茶堆有热气冒出，堆心温度达到 65 ～ 75℃，保持此温度 20 ～ 30 h 后，进行第 1 次翻堆。将堆表的部分翻入堆心，将堆心部分抛在堆表，并打散团块，重新整理成堆，再经过 3 ～ 5 d，堆面出现水汽凝结的水珠，堆心温度达到 60 ～ 65℃，叶色均匀转变成棕褐色时，即为适度。②加温保湿渥堆：将揉捻叶趁热装入竹筐，放入发酵室内的存放架上后，关闭发酵室。室内通入蒸汽，缓慢升温预热，保持室温在 65 ～ 75℃，相对湿度 80% 左右。经过 20 ～ 25 h 后，可达到渥堆的要求。

（4）干燥　常用滚筒式或瓶式炒茶机炒干，炒至渥堆叶的水分含量降至 14% 以下。也可用日光晒干，应随时翻拌，使茶叶干度均匀。

2. 毛庄茶复制

工艺流程为：发水堆放→蒸揉→渥堆→干燥。

（1）发水堆放　先将粘连的茶叶打散，再根据毛庄茶的含水量采用喷洒的方法定量加入 50 ～ 60℃ 的热水，并拌和均匀。发水后的毛庄茶含水量控制在 26% ～ 30%，再堆放约 24 h。

（2）蒸揉　将发水堆放的毛庄茶放入蒸茶箱中，通入 0.3 Mpa 的高压蒸汽，蒸 2 ～ 3 min，蒸到叶温 80℃ 以上，含水量增加 4% ～ 6% 为适度。再将蒸热茶叶在不加压的状态下揉捻 3 ～ 5 min，折卷率达 60% ～ 70% 即可。

（3）渥堆和干燥　同上述做庄茶加工。

3. 毛茶加工技术

工艺流程为：毛茶→毛茶整理→配料拼堆→蒸压成型→成品包装。

（1）毛茶整理　①初烘：用瓶炒机将毛茶炒干至含水量 11% ～ 13%。②筛分：主要用平圆筛整形，筛网规格见表 5-11，分离茶叶的长短和割末，去掉 80 目以下的细末。③切铡：经筛分后的筛面长梗和大叶先拣去杂质，再用立切机和滚切机反复切铡，直至无长梗大叶，梗长不超过 3 cm 为适度。④风选拣剔：用风选和拣剔清除各种半成品中的沙石、草木等非茶杂质和超过长度的长梗，入库待制。⑤停仓：经过筛分、分选、切铡后的原料茶在干燥通风处存放 2 ～ 7 d。

表 5-11　康砖茶洒面、里茶筛网规格

品种	里茶		面茶	
	筛孔（cm）	割片（孔/cm²）	筛孔（cm）	割片（孔/cm²）
康砖	3	31.5	2	1.6

（2）配料拼堆　①配料比例：配料应分别测定各地各种毛茶的水浸出物含量，然后根据国家规定的康砖茶水浸出物含量标准，预先制定一个配料比例，并用下式进行测算：

$$W = XY + X_1Y_1 + X_2Y_2 + X_3Y_3 + \cdots\cdots X_nY_n + K$$

式中，W 为成品茶水浸出物总量，X_1、X_2、X_3……X_n 为各种毛茶拼配比例；Y_1、Y_2、Y_3……Y_n 为各种毛茶水浸出物含量；K 为常数（K 的经验值为 +1）。其配料比例一般为：5% 的 3 ～ 5 级绿茶做洒面茶，里茶为条茶 35% ～ 40%，做庄茶 45% ～ 50%，茶梗 ≤ 8%。②配大仓、关堆：先按配料比例配制成小样，制成成品，将成品小样对照标准审评和检验，根据审评和检验的结果对拼配比例进行调整，再根据调整后的拼配比例配大仓。结合拼配的总重量，计算出各原料所需的数量，并逐一过称倒堆。倒堆时应分层，每种原料分 2 ～ 3 层摊铺；厚度均匀，铺面平整；个体大的摊下层、个体小的摊上层。茶堆四周平整，侧面的层次清晰、均匀，不得断层。拼配以后的茶堆要求含水量 12% ～ 13.5%，含梗量不高于 8%，长梗含量不高于 0.5%，杂质含量不高于 0.5%，合格以后，将茶堆拌和均匀。

（3）蒸压成型（蒸茶筑压） 采用机械舂包。包括称茶、蒸茶、安篾包、撒面茶、倒茶、舂紧、安隔片、封口、出包、堆包、存放等工序。

称茶：根据半制品实际含水量和损耗重量，按以下公式计算每块茶砖应称取的半成品重量。计算的公式为

$$每块茶砖应称重量 = \frac{茶砖的标准重量 \times （1-计量水分标准）}{（1-配料含水量）-洒面茶重量+损耗茶重量}$$

损耗茶的重量按经验常数计算，一般计 0.01 kg/ 砖，计量水分标准为 14%。

蒸茶：采用自动蒸茶箱或用蒸斗在蒸茶气口直接蒸制。蒸汽压力为 0.3 ~ 0.5 MPa，蒸 30 ~ 40 s，蒸至配料变软。

筑压：用舂包机筑压。将篾包放入模具，扣紧模盒，分开篾包口，撒入面茶，再将蒸好的里茶均匀倒入篾包，开动舂包机冲压 2 ~ 3 次，再撒入面茶，并用度杆放好隔片，即为第一块砖茶，然后依次重复操作。为控制茶砖的松紧度，根据茶叶嫩度、含梗量、含水量和温度确定舂棒数，一般 40 ~ 50 棒。舂完后用 "U" 形竹签封好包口。再从模具中取出茶包放通风干燥处堆成茶垛，存放 7 ~ 10 d，让其充分冷却、定型和后发酵，含水量降至 16% 以下。

（4）成品包装 重量符合要求的茶砖放置 1 张商标，用纸封好，包装用纸应符合国家规定的要求。传统包装用篾条捆扎整齐，装入篾包中后，用篾条捆紧，也可用箱装。

三、加工装备和技术创新

传统黑茶产业相对于其他茶类，加工装备和加工技术较落后，工艺传统，产品形态粗放，饮用不便，市场局限于"边销"、少量侨销或外销，产业规模不大，效益不高。近 10 年来，随着黑茶（包括普洱茶）产业的快速发展，黑茶加工理论、技术、装备与工艺均有了长足进步，现代黑茶加工正朝着标准化、机械化、自动化、智能化方向发展。

（一）湖南黑茶机械化加工与工艺创新

1. 黑毛茶

传统黑毛茶加工条件简陋，卫生条件差，设备陈旧落后，工艺标准化、规

范化程度低。长沙湘丰智能装备股份有限公司有针对性地研发了集摊青、杀青、揉捻、渥堆、烘干等为一体的黑毛茶自动化生产线。一些新工艺、新设备在黑毛茶加工中得到广泛运用，如在黑毛茶加工过程中导入乌龙茶摇青设备和工艺，开发毛茶加工的挤压设备，提高黑毛茶的香气和茶汤浓度。

2. 成品茶

（1）毛茶筛分精制工艺　益阳胜希机械设备制造有限公司研发成功毛茶原料精制筛分生产线，采取全封闭管道风力输送，通过智能控制，自动化、清洁化程度较高。此外，湖南白沙溪茶厂有限责任公司等单位通过技术革新，开发了原料拼配与净化装备、茶叶除尘集合器、滚筒匀堆机全自动生产装置、滚筒匀堆机除尘装置、茶叶自动司称下料器等专利产品，提高了原料均匀度，实现了加工过程中原料的自动精准计量，有效降低了生产车间粉尘污染等问题。

（2）发酵（渥堆）工艺　安化黑茶加工方面研发应用了黑茶高效节能型汽蒸与渥堆发酵新装备、涡轮推进发酵机、智能固态发酵机、节能高效蒸茶装置、茯砖茶循环双向蒸茶机等专利产品，这些设备的应用使蒸汽利用率提高35%以上，渥堆发酵均匀度得到显著提高。

（3）压制　益阳胜希机械设备制造有限公司研发的黑茶自动压制生产线，实现了黑茶压制定型及自动输送。这条自动压制生产线可产多种规格的茶砖。生产的紧压黑茶外观正品率、生产效率大大提高，成品茶砖外观精致。目前，该生产线在国内多个黑茶产区得到推广，对提高黑茶加工的清洁化、机械化和自动化水平起到了很大作用。

（4）茯砖发花　以刘仲华院士为主的团队发明了"调控发花技术""散茶发花技术""茯茶砖面发花技术""品质快速醇化技术"等黑茶加工新技术，突破了"高档茶、散茶和茯砖茶表面不能发花"的技术瓶颈，并联合黑茶企业，研发出自动控温节能型茯砖茶烘房和智能化的烘房测控系统等新设备，通过烘房的分段智能控制系统，用可编程逻辑控制器（PLC）来实现烘房内温度和湿度的精确控制，有效降低了加工成本，提高了发花效率，显著提高并稳定了茯砖茶的品质。

2019年，中茶安化第一茶厂引入行业领先的标准化、智能化、清洁化的匀堆发酵生产线、拼堆生产线、压制生产线，稳定安全、全智能化的烘房（图5-1至图5-3），引领黑茶行业走向标准化新征程。

图 5-1　自动化机器压制生产

图 5-2　智能化烘房

图 5-3　匀堆发酵生产

（二）云南普洱茶机械化加工和工艺创新

1. 晒青毛茶

晒青毛茶加工方面，云南天士力帝泊洱生物茶集团有限公司开发应用了晒青茶的清洁化加工流水线，使晒青毛茶加工实现全天候、自动化，浙江衢州上洋机械有限责任公司研发的晒青毛茶连续化、自动化筛分生产线，在云南的一些茶叶公司已得到推广应用。

2. 成品茶

渥堆时研发出控温、控湿、控微生物的发酵装备，例如双层保湿转动式普洱茶发酵罐、普洱茶清洁化发酵车间、普洱茶发酵无线控制系统等，这些创新发酵装备使得普洱茶发酵做到了可控化、清洁化、数字化。

（三）广西六堡茶机械化加工和工艺创新

（1）渥堆　广西六堡茶发酵工艺中，研发出发酵罐和全自动智能茶叶发酵装置。

（2）压制　梧州中茶茶业有限公司研发的六堡茶清洁化蒸压自动化加工生产线，智能化水平达到国内领先水平。

（四）湖北青砖茶机械化加工和工艺创新

（1）渥堆　湖北青砖茶发酵工艺中分析青砖茶发酵过程物理环境和生物指标，研究了青砖茶清洁化连续生产技术，有效缩短了青砖茶的发酵周期，提高了生产效率，降低了生产成本。采用自动进出料系统，提高了生产设备自动化程度；采用雾化加湿螺旋叶片输送搅拌装置，提高了青砖茶发酵中的加湿效果和温度控制效率；采用自动控温翻抛技术控制发酵温度，有效提高了发酵质量。

（2）压制　羊楼洞茶业股份有限公司研发的赤壁青砖茶清洁化蒸压自动化加工生产线，实现优质青砖茶的全程自动化清洁化生产，使湖北50%以上的青砖茶加工实现机械化、连续化、清洁化、标准化，智能化水平达到国内领先水平。

第六章

白茶绿色高质高效生产技术模式

第一节 品种选择

白茶属微发酵茶，对品种的要求主要是茸毛多。因为白茶的产量较低，对其品种适制性的研究和品种选育也不多。根据长期的生产实践和品种选育信息，以下品种较适合制作白茶。

1. 福鼎大白茶

小乔木型，中叶类，早生种。1985 年通过全国农作物品种审定委员会认定，编号 GS13001-1985。芽叶生育力强，发芽整齐、密度大，持嫩性强，黄绿色，茸毛特别多。春茶一芽二叶干样约含茶多酚 14.8%、氨基酸 4%、咖啡碱 3.3%、水浸出物 49.8%，产量高，适制绿茶、红茶、白茶。制烘青绿茶，色翠绿，白毫多，香高爽，似栗香，味鲜醇；制工夫红茶，色泽乌润显毫，汤色红艳，香高味醇；制白茶，芽壮色白，香鲜味醇，是制作白毫银针、白牡丹的优质原料。该品种对小绿叶蝉的抗性较弱，对茶橙瘿螨的抗性强；见有轮斑病、红锈藻病、云纹叶枯病。适应性广。扦插繁殖力强，成活率高。适合长江南北及华南茶区种植。

2. 福鼎大毫茶

小乔木型，大叶类，早生种。1985 年通过全国农作物品种审定委员会认定，编号 GS13002-1985。芽叶生育力较强，发芽整齐，持嫩性较强，黄绿色，肥壮，茸毛特别多。春茶一芽二叶干样约含茶多酚 17.3%、氨基酸 5.3%、咖啡碱 3.2%、水浸出物 47.2%。产量高，适制绿茶、红茶、白茶，是制作白毫银针、白牡丹和福建绿雪芽的优质原料。该品种对小绿叶蝉和茶橙瘿螨的抗性较强；见有红锈藻病及较严重的轮斑病。适应性广。扦插繁殖力强，成活率高。适合长江南北及华南茶区种植。

3. 政和大白茶

小乔木型，大叶类，晚生种。1985 年通过全国农作物品种审定委员会认定，编号 GS13005-1985。芽叶生育力较强，芽叶密度较稀，持嫩性强，黄绿带微紫色，茸毛特别多。春茶一芽二叶干样约含茶多酚 13.5%、氨基酸 5.9%、咖啡碱 3.3%、水浸出物 46.8%。产量较高，适制红茶、绿茶、白茶。制作工夫红茶，条索肥壮重实，色泽乌润，毫多，香高似罗兰香，味浓醇，汤色红艳，金圈厚，是制作政和工夫茶的优质原料；制作烘青绿茶，条索壮实，色翠绿，白毫多，香清高，味浓厚；制作白茶，外形肥壮，白毫密披，色白如银，香清鲜，味甘醇，是白毫银针、福建雪芽、白牡丹的优质原料。该品种对小绿叶蝉的抗性弱，对茶橙瘿螨的抗性强；见有云纹叶枯病，较严重的红锈藻病。适合江南茶区种植。

4. 福云 6 号

小乔木型，大叶类，特早生种。由福建省农业科学院茶叶研究所于 1957—1971 年从福鼎大白茶与云南大叶茶自然杂交后代中采用单株育种法育成。福建及广西、浙江有较大面积栽培，湖南、江西、四川、贵州、安徽、江苏、湖北等省（区）有引种。1987 年通过全国农作物品种审定委员会认定，编号 GS13033-1987。芽叶生育力强，发芽密，持嫩性较强，淡黄绿色，茸毛特别多，一芽三叶百芽重 69 g。春茶一芽二叶含茶多酚 14.9%、氨基酸 4.7%、咖啡碱 2.9%、水浸出物 45.1%。产量高，每亩可产干茶 200 ～ 300 kg。适制绿茶、红茶、白茶。制白茶，芽壮毫多色白。抗旱性强，抗寒性较强。扦插繁殖力强，成活率高。

5. 福安大白茶

又名高岭大白茶。小乔木型，大叶类，早生种。原产福安市康厝畲族乡高山村，20 世纪 70 年代后主要分布于福建东部、北部茶区，安徽、湖南、湖北、贵州、浙江、江西、江苏、四川等地有引种。1985 年通过全国茶树品种审定委员会认定，编号 GS13003-1985。芽叶生育力强，持嫩性较强，黄绿色，茸毛较多，一芽三叶百芽重 98 g。春茶一芽二叶干样约含茶多酚 15.5%、氨基酸

6.1%、咖啡碱 3.4%、水浸出物 51.3%。产量高，每亩可产干茶 200～300 kg。适制绿茶、白茶、红茶。制白茶，芽壮毫显，香鲜味醇。抗寒、抗旱能力强。扦插繁殖力强，成活率高。

6. 福云 595

小乔木型，大叶类，早生种。由福建省农业科学院茶叶研究所于 1959—1987 年从福鼎大白茶与云南大叶茶自然杂交后代中经单株育种法育成。1988 年通过福建省农作物品种审定委会员审定，编号闽审茶 1988001。芽叶生育力较强，持嫩性强，淡绿色，茸毛特别多，节间长，一芽三叶百芽重 111 g。春茶一芽二叶干样约含茶多酚 12.5%、氨基酸 4.7%、咖啡碱 4.7%、水浸出物 47.3%。产量较高，每亩产干茶 130 kg 以上。适制红茶、绿茶、白茶。制烘青绿茶，银毫密披，香气高爽，毫香显，滋味浓鲜，是窨制花茶的优质原料；制工夫红茶，毫显色润，香高浓，味醇厚；制白茶，芽肥壮，白毫多，色银白，香鲜味醇，是制白毫银针、福建雪芽、白牡丹的原料。抗寒、抗旱能力尚强。扦插与定植成活率高。

7. 歌乐茶

小乔木型，大叶类，早生种。原产福建省福鼎市点头镇柏柳村，已有 100 多年历史。福鼎市茶业局从福鼎大白茶有性群体中单株选育而成，2011 年通过福建省农作物品种审定委员会审定，编号闽审茶 2011001。主要分布在福建东部茶区。福建北部、浙江南部、安徽南部等茶区有引种。芽叶生育力强，发芽整齐，持嫩性强，淡绿色，茸毛较多，一芽三叶百芽重 80 g。春茶一芽二叶干样约含茶多酚 17.1%、氨基酸 5%、咖啡碱 3.5%、水浸出物 51%。产量高，每亩产干茶 200～300 kg。适制绿茶、红茶、白茶。制白牡丹，毫显且多，香气鲜爽、毫香显，滋味清鲜、醇爽。抗旱、抗寒性强。扦插繁殖力强，成活率高。

8. 九龙大白茶

小乔木型，大叶类，早生种。原产福建省松溪县郑墩镇双源村。相传有100 多年的历史，1981 年以来，松溪县茶业管理总站进行观察鉴定与繁育推广。福建及浙江东部有引种栽培。1998 年通过福建省农作物品种审定委员会审定，编号闽审茶 1998001。芽叶生育力强，发芽较密，持嫩性强，黄绿色，茸毛多，一芽三叶百芽重 109 g。春茶一芽二叶干样约含茶多酚 13%、氨基酸 4.1%、咖啡碱 3.6%、水浸出物 44.1%。产量高，每亩产干茶 200 kg 以上。适制绿茶、红茶、白茶。制白茶，芽壮色白，香鲜味醇，是制白毫银针、白牡丹的优质原料。抗旱性与抗寒性强。扦插繁殖力强，成活率高。

9. 福云 20 号

小乔木型，大叶类，中生种。由福建省农业科学院茶叶研究所于 1957—2005 年从福鼎大白茶与云南大叶种自然杂交后代中经单株育种法育成。2005 年通过福建省农作物品种审定委员会审定，编号闽审茶 2005001。芽叶生育力，持嫩性强，黄绿色，肥壮，茸毛多，一芽三叶百芽重 96.5 g。春茶一芽二叶干样约含茶多酚 18.8%、氨基酸 3.9%、咖啡碱 3.4%、水浸出物 50.6%。产量高，每亩产干茶 200 kg。适制绿茶、红茶、白茶。制白毫银针、福建雪芽等白茶，芽身长且壮，毫多，色银白，香清鲜，味鲜醇。抗寒、抗旱能力较强。扦插繁殖能力强，成活率高。

10. 乐昌白毛 1 号

小乔木型，中叶类，早生种。由广东省乐昌农场从乐昌白毛群体中采用单株育种法育成。主要分布在广东韶关和清远市。湖南、福建等省有少量引种。1988 年通过广东省农作物品种审定委员会审定，编号 1988008。芽叶生育力较强，绿色或黄绿色，肥壮，茸毛特别多，一芽三叶百芽重 86 g。春茶一芽二叶蒸青样约含茶多酚 21.3%、氨基酸 2.7%、咖啡碱 3%、水浸出物 56.3%。产量较高，每亩产干茶 120 kg。适制红茶、绿茶和白茶，品质优良。制白茶，色白如银，条索粗壮，兰花香高长，滋味浓醇。抗寒性和抗旱性较强，扦插繁殖力中等。

11. 碧香早

灌木型，中叶类，早生种。由湖南省农业科学院茶叶研究所以福鼎大白茶为母本、云南大叶茶为父本采用杂交育种法育成。在湖南茶区有较大面积栽培，江西、湖北、河南、安徽等省（区）有较大面积引种。1993 年通过湖南省农作物品种审定委员会审定，编号（1993）品审证字第 131 号。芽叶生育力较强，绿色，茸毛较多，一芽二叶百芽重 18.1 g。春茶一芽二叶干样约含茶多酚 18.3%、氨基酸 6.7%、咖啡碱 4.7%、水浸出物 47.8%。产量高，成龄茶园每亩可产干茶 240 kg 以上。抗寒性强，结实性中等。

12. 白毫早

灌木型，中叶类，早生种。由湖南省农业科学院茶叶研究所从安化群体种中采用单株育种法育成。湖南茶区有较大面积栽培，广西、贵州、四川、湖北、河南等省（区）均有较大面积引种。1994 年通过全国农作物品种审定委员会审定，编号 GS13017-1994。芽叶生育力较强，持嫩性强，绿色，茸毛特别多，一芽二叶百芽重 21.2 g。春茶一芽二叶干样约含茶多酚 18.6%、氨基酸 5.2%、咖啡碱 3.6%、水浸出物 49.6%。产量高，5 龄茶园每亩可产鲜茶 420 kg。抗寒性和抗病虫性强，扦插繁殖力强，抗旱性特别强。

13. 其他品种

根据白茶的品质特点，丹霞 1 号、丹霞 2 号等茸毛较多的品种也适合制作白茶。

第二节　白茶种植

我国白茶主要产自福建省，以中小叶为主。有关园区规划与建设、园地开垦、茶树种植、树冠培育等技术分别见第二章。

施肥原则、高效施肥技术模式与绿茶施肥原则同，参见第二章。

第三节　白茶加工

一、鲜叶采摘

1. 采摘时间

白毫银针的原料在每年清明前采摘，高级白牡丹原料每年谷雨前采摘，其他产品原料在茶叶生产季节均可采摘。根据各花色品种对鲜叶原料要求的不同，采摘标准也不同。白毫银针一般选择春茶头轮新梢的肥壮单芽或一芽二叶采后抽针。高级白牡丹选择春茶一芽一叶初展的细嫩芽叶，要求早、嫩，确保高级白牡丹的品质。一级、二级白牡丹则采摘一芽一叶、二叶或一芽二叶初展的细嫩芽叶。贡眉（寿眉）和新工艺白茶按等级要求采摘一芽一叶、二叶或一芽二叶、三叶初展为主，兼采一芽三叶和幼嫩对夹叶，以春茶中后期或夏秋茶鲜叶为主。

2. 采摘原则

白毫银针坚持"十不采"，即雨天不采、露水未干不采、细瘦芽不采、紫色芽头不采、人为损伤芽不采、虫伤芽不采、开心芽不采、空心芽不采、病态芽不采、霜冻伤芽不采。白牡丹坚持"三不采"，即季节未到不采、雨天不采、露水未干不采。保持鲜叶芽叶完整、匀净、新鲜和清洁，不夹带杂物。

3. 鲜叶贮运

采用清洁、通风良好的器具盛装鲜叶，运输工具必须清洁卫生无异味，严防污染。采下的鲜叶要及时进厂加工，防止日晒雨淋，避免温热、机械损伤或有毒、有异味的物质污染鲜叶原料，鲜叶进厂后及时分类加工。鲜叶盛装与储运过程中应轻放、轻压、薄摊、勤翻。

二、福鼎白茶加工

按照加工技艺区分，福鼎白茶分为传统工艺和新工艺两类。传统白茶工艺以不炒不揉、天然晾晒为特点。新工艺白茶在传统白茶技艺的基础上加了轻微揉捻的环节。按原料等级区分，白茶分为白毫银针、白牡丹、贡眉、寿眉 4类。此外，将白茶散茶紧压制作，就形成了白茶紧压饼。

福鼎白茶加工工艺流程主要是：萎凋→揉捻→烘焙→毛茶→拣剔→复焙→成品茶。

1. 萎凋

白茶萎凋的方式有室内自然萎凋、复式萎凋与热风加温萎凋 3 种。

（1）室内自然萎凋　萎凋的场所要求四面通风，无日光直射。春茶室温 18 ～ 25℃，相对湿度 70% ～ 80%；夏秋茶室温 30 ～ 32℃，相对湿度 60% ～ 75%。萎凋时，鲜叶老嫩分开，摊叶轻快均匀，俗称"开青"或"开筛"，每个水筛摊叶量 0.5 ～ 1 kg，不重叠，不翻动。萎凋叶萎凋至 7 成干时，即当青气减退，毫色发白，叶色转灰绿，叶尖翘起呈"翘尾"状，叶缘垂卷时，进行第 1 次并筛，即 2 筛并 1 筛。萎凋叶萎凋至 8 成干时进行第 2 次并筛，即再 2 筛并 1 筛，堆厚 10 ～ 15 cm，主要是促进转色。2 次并筛萎凋总历时 35 ～ 45 h，第 2 次并筛后继续萎凋 12 ～ 14 h，当梗脉水分减少，叶片微软，叶色转为灰绿，达 9.5 成干时，即可下筛烘焙。

（2）复式萎凋　即将日光萎凋与室内自然萎凋相结合。复式萎凋全程进行

2 ～ 4 次，每次 20 ～ 25 min，历时 1 ～ 2 h 日光处理。在春季早晚日光不强时轻晒，日照次数和每次日照时间长短应以温湿度的高低而定。春茶初期室外温度 25℃，相对湿度 65% 左右，每次晒 25 ～ 30 min，晒至叶片微热时移至室内萎凋；春茶中后期，室外温度 30℃，相对湿度 57% 左右时，每次日照时间以 10 ～ 15 min，即移至室内自然萎凋至适度。室内温度控制在 24 ～ 26℃，相对湿度 64% ～ 80%，萎凋总历时 48 h 左右，并分别于 32 h 和 40 h 左右进行 2 次并筛，至萎凋适度。

（3）热风加温萎凋　萎凋室内装设热风装置，萎凋间室温控制在 29 ～ 35℃，湿度 65% ～ 75%，历时 18 ～ 24 h。温度由低到高，再由高到低。即开始加温 1 ～ 6 h 时室温 29 ～ 31℃，7 ～ 12 h 时室温 32 ～ 35℃，13 ～ 18 h 时室温 30 ～ 32℃，18 ～ 24 h 时室温 29 ～ 30℃。当萎凋叶含水量达 16% ～ 20%、叶片不贴筛、茶叶毫色发白、叶色由浅转为深绿、芽尖与叶梗显翘尾、叶缘略带垂卷、青气消失、茶香显露时，即可下机。由于加温萎凋时间偏短，内含物转化不完全，因此，应进行一定时间的堆积后熟处理。堆积厚度 25 ～ 35 cm，堆中温度控制在 22 ～ 25℃，历时 2 ～ 5 h，当叶色由碧绿转为暗绿或灰绿、青气消失、茶香显露时，即可下机烘焙。

2. 轻揉捻

轻揉捻是新白茶加工过程特有的工艺，主要以轻压（不加压）、短揉为特点。春茶轻揉 3 ～ 5 min，夏秋茶视情况适当延长。揉捻以叶片卷缩、略成条形为适度，目的是增加茶汤浓度。

3. 烘焙

萎凋叶达 9 成干时进行 1 次烘焙，温度掌握在 70 ～ 80℃，摊叶厚度 4 cm 左右，历时 20 min 烘至足干。萎凋叶达 7 ～ 8 成干时，烘焙分 2 次进行，第 1 次初焙，温度掌握在 90 ～ 100℃，摊叶厚度 4 cm 左右，历时 10 min，下机摊晾 1 h，第 2 次复焙温度要低，温度掌握在 80 ～ 90℃，历时 20 min 焙至足干。

4. 拣剔

福鼎白茶拣剔相对比较简单，高档白茶主要拣去腊叶、黄叶、红张叶、粗老叶及非茶类夹杂物；中档白茶则拣去腊叶、黄叶、粗老叶及非茶类夹杂物；低档白茶只拣去非茶类夹杂物。

5. 复火

福鼎白茶产品在包装前须进行复火，除去超过茶叶标准要求的水分，要求含水量 5% ～ 6%。

第七章

黄茶绿色高质高效生产技术模式

第一节　品种选择

黄茶也属于产量比较少的茶类，代表性产品有湖南的君山银针，安徽的霍山黄芽，四川的蒙顶黄芽，湖北的远安黄茶，浙江的莫干黄芽、平阳黄汤等。因其产量较小，对其适制品种的研究及品种选育涉及的也不多。根据长期的生产实践，以下几个品种在黄茶主产区种植面积较大。

1. 槠叶齐 12 号

灌木型，中叶类，中生种。由湖南省农业科学院茶叶研究所育成。1994 年全国农作物品种审定委员会审定，编号 GS13016-1994。该品种芽叶生育力较强，绿色，肥壮，茸毛特别多。春茶一芽二叶干样约含茶多酚 19.8%、氨基酸 6%、咖啡碱 3.97%、水浸出物 49%。产量高。抗寒性与抗病性均较强。扦插繁殖力强。是君山银针的主推品种之一，并且也作为红、绿兼制品种在湖南、湖北茶区有较大面积栽培，河南、江西、安徽、云南、贵州、四川等省（区）有引种。

2. 尖波黄 13 号

灌木型，中叶类，早生种。由湖南省农业科学院茶叶研究所育成。1994 年全国农作物品种审定委员会审定，编号 GS13018-1994。2019 年通过农业农村部非主要农作物品种登记，编号 GPD 茶树（2019）330026。芽叶生育力强，黄绿色，茸毛特别多。春茶一芽二叶干样约含茶多酚 18.6%、氨基酸 3.9%、咖啡碱 3.1%、水浸出物 48%。产量高。适制黄茶、绿茶、红茶。抗寒性强，扦插繁殖力强，适宜在长江南北部分茶区推广。

3. 保靖黄金茶 1 号

灌木型，中叶类，特早生种。由湖南省农业科学院茶叶研究所、湖南省保靖县农业局从保靖黄金茶群体种中采用单株育种法育成。湖南保靖有较大面积种植，湖南长沙、古丈、沅陵、石门等地有引种。2010 年通过湖南省农作物品种审定委员会审定，编号 XPD005-2010。芽叶生育力强，发芽密度大，整齐，芽数型，黄绿色，茸毛中等，持嫩性强，一芽二叶百芽重 32.4 g。春茶一芽二叶干样约含茶多酚 14.6%、氨基酸 5.8%、咖啡碱 3.7%、水浸出物 45.5%。产量高，4 ~ 6 龄茶园每亩产干茶 208 kg。

4. 其他品种

资料表明，在黄茶主产区较为适制黄茶的品种还有中茶 602、平阳特早茶、中茶 108 等品种。

第二节　黄茶种植

我国黄茶主要产自福建省，以中小叶为主。有关园区规划与建设、园地开垦、茶树种植、树冠培育等技术分别见第二章。黄茶施肥与绿茶施肥同，参见第二章。

第三节　黄茶加工

黄芽茶主要有君山银针、蒙顶黄芽等，沩山毛尖、平阳黄汤、雅安黄茶等均属黄小茶，安徽皖西金寨、霍山、湖北英山和广东大叶青则为黄大茶。

鲜叶的收获过程主要是指适时且及时地从茶树上采摘新梢或幼嫩芽叶，作为加工黄茶的原料。黄茶可分为黄芽茶、黄小茶和黄大茶，按照鲜叶原料的嫩度，黄芽茶采用单芽或者一芽一叶制作，黄小茶一般采用一芽二叶左右鲜叶制作，黄大茶多用一芽四叶至五叶的原料制作。黄芽茶和黄小茶一般只在春季制作，黄大茶则可做夏茶和秋茶。采摘的鲜叶原料的质量是形成黄茶品质的基础，茶树的采叶量又影响到整个茶园的产量，开采的时间也直接关系到所产生的经济效益，因此该过程至为重要。茶叶采摘应当选择合适的季节、恰当的开采期，符合合理采摘的原则以及选择适当的采摘方法。

茶季没有统一的划分标准，有的按时令分，即清明至小满为春茶，小满至小暑为夏茶，小暑至寒露为秋茶；有的也以时间分，即5月底以前采收的为春茶，6月初至7月中旬采收的为夏茶，7月中旬开始采收的为秋茶。不同茶季的茶叶品质有明显差异，加工黄茶以春茶品质好，秋茶次之，夏茶品质差。

在手工采摘的条件下，茶树开采期宜早不宜迟，以略早为好，特别是春茶采收。提早采收的优点在于延长采期、降低生产原料进厂的峰值。一般春茶以茶树冠面上10%～15%的新梢达到采摘标准，就可以开采，夏秋茶以5%～10%的新梢达到采摘标准则应开采。

采摘应因地、因时、因树制宜；从新梢采摘而来的芽叶，须符合所要加工的黄小茶或者黄大茶原料的基本要求；采摘要兼顾质量和数量，发挥最佳的经济效益；在采摘的同时，适当留叶养树，维持茶树旺盛的生长势，确保茶树可持续发展；采茶必须结合水肥、修建管理等栽培技术措施，保证茶树萌发出数多质优的新梢，满足茶叶采收的需要。茶叶采摘方法主要有两种，即手工采茶和机械采茶。

手工采茶：根据采摘程度，手工采茶可分为打顶采摘法、留鱼叶采摘法和留真叶采摘法。打顶采又称打头、养蓬采，是一种以养为主的采摘方法，适用于扩大茶树树冠的培养阶段。留鱼叶采摘法是一种以采为主的采摘方法，为成年茶园的基本采法，适合名优茶和大宗红绿茶的采摘。留真叶采摘法是一种采养结合的采摘方法，既注重采，也重视留，具体视树龄树势而定。采摘的手法因手指动作、手掌朝向和手指对新梢着力的不同，形成多种方式，主要有折采、提手采，而使用如捋采、扭采、抓采等不适当的采姿，将严重影响采摘鲜叶的质量。折采是对细嫩标准采摘所应用的手法。左手接住枝条，右手的食指和拇指夹住细嫩新梢的芽尖和1～2片细嫩叶，轻轻用力将芽叶采下。这种方法采摘量少，效率低。提手采为应用广泛的手采方式，大部分茶区的红绿茶，适中标准采，大都采用此法。掌心向上或向下，拇指、食指配合中指，夹住新梢所要采的部位向上着力采下芽叶。

机械采茶：多采用双人抬往复切割式采茶机进行采茶。往复切割式采茶机由0.6～14 W的小汽油机或40 W左右的微电机驱动，动力由软轴传至手携采摘装置，驱动切割器（有双动刀和单动刀两种）和集叶装置作往复运动。采下的茶叶在风机或扫叶轮作用下送入集叶袋。采摘质量好，芽叶完整率可达70%左右，是非选择性采茶机发展的主要类型。如果操作熟练，管理得当，机械采茶对茶树的生长发育及茶叶的产量、质量不会产生太大影响，且能减少采茶劳动力，降低生产成本，提高经济效益。因此，近年来，机械采茶愈来愈受到茶农的青睐，机采茶园的面积一年比一年扩大。

茶叶采摘既是茶叶栽培的收获过程，也是增产提质的重要栽培管理技术措施。茶叶采摘是否合理，不仅直接关系到茶叶产量的高低、品质的优劣，而且关系到茶树生长的盛衰、经济生长年限的长短。总体来说，手采技术对各类茶叶的采摘标准及茶叶的采留结合比较容易掌握，但效率相对较低；机械采摘的鲜叶质量一般比手工采摘差，对叶梢选采性能差，但能克服采茶用工困难和工时费用的增加，能降低生产成本。

黄芽茶和黄小茶对鲜叶的要求比较严格，对鲜叶的嫩度、新鲜度和匀度的要求较高，因此，建议手工采摘，对于鲜叶成熟度有一定要求、追求产量且本身价格较低的黄大茶则更推荐选择机械采摘来降低成本，手工采摘与机械采摘有机结合，发挥茶园的最大效益。

一、黄芽茶（君山银针）加工

（一）品质特征

黄茶的品质特点是黄汤黄叶，关键的工序主要是闷黄工艺，利用高温杀青破坏酶的活性，其后多酚物质的氧化作用则是由于湿热作用引起，并产生一些有色物质。其典型工艺流程是杀青、闷黄、干燥。

君山银针成品茶芽头茁壮，长短大小均匀，茶芽内面呈金黄色，外层白毫显露完整，而且包裹坚实，茶芽外形很象一根根银针，雅称"金镶玉"。内质香气清纯，滋味甜爽。汤色鹅黄明亮，叶底嫩黄匀亮。

（二）鲜叶要求

君山银针的鲜叶采摘，每年只在清明前后7～10 d的时间进行，采摘标准为春茶的首轮嫩芽，只采芽头。要求芽头肥壮重实，芽长25～30 mm、宽3～4 mm，芽柄长2～3 mm。凡雨水芽、露水芽、细瘦芽、空心芽、紫色芽、风伤芽、虫伤芽、开口芽、弯曲芽均不采。

（三）加工技术

君山银针的制作要经过杀青、摊晾、初烘、初包、再摊晾、复烘、复包、焙干等 8 道工序，需 72 h 左右。

1. 杀青

在 20° 的斜锅中进行，锅需在鲜叶杀青前磨光打蜡，火温掌握"先高（100～120℃）后低（80℃）"，每锅投叶量 300 g 左右。茶叶下锅后，两手轻轻捞起，由怀内向前推去，再上抛抖散，让茶芽沿锅下滑。动作要灵活、轻巧，切忌重力摩擦，防止芽头弯曲、脱毫，茶色深暗。经 4～5 min，芽蒂微软青气消失，发出茶香，减重率达 30% 左右，即可出锅。

2. 摊晾

杀青叶出锅后，盛于小篾盘中，轻轻扬簸数次，散发热气，清除细末杂片。摊晾 4～5 min，即可初烘。

3. 初烘

放在炭火炕灶上初烘，温度掌握在 50～60℃，烘 20～30 min，至 5 成干左右。初烘程度要掌握适当，过干，初包闷黄时转色困难，叶色仍青绿，达不到香高色黄的要求；过湿，香气低闷，色泽发暗。

4. 初包

初烘叶稍经摊晾，即用牛皮纸包好，每包 1.5 kg 左右，置于箱内，放置 40～48 h，谓之初包闷黄，以促使君山银针特有色香味的形成，为君山银针制造的重要工序。每包茶叶不可过多或过少，太多化学变化剧烈，芽易发暗，太少则色变缓慢，难以达到初包的要求。由于包闷时氧化放热，包内温度逐升，24 h 后，可能达 30℃ 左右，应及时翻包，以使转色均匀。初包时间长短，与气温密切相关。当气温 20℃ 左右，约 40 h，气温低应当延长。当芽现黄色即可松包复烘。通过初包，银针品质风格基本形成。

5. 复烘

复烘的目的在于进一步蒸发水分，固定已形成的有效物质，减缓在复包过程中某些物质的转化。温度 50℃ 左右，时间约 1 h，烘至 8 成干即可。若初包变色不足，即烘至 7 成干为宜。下烘后进行摊晾，摊晾的目的与初烘后相同。

6. 复包

方法与初包相同。历时 20 h 左右。待茶芽色泽金黄，香气浓郁即为适度。

7. 足火

足火温度 50 ～ 55℃，烘量每次约 0.5 kg，焙至足干止。

加工完毕，按芽头肥瘦、曲直、色泽亮暗进行分级。以壮实、挺直、亮黄者为上，瘦弱、弯曲、暗黄者次之。

8. 贮藏

将石膏烧热捣碎，铺于箱底，上垫两层皮纸，将茶叶用皮纸分装成小包，放在皮纸上面，封好箱盖。只要注意适时更换石膏，银针品质经久不变。

二、黄小茶（沩山毛尖）加工

黄小茶加工以沩山毛尖为例。

沩山毛尖产于湖南宁乡县。沩山年平均温度 15℃左右，年降水量 1 800 ～ 1 900 mm，相对湿度在 80% 以上，全年日照为 2 400 h。高山茶园土壤为黑色沙质壤土，土层深厚，腐殖质丰富。茶树饱受云雾滋润，不受寒风和烈日侵袭，生长旺盛，芽叶肥厚，茸毛多，持嫩性强。

（一）品质特点

外形叶黄微卷，略呈块状，叶色黄亮油润，白毫显露；内质松烟香气浓厚，滋味甜醇爽口，汤色橙黄明亮，叶底黄亮嫩匀。

（二）鲜叶要求

谷雨前 6 ～ 7 d 开采，采摘标准为一芽一叶、二叶初展。采摘时严格要求做到不采紫芽、虫伤叶、鱼叶和蒂把。

（三）加工技术

沩山毛尖加工分杀青、闷黄、揉捻、烘焙、拣剔、熏烟等工序。

1. 杀青

采用平锅杀青，锅温 150℃左右。每锅投叶量 2 kg 左右。炒时要抖得高、扬得开，使水分迅速散发，后期锅温适当降低。炒至叶色暗绿，叶子粘手时即可出锅。

2. 闷黄

杀青叶出锅后趁热堆积 10 ～ 16 cm 厚，上盖湿布，进行 6 ～ 8 h 的闷黄。中间翻堆 1 次，使黄变均匀一致。至茶叶全部均匀变黄为止。闷黄后的茶叶先散堆，然后再轻揉。

3. 揉捻

在篾盘内轻揉。要求叶缘微卷，保持芽叶匀整，切忌揉出茶汁，以免成茶色泽变黑。

4. 烘焙

在特制的烘灶上进行，燃料用枫木或松柴，火温不能太高，以 70 ～ 80℃ 为宜。每焙可烘茶 3 层，厚约 7 cm。待第 1 层烘至 7 成干时，再加第 2 层，第 2 层 7 成干时，再加第 3 层。在烘培中不需翻烘，避免茶条卷曲不直。直到茶叶烘至足干下烘。如果气温低，闷黄不足，可在烘至 7 成干时提前下烘，再堆闷 2 h，以促黄变。

5. 拣剔

下烘后要剔除单片、茶梗、杂物，使品质匀齐。

6. 熏烟

沩山毛尖特有的工序。先在干茶上均匀喷洒清水或茶汁水，茶水比例为 10：1.5，使茶叶回潮湿润，然后再上焙熏烟。燃料用新鲜的枫球或黄藤，暗火缓慢烘焙熏烟，以提高烟气浓度，以便茶叶能充分吸附烟气中的芳香物质。熏烟时间 16 ～ 20 h，烘至足干即为成茶。

三、黄大茶（六安黄大茶）加工

（一）品质特征

不同于黄小茶，黄大茶在干燥过程中采用高温烘焙，该过程温度高、时间长，黄变也十分显著，叶色由黄绿转变为黄褐，同时形成焦糖香。黄大茶成品具有梗壮叶肥、叶片成条，梗叶相连，形似钓鱼钩，梗叶金黄油润，汤色深黄，叶底黄色，味浓厚耐泡，具有突出高爽的焦香味等特点。

（二）鲜叶要求

黄大茶要求大枝大杆，鲜叶采摘的标准为一芽四叶至五叶。一般长度在 10～13 cm。春茶一般在立夏前后 2～3 d 开采，为期 1 个月，采 3～4 批。夏茶在芒种后 3～4 d 开采，采 1～2 批，不采秋茶。采摘方法为，留鱼叶采，做到"三采三留"，即采符合标准的对夹叶，留小的正常芽叶；采顶苗，留侧苗；采肚苗，留蓬。叶要新鲜，采回的鲜叶要合理摊放。雨水叶要薄摊。如叶层厚，应勤加翻拌。白天采晚上制，一般不隔夜。

（三）加工技术

1. 炒茶

又分生锅、二青锅、熟锅 3 个阶段。炒茶锅用普通饭锅，砌切 3 锅相连的炒茶灶，锅倾斜呈 25°～30°。炒茶扫帚系用竹丝扎成，长 1 m 左右，竹丝一端直径 10 cm。当地茶农概括炒法为 3 句话"第 1 锅满锅旋，第 2 锅带把劲，第 3 锅钻把子"。

（1）生锅　主要起杀青作用。锅温 150～200℃，投叶量 250～500 g。叶量多少，视锅温高低和炒茶技术而不同。炒法是两手持炒茶扫帚与锅壁成一定角度，在锅中旋转炒拌，竹丝扫帚有弹性，使叶子跟着扫帚在锅中旋转翻动，受热均匀。要转得快，用力匀，不断翻转抖扬，使水汽及时散发，炒约 3～5 min，叶质柔软，叶色暗绿，即可扫入第二锅内。

（2）二青锅（初步揉条）　锅温稍低于生锅，炒法与生锅基本相同，但用力要大，转圈也要大，起揉条作用。茶要顺着炒把转，否则茶叶要满锅飞，不能成条。当茶叶炒至成团时，就要松把，将炒把夹带的茶叶甩出，抖散团块，散发水汽。松把后再炒转，用力一次比一次大，使之揉成条。当茶叶炒至皱叠成条，茶汁溢出，有粘手感，即可扫入熟锅。

（3）熟锅　熟锅是进一步做成细条，锅温 130～150℃，方法与二青锅基本相同，旋转搓揉，使叶子吞吐在竹丝炒把间，谓之"钻把子"。待炒至条索紧细，发出茶香，3～4 成干即可出锅。

2. 初烘

用烘笼烘焙，温度应控制在 120℃ 左右，烘叶量 2～2.5 kg。每隔 2～

3 min 翻烘 1 次。烘 30 min，到 7 ～ 8 成干，有刺手感觉，折之梗皮连，即为适度。下烘后立即进行堆积。

3. 堆积

初烘叶趁热装入茶篓或堆积于圈席内，稍加压紧，高约 1 m，置于高燥的烘房内。时间长短视鲜叶老嫩、茶坯含水量及黄变程度而定，一般是 5 ～ 7 d。待叶色变黄，香气透露即为适度。

4. 再烘焙

堆积变黄叶子经拣剔老叶杂物后，进行足火。黄大茶足火可分拉小火和拉老火两个阶段。

（1）拉小火　温度控制在 100℃左右。每次烘投叶量 10 kg，隔 5 ～ 7 min 翻拌 1 次。烘至 9 成干，约 30 min，即可下烘摊晾 3 ～ 5 h，再行拉老火。

（2）拉老火　温度 130 ～ 150℃，每次烘投叶量 12.5 kg。烘时要做到勤翻、匀翻、轻翻。烘至足干，茶梗折之即断，茶叶手捻即成粉末，梗心起泡呈菊花状，金黄色，梗有光泽，并发出浓烈的高火香、烘顶冒出青烟、足干上霜为止。时间 40 ～ 60 min，下烘趁热包装待运。

第八章

新型茶产品绿色高质高效生产技术模式

第一节　超微绿茶粉（抹茶）

随着茶叶消费的个性化、多样化发展趋势，具有特殊功效和品质的新型茶产品逐渐被开发出来，与传统茶叶形成相互补充、协调发展的关系，例如超微茶（抹茶）、低咖啡碱茶、高 γ- 氨基丁酸茶等新型茶产品，明显提高茶叶的利用率、附加值，适应市场的多元化需求。超微绿茶粉是一种外观色泽翠绿、颗粒细微均匀的粉末状茶产品，可广泛应用于食品、日化、医药等行业。其中，抹茶是一种特色超微绿茶粉，是采用特色品种和特殊的栽培和加工工艺制作而成的产品。我国超微绿茶粉是在 20 世纪 90 年代后期由中国农业科学院茶叶研究所研制成功，而现代抹茶是在近些年从日本传入我国。

适制超微绿茶粉品种应选择适应当地气候、土壤并经国家或省级审（认、鉴）定的茶树品种。比较适宜抹茶原料生产的茶树要求长势旺盛、持嫩性好、叶色偏绿，粗纤维在 49% 以内、茶氨酸大于 1%、茶多酚在 8% ～ 15% 为宜，兼顾满足适合机械化采、种、管的要求。代表性品种有中茶 102、浙农 302、龙井 43、福鼎大白茶、鸠坑、中茶 108、薮北、奥绿等。

1. 浙农 302

灌木型，中叶类，早生种。由浙江大学育成。2020 年通过农业农村部非主要农作物品种登记，编号 GPD 茶树（2020）330035。发芽密度高，茸毛中。春茶一芽二叶干样约含茶多酚 21.27%、氨基酸 3.83%、咖啡碱 3%、浸出物

49.2%。适制绿茶和超细绿茶粉。所制绿茶条索紧结有锋苗，色泽绿润，有白毫，汤色嫩绿明亮；香气嫩香浓，尚持久，滋味浓醇尚鲜，叶底嫩匀多芽，黄绿亮。用春季一芽三叶所制超细绿茶粉外形粉末细腻均匀，色泽绿较鲜亮，汤色浓绿，香气清纯尚浓，滋味清纯较鲜。高抗茶炭疽病、抗茶云纹叶枯病，感茶小绿叶蝉。抗寒力和抗旱力强。适宜浙江省及其气候类似区域种植。

2. 中茶 102

灌木型，中叶类，早生种。由中国农业科学院茶叶研究所育成。2002 年通过全国农作物品种审定委员会审定，编号国审茶 2002014。2021 年又通过农业农村部非主要农作物品种登记，编号 GPD 茶树（2021）330014。该品种芽叶生育力强，黄绿色，茸毛中等。春茶一芽二叶干样约含茶多酚 13.2%、氨基酸 5.4%、咖啡碱 2.7%、水浸出物 52.8%。产量高。适制绿茶、煎茶及抹茶。抗寒抗旱性均强。适宜于江南、江北茶区种植。

3. 中茶 108

品种介绍见绿茶适制品种中茶 108。该品种不仅加工绿茶品质优，而且加工抹茶品质优，产量高。

4. 龙井 43

灌木型，中叶类，特早生种。由中国农业科学院茶叶研究所于 1960—1978 年从龙井群体中采用单株育种法育成。全国大部分产茶区有引种，浙江、江苏、安徽、河南、湖北等省有较大面积栽培。1987 年通过全国农作物品种审定委员会认定，编号 GS13037-1987。芽叶生育力强，发芽整齐，耐采摘，持嫩性较差，芽叶纤细，绿稍黄色，春梢基部有一点淡红，茸毛少，一芽三叶百芽重 31.6 g。春茶一芽二叶干样约含茶多酚 15.3%、氨基酸 4.4%、咖啡碱 2.8%、水浸出物 51.3%。产量高，每亩可产干茶 190～230 kg。适制绿茶，品质优良。外形色泽嫩绿，香气清高，滋味甘醇爽口，叶底嫩黄成朵。抗寒性强，抗高温和炭疽病较弱。扦插繁殖力强，移栽成活率高。

5. 福鼎大白茶

品种介绍见白茶适制品种福鼎大白茶。该品种不仅加工白茶品质优，而且加工抹茶品质优。

6. 玉绿

灌木型，中叶类，早生种。由湖南省农业科学院茶叶研究所以日本薮北种为母本，用福鼎大白茶、槠叶齐、湘波绿和龙井 43 号等优良品种的混合花粉经人工杂交授粉采用杂交育种法育成。湖南、湖北茶区有较大面积栽培，四川、河南等省有引种。2010 年通过全国茶树品种鉴定委员会鉴定，编号国品鉴茶 2010010。芽叶生育力较强，绿色或黄绿色，肥壮，茸毛特多，一芽三叶百芽重 130 g。 2011 年在长沙高桥镇取样，春茶一芽二叶干样约含茶多酚 21%、氨基酸 4.2%、咖啡碱 3.9%、水浸出物 48.2%。 产量高，每亩可产干茶 150 kg 以上。 适制绿茶，品质优，尤宜制毛尖、高档名优绿茶，具有"三绿"特征，成茶色泽绿，汤色绿，叶底绿，特别是滋味醇、爽度好。抗寒、抗旱性较强，抗病性亦强。

二、栽培管理

（一）覆盖

1. 覆盖材料

宜选用黑色（或银白色、蓝色等）纤维网，以 PVA、PET、PE、PP 等材质为主，遮光率以 60% 为低限，以 85% ～ 95% 为宜。

2. 覆盖方式

（1）高棚架覆盖　棚架高度 1.8 ～ 2.2 m（茶棚面和覆盖网的间隔以 60 cm 以上为基准设定棚的高度）；棚架宽度 5 ～ 6 m，跨 3 个茶行；棚架杆材质以水泥柱（边长 6 ～ 8 cm 的正方形）、镀锌管（直径 4.5 ～ 5.5 cm）为主。

（2）直接覆盖　将覆盖材料直接覆盖在茶树上，包住茶树蓬面。

3. 覆盖时间

新梢长至一芽一至二叶（一芽二叶占主体）时开始覆盖，覆盖时间 1 ～ 2 周。在原料采摘前揭网，即揭即采。

（二）肥料管理

根据土壤理化性质、茶树长势、预计产量和气候等条件，确定合理的肥料种类、数量和施肥时间，实施茶园测土平衡施肥，基肥和追肥配合施用。一般抹茶用茶树全年每亩氮肥（按纯氮计）用量 20 ～ 40 kg、磷肥（按 P_2O_5 计）6 ～ 8 kg、钾肥（按 K_2O 计）6 ～ 10 kg。

基肥施用时间为 9 月底至 10 月初，宜有机肥与化肥配合施用，所使用的肥料需符合《微生物肥料》（NY 227—1994）、《有机肥料》（NY 525—2021）的规定。开沟 15 ~ 20 cm，施用后覆土，或结合机械深施。一般每亩基肥施用量（按纯氮计）12 ~ 33 kg。

追肥以尿素为主，在春季茶叶开采前 30 d 左右开沟施入，夏秋季根据抹茶采收次数，追肥 2 ~ 3 次。追肥氮肥施用量（按纯氮计）每次每亩 10 ~ 15 kg。

茶树出现营养元素缺乏时可适量追施叶面肥，采摘前 15 d 停止使用。

（三）鲜叶采摘

采摘标准为一芽三叶至一芽四叶，适时机采。应注意轻放、轻压、薄摊，减少机械损伤，避免日晒雨淋，防止升温变质。

三、加工技术

（一）抹茶粉加工技术

鲜叶贮青→鲜叶切断→蒸汽杀青→散茶冷却→初烘（碾茶炉）→梗叶分离→复烘→二次梗叶分离→碾茶精制→研磨→分筛与包装。

1. 鲜叶贮青

鲜叶采摘后，用清洁卫生、透气良好的竹篮、食品塑料篮等盛放鲜叶原料，及时运送，避免日晒雨淋，防止温热、机械损伤。鲜叶不得直接摊于地面，应均匀摊于贮青机或贮青槽上，促使鲜叶水分散发均匀，厚度一般在 25 ~ 45 cm，鲜叶暴晒后会发热或脱水，可采用雾化器对其进行冷却保鲜，稳定洪峰期的鲜叶品质。

2. 鲜叶切断

由于中后期茶叶的长度、质地等不同，其在蒸青、冷却、干燥等过程中产生的品质不一，为使原料均匀，鲜叶要通过切断机的横切、纵横双切等方式切割，为防止单片叶挂在蒸青机的网上产生焦香味而影响茶叶品质，可采用鲜叶筛分机分离单片叶、鱼叶及杂质。

3. 蒸汽杀青

目前，碾茶（抹茶）杀青主要是蒸汽杀青。蒸汽杀青过程快，杀青彻底、均匀，可以更好地保全叶绿素，固定茶叶的天然绿色，较适合碾茶品质。蒸杀要掌握蒸汽压力、蒸汽量、蒸汽时间和投叶量等。传统蒸汽杀青机采用 100 ~ 105℃ 的蒸汽，杀青 10 ~ 20 s，现国内 90% 的蒸汽杀青机来自日本，日本的蒸汽杀青机一般采用网筒搅拌型蒸汽机，不同蒸汽机型号相应的参数如表 8-1 所示。

表 8-1　日本网筒搅拌型蒸汽机的标准使用法

蒸汽机型号	类型	投叶量（kg/h）	蒸汽需要量（kg/h）	锅炉的蒸汽压力（kg）	滚筒转速（rpm）	搅拌轴转速（rpm）	蒸青时间（s）
200 K 型（6 型）	春茶	150	50	0.1 ~ 0.2	40 ~ 50	350 ~ 400	25 ~ 35
	夏秋茶	200	60	0.1 以下	40 ~ 50	400 ~ 550	30 ~ 40
300 K 型（7 型）	春茶	250	80	0.1 ~ 0.2	40 ~ 50	300 ~ 400	25 ~ 35
	夏秋茶	300	90	0.1 以下	40 ~ 50	350 ~ 500	30 ~ 40
400 K 型（8 型）	春茶	350	105	0.1 ~ 0.2	40 ~ 50	230 ~ 350	30 ~ 35
	夏秋茶	400	120	0.1 以下	40 ~ 50	300 ~ 400	30 ~ 40

蒸汽热风杀青机和炒蒸机是近年来研发的新型蒸汽复合杀青装备，蒸汽热风杀青机具有杀青均匀、无叠叶（阴阳面）现象、雨水叶也可以及时付制的特点，且无须专业人员调整设备，只需按照原料嫩度微调蒸汽流量，大幅度提升了杀青效率，但机型偏大，需要两套能源系统。

杀青机转速和蒸汽流量是蒸汽杀青的两大重要参数，对碾茶的品质形成有较大影响。蒸汽杀青机一定的搅拌轴转数（260 ~ 400 rpm）和筒体转数（26 ~ 40 rpm）都适合碾茶的生产，其中，中等的搅拌轴转数（300 rpm）和筒体转数（30 rpm）对碾茶的整体品质更好，色差 a 值和 h 值与其他参数差异不显著，而叶绿素含量及茶多酚、氨基酸和咖啡碱等品质成分含量都显著高于其他参数（表 8-2）。鲜叶蒸汽杀青搅拌轴转数和筒体转数的设定重点要参考鲜叶的老嫩度及蒸汽流量。

表 8-2　蒸汽杀青机转速对碾茶叶绿素含量的影响　　　　　　　单位：%

搅拌轴转数	筒体转数	叶绿素 a	叶绿素 b	叶绿素总量
260 rpm	26 rpm	0.553[b]	0.182[a]	0.735[b]
300 rpm	30 rpm	0.575[a]	0.174[b]	0.750[a]
400 rpm	40 rpm	0.556[ab]	0.173[b]	0.729[b]

注：a, b, c 为显著性差异（$P < 0.05$）。

80 ~ 140 kg/h 蒸汽流量都可用于碾茶蒸汽杀青，其中，110 kg/h 蒸汽流量更适合碾茶加工，其成品碾茶色泽更绿，色差 a 值和 h 值显示其绿色程度都高于 80 和 140 kg/h 处理，110 kg/h 处理的叶绿素含量与 80 kg/h 处理相当，而显著高于 140 kg/h 处理，品质成分氨基酸含量也显著高于 80 kg/h 和 140 kg/h 处理（表 8-3）。

表 8-3　蒸汽流量对碾茶叶绿素含量的影响　　　　　　　　　　单位：%

蒸汽流量	叶绿素 a	叶绿素 b	叶绿素总量
80 kg/h	0.583[a]	0.196[a]	0.779[a]
110 kg/h	0.571[a]	0.191[a]	0.763[b]
140 kg/h	0.531[b]	0.166[b]	0.696[c]

注：a, b, c 为显著性差异（$P < 0.05$）。

4. 散茶冷却

散热冷却分挂网式和硬架子式两部分，挂网式冷却效果较好，硬架子式散茶效果较好。将蒸青叶用冷风吹到 5 ～ 6 m 高的空中 4 ～ 5 次与空气充分接触，腾空过程中逐步向前运动，使叶片均匀展开，防止叶片重叠，平铺于链条网上，以免发生粘叠变黄变黑，保持碾茶色泽绿的特点。

5. 初烘

碾茶干燥工序一般采用传统砌砖式碾茶炉。碾茶炉是使用砖块砌成侧壁的烘房（长 13 m、宽 2 m、高 3 m 左右），烘烤热源来自底层燃油或天然气烧红的铁板，烘房内利用排气管释放的对流热风辐射传导对叶片进行干燥。辐射传导效率高，自然对流能耗低，能较好地保留碾茶香气物质，可形成碾茶特有的炉香。炉膛、炉墙表面涂布不同的红外线涂料，效果相差较大，能量的传递与波长有关，红外线波长在 760 ～ 10 000 nm，碾茶炉的辐射波长在此范围。

碾茶炉内一般有 4 层 1.8 ～ 2 m 宽的不锈钢网状输送网带，长度为 10 ～ 15 m，叶片在网带上堆积，厚约 20 mm，以风送换层的方式在多层网带上前行，经过 4 段共历时 20 ～ 25 min，第 1 段 170 ～ 200℃，第 2 段 130 ～ 160℃，第 3 段 100 ～ 120℃，第 4 段 70 ～ 90℃，茶叶经过各层输送带运送被均匀干燥，最终形成鲜艳的绿色，产生碾茶被覆盖后含特有的海苔香。

碾茶炉内温度的高低，对其品质形成有着不同程度的影响，通过设置 3 组不同的燃烧机温度来改变碾茶炉内的干燥温度，对碾茶色差、叶绿素含量等影响见表 8-4。从分析的结果来看，燃烧机 230 ～ 250℃都可以加工出品质较优的碾茶，但比较碾茶成品的色差、叶绿素含量、氨基酸等品质成分含量发现，

230℃、240℃和250℃都有各自的优缺点。

表 8-4　碾茶炉燃烧机温度对碾茶叶绿素含量的影响

燃烧机温度	叶绿素 a	叶绿素 b	叶绿素总量
230 ℃	0.534[b]	0.180[ab]	0.683[c]
240 ℃	0.509[c]	0.174[b]	0.714[b]
250 ℃	0.560[a]	0.187[a]	0.748[a]

注：a, b, c 为显著性差异（$P < 0.05$）。

6. 梗叶分离

茶叶经过干燥工序后叶片部分的含水量降到 10% 左右，叶片极易压碎，而此时梗部含水量为 50% ～ 55%，韧性尚存不易折断。然后经过梗叶分离机进行梗叶分离，去掉茶梗、叶脉（茶梗和叶脉部分含水多，叶绿素少，还含有涩味的茶多酚）和碎叶。茎叶分离工序的主要设备是茎叶分离机，其结构是半圆筒形的金属网，内置的螺旋刀在旋转时将叶片从梗上剥离，剥离后的茶叶经过输送带进入高精度风选机进行风选分离。这也是碾茶的独特工序。

7. 复烘

复烘也称二次烘干或"足干"，分离后的梗叶水分含量不同，需分别进行烘干处理，叶片部分一般以 60℃ 的热风烘干约 10 min，使茶叶充分干燥，便于后续碾茶的精制处理。

8. 二次梗叶分离

梗叶分离后的叶片，仍有部分叶脉、小茶梗尚未去除，不利于碾茶的研磨粉碎。二次梗叶分离即除去残留的叶脉、茎部、茶梗，保留叶片部分，这样便完成了粗制碾茶的加工。

9. 碾茶精制

碾茶原料在进行研磨之前还需要精制：通过切茶、筛茶、风选等动作，完成除去碾茶中的茶梗、叶脉、末、杂质等，形成 0.3 ～ 0.5 cm 大小的均匀碎片，最后经过一次再烘干完成精制过程。

（1）切断分筛　粗制碾茶去除杂质后，首先要切断分筛，通过切茶，把大的切小、长的切短，切轧成规格均匀的碾茶碎片。切轧是靠切茶机来完成的，目前使用的切茶机主要有滚切机、齿切机、圆片机和轧片机等。筛分有圆筛和抖筛，圆筛是茶叶在筛面做回转运动，主要是分离长短或大小，抖筛是茶叶在筛面做往复运动，主要是分离长圆或粗细。切茶后进行筛茶，筛分过程中分离出不符合规格的茶叶，再进行切轧，反复筛切直至符合规格为止。

（2）风选　风选是利用风力选别机的风力作用，分离茶叶的轻重，去除黄片、茶梗以及夹杂物等。不同品质的碾茶片轻重不同，抗风力和下落速度不同，重实的茶叶抗风力较强，下落快，落在风源的近处；较轻的茶叶受风力作用后，下降较慢，落在风源的远处，从而将轻重不同的茶叶分离。因此，通过风扇分离出茶叶身骨的轻重，就意味着区分出质量的优次，并可根据质量优次来划分级别。风选作业靠风选机完成，风选机有吸风式和吹风式两种。

（3）干燥　茶叶的吸湿性较强，粗制碾茶经切断、分筛、风选后，含水量上升，必须经过干燥处理，去除多余的水分，以利储藏或研磨处理。同时，干燥还能促进茶叶内含物进行有利的热化学反应，增进碾茶的色、香、味。

（4）选别　碾茶筛分、风选后，仍有部分茶梗及非茶类夹杂物等是无法剔除的，例如粗老筋梗、沙石、零碎金属。因此，必须采取必要的拣剔措施，剔除夹杂物以提高茶叶净度。拣剔按方式不同分为手工拣剔与机器拣剔，机器拣剔又分为阶梯式拣梗机拣剔（简称机拣）、静电拣梗机拣剔（简称电拣）和色选机（亦称光电拣梗机）拣剔。

（5）贮存　精制碾茶叶片细小，在空气中易吸湿受潮，色泽变暗，滋味、香气劣变等，进而导致抹茶的商品价值降低。因此，碾茶在精制阶段完成后，需尽快冷藏起来，降低其氧化速度，生产上一般贮存于10℃左右的避光条件下。

10. 抹茶粉碎工艺

碾茶的研磨是抹茶加工的关键工艺之一。高品质的抹茶一般是用天然石磨将充分干燥的蒸青茶在低温环境下研磨成细微的粉末。抹茶碾磨设备有球磨机，石磨、连续球磨机（棒销式沙磨机）、碾磨机、气流粉碎机等，目前我国茶叶主要的磨粉方式有气流粉碎、球磨粉碎以及振动磨粉碎等。

（1）石磨粉碎　高品质的抹茶一般要求采用石磨进行粉碎，之所以要用石磨来研磨，是因为石磨的材质不易导热，能确保研磨过程中的温度环境相对稳定，而相对恒定的低温能最大限度保持抹茶中的活性物质（表8-5）。实际生产中要求茶磨转速缓慢，1台茶磨工作1小时只能生产约40 g抹茶。这种茶磨产出的抹茶颗粒度为2～20 μm的不规则撕裂状薄片，比普通绿茶粉还要细2～

20 倍。抹茶的"不规则撕裂状薄片"显微结构可以使抹茶颗粒能在水中悬浮，冲泡摇匀后外观呈现鲜绿色的茶汤，并且即使经过久置也无沉淀现象。

（2）球磨粉碎　球磨机粉碎，现阶段我国抹茶加工企业大多采用球磨的方式加工抹茶。球磨粉碎的原理是将原料与球磨介质一起装入高能球磨机中进行机械研磨，原料不断经历磨球的碰撞、挤压而反复变形与断裂，最终形成超细粉体。球磨机超微粉碎保留了茶叶原有的氨基酸、水溶性多糖和咖啡因含量，但在超微粉碎过程中损失了一定的茶多酚和儿茶素，适合抹茶的加工生产。单台球磨机的空间体积为 215 L，一次单个球磨可以粉碎碾茶 20 kg，研磨时间为 20 h，环境温度控制在 5 ～ 10 ℃，获得抹茶的颗粒度大概为 5 ～ 15 μm。

表 8-5　石磨碾磨过程中温度变化

时间（h）	石磨机温度（℃）	抹茶叶温（℃）
0	14.4	19.1
4	24.3	14.3
8	31.8	16.2
12	33.5	14.8
16	34.4	15.6
20	34.2	16.0
24	34.5	15.8

注：室温 7℃，湿度 29%。

（3）连续式球磨机粉碎　连续式球磨抹茶机包括机架、电机、传动轴、螺杆、筒体、氧化锆陶瓷球、进料装置、料斗及冷却装置（表 8-6）。连续球磨机能够连续进料进行研磨，大大提高了设备研磨效率，在研磨过程中，通入冷却水对茶叶进行冷却，避免了茶叶温度局部过高，使抹茶的颜色和口感较好。浙江越丰茶叶机械有限公司开发了连续式球磨机，并获得"一种连续式球磨抹茶机"（ZL 208824630）的国家专利，每小时可以加工抹茶 15 kg，颗粒度 D60 可以达到 950 目，大大提高抹茶加工生产的效率。

表 8-6　连续球磨机型号

型号	外形尺寸（mm）	产量（800 ～ 1 000）（kg/h）	总功率（kW）
6CLQM–30	2 716 × 912 × 2 212	≥ 15	17.37

（4）气流粉碎　气流粉碎是我国目前普遍采用的超微粉碎方式，利用气流式超微粉碎机，以压缩空气或过热蒸汽经过喷嘴时产生的高速气流作为颗粒

的载体，通过颗粒与颗粒之间或者颗粒与固定板之间发生的冲击性挤压、摩擦和剪切等一系列作用，从而达到粉碎的目的。气流粉碎所获得的颗粒细腻，可达 2 000 目以上，且气流在喷嘴处膨胀时可以降温，粉碎过程中没有伴生热量，对热敏性和低焰点的物料影响较小。然而，气流粉碎加工过程中存在机械噪音大、耗电量大、加工回收率低等缺陷（表 8-7）。

表 8-7 气流粉碎机使用参数

名称	风速	旋风	风机转速	取样间隔	收尘	温度要求
参数	2～3	快	20～50	30～60 min	慢	≤ 35℃

注：青岛海华粉体设备厂 JFF-750。

11. 抹茶分筛与金探

抹茶精制主要是通过筛分、金属探测去除以及包装等步骤，将粉碎好的抹茶进行异物去除和金属颗粒去除，通过包装使抹茶成为商品抹茶。

（1）分筛 抹茶的分筛，是抹茶精制过程中使抹茶颗粒一致化的基本操作工序，对除去未完全粉碎的叶片、叶脉，提高抹茶品质具有很大意义。磨好的抹茶粉需要通过金属筛去除没有被粉碎的茶以及其他表面异物，所用的金属筛都为不锈钢材质，使用的目数一般为 80 目。常用的金属筛为振动筛或超声波金属筛，与抹茶粉碎设备或者包装设备连接在一起。金属振动筛与连续球磨机串联在一起，可以将联系粉粹好的抹茶颗粒进行分筛处理，把不同大小的颗粒进行分筛，确保产品颗粒大小能够相对一致。金属振动筛与粉末包装机连在一起，可以让抹茶进入包装之前再进行产品的分筛，将异物以及大颗粒碎片去除，确保产品品质符合要求。

（2）金探 经过分筛的抹茶粉，还需要通过磁棒或者金属探测仪去除抹茶粉中的金属异物。金属探测仪主要用于探测茶叶中的金属杂物如铁、铜、铝等和带有金属成分的铝箔纸等，其原理是通过在探头周围产生高频电磁场，当金属杂物进入高频电磁场时，引起电磁场产生能量损耗，探出杂物并自动剔除杂物；金属探测仪一般安装在包装工序之前。

（3）分装 抹茶粉的包装应符合行业标准《茶叶包装通则》（GH/T 1070—2011）的规定。包装物上的文字内容和符号应符合我国相关法律、法规的规定，包装物应符合环保、低碳和维护消费者权益的要求，包装材料应符合相关的卫生要求，包装材料使用的黏合剂应无毒、无异味、对抹茶无污染。

包装器械与抹茶接触部分都应为不锈钢材质，一般采用自动上样设备，减少人为的接触；同时，在包装之前应先进行分筛和金属探测等处理，去除外来异物。包装好后应将包装袋中的空气排出，防止后期容易挤压破裂。

包装过程主要要注意操作人员卫生，操作时不能说话，防止唾液喷入抹茶；要注意所使用包装材料的卫生，装前一定要逐一进行检查是否破损或有异物或已受污染；操作人员接触设备工作面或包装物，特别是内包装时手一定要消毒；裸露的料斗应检查是否有异物并进行消毒方可使用。

（二）超微绿茶粉加工技术

鲜叶前处理→杀青（滚筒杀青、蒸汽杀青+叶打脱水）→揉捻或揉切→解块筛分→脱水干燥→干茶→超微粉碎→成品包装。

1. 鲜叶前处理

将采回的匀净鲜叶薄摊于阴凉通风的竹匾中，使鲜叶散失部分水分。摊放厚度一般为 5～10 cm。春茶时间一般为 8～10 h，秋茶为 7～8 h。鲜叶摊放至芽叶柔软，叶色呈暗绿色，减重 5%～20%，较嫩鲜叶减重可适当多些。在鲜叶摊放过程中，根据杀青进度的快慢，要随时掌握不同的鲜叶摊放厚度和通气程度，来随时调节摊放的时间和厚度。对色泽要求较高的超微绿茶粉，可进行必要的护绿处理。一般在鲜叶摊放到离杀青前 2 h 时，将护绿剂按一定浓度配比进行护绿技术处理。

2. 杀青与脱水

（1）主要方法与参数　原理和技术参数同普通绿茶加工一样，可采用滚筒杀青和蒸汽杀青两种方法进行。蒸汽杀青叶还需要进行必要的叶打脱水处理。

滚筒杀青：基本同于普通绿茶滚筒杀青工艺参数，通过热接触，高温杀死鲜叶中酶的活性。杀青时的筒体转速为 28 r/min 左右，当筒体出口端中心温度达到 95℃以上时开始投叶，进行杀青，经 4～6 min 即可完成杀青工序。

蒸汽杀青：基本同于蒸青机绿茶蒸汽杀青工艺参数，是通过快速的高温蒸汽渗透来杀死鲜叶中酶活性的一种杀青方法，可采用网筒式、网带式蒸汽杀青设备，以网筒式蒸汽杀青设备为佳。网筒式蒸汽杀青蒸青机为日本产的 800KE-MM3 型的蒸汽杀青机，同时必需配有叶打机。在一般正常操作下，蒸汽杀青的水压 0.1 MPa，蒸汽量 180～210 kg/h，输送速度 150～180 m/min，网筒放置倾斜度 4°～7°，网筒转速 34～37 r/min。如果鲜叶含水量较高时，则蒸汽量应控制到最大蒸发量 270 kg/h，输送速度 180～200 m/min，网筒放置倾斜度 0°～4°，网筒转速 29～33 r/min。在蒸汽杀青过程中，特别需要注意的是要保持蒸汽温度的一致性，切忌忽高忽低。网带式蒸汽杀青可采用国产网带式蒸汽杀青机，当蒸汽温度为 135℃时开始上叶进行杀青。经蒸汽杀青后的叶子，由于鲜叶经过高温、快速的蒸汽渗透进行杀青，含水量比杀青前有所增加，叶子软化易黏结成团，故蒸青叶先经冷却机冷却，然后进入叶打机，由风机向机内吹入热风，进行叶打脱水，叶打应匀速进行，使在制叶失水适度，使超微绿茶粉产品的品质得到保证。

（2）控制标准　与传统绿茶的滚筒杀青和蒸汽杀青适度标准基本一致。其中滚筒杀青叶叶色由鲜绿变为暗绿，叶面失去光泽，叶质柔软、萎卷，折梗不断，手捏成团，松手不易散开，略带有黏性，青臭气散失，清香显露，杀青叶含水量 58%～62% 为宜。

3. 揉捻或揉切

根据产品的不同要求，采用揉捻或揉切方式对茶叶进行必要的组织破碎，以增进超微绿茶粉滋味，为后期的研磨奠定基础。可采用各种型号的揉捻机和揉切机。

（1）揉捻　必须根据揉捻机的性能，叶质老嫩、匀度和杀青质量来正确掌握揉捻方法。尤其要注意投叶量、揉捻时间、压力大小和揉捻程度的掌握等技术环节，才能提高揉捻的质量，保证超微绿茶粉产品的品质。用于超微绿茶粉加工的揉捻机一般以 6CR55 等大型揉捻机为宜。

投叶量：6CR55 型揉捻机进行揉捻时单桶投叶量以 30 kg 较为合适。

压力和时间：超微绿茶粉品质与揉捻程度关系密切，应遵循"轻-重-轻"、嫩叶"轻压短揉"、老叶"重压长揉"的原则，主要通过压力的调节和揉捻时间的掌握，一般应较传统绿茶揉捻程度低。揉捻叶叶子以稍卷、茶汁外渗、手捏粘手而不成团为适度。

（2）揉切　以 LTP 揉切机为主，可以考虑采用 CTC 揉切机。LTP 揉切机主要工作部件中有几十组锤片和多组刀片，每组有锤（或刀）片 4 把，杀青叶进入机内后，经刀、锤片的高速锤击切碎，形成细小的粉末，经刀、锤片的旋转风力使粉末胶结成颗粒而喷出机外。

4. 解块筛分

解块筛分是加工超微绿茶粉揉捻后进行的一道很重要的工序，由于叶子经揉捻后茶汁外渗，如不进行解块，会造成干燥工序中形成干湿不均的现象，并且使超微绿茶粉的色泽偏褐。通过筛分，可以将松紧、粗细、大小不一致的叶子分清，对筛面茶重新进行复揉，使揉捻程度达到一致。因此，解块筛分对提高超微绿茶粉产品的色泽和品质具有重要的作用。

5. 脱水干燥

超微绿茶粉脱水干燥分为初干和足干两个阶段，在两次脱水干燥过程需要有一个摊晾回潮的过程。

（1）初干　是保持超微绿茶粉色泽的重要工序，一般采用微波或高温热风干燥方式。微波脱水机脱水时间短、效率高，有利于提高超微绿茶粉叶绿素含量保留率和感官品质（表8-8）。热风烘干可借鉴名优绿茶的初烘工艺参数，适当提高温度和风量。

表8-8　不同初干技术对超微绿茶粉叶绿素和感官品质的影响

处理方法	叶绿素含量（%）	感官品质
普通脱水干燥	0.589	色泽绿偏暗，香气纯正，滋味醇和，汤色深绿
微波脱水干燥	0.652	色泽翠绿、亮、鲜活，香气纯爽，滋味醇和，汤色深绿明亮

初干叶子的含水率控制在25%～35%。初干后的叶子因叶子中叶肉部分与叶脉部分的含水量存在较大差异，必须立即摊开，进行回潮，使水分从叶脉转向叶肉，重新分布，整叶趋于一致。在常温条件下摊叶厚度为5 cm，摊晾时间为20～40 min。

（2）足干　可采用微波或高温热风干燥方式。足干的技术参数为微波磁控管加热频率950 MHz、微波功率5.1 kW、发射功率83%、输送带宽度320 mm，微波时间1.8～2 min。足干同样由输送带自动送入微波箱体内进行脱水，足干后的半成品原料含水率低于5%。

6. 研磨

可参考抹茶研磨技术。

第二节　低咖啡碱茶

低咖啡因茶是一种适合于对咖啡因敏感的特定人群如神经衰弱者、孕妇、老人、儿童等饮用的新型茶类。它采用特定的技术手段如超临界萃取、热水浸渍等方法，将茶叶中所含的咖啡因大部分脱除，同时尽可能保留茶叶原有的有效成分和风味。目前去除咖啡因的低咖啡因茶加工方法主要有热水浸渍法和超临界 CO_2 萃取法两种。本文重点介绍基于热水浸渍的低咖啡碱绿茶加工技术。

一、品种选择

1. 可可茶 1 号

乔木型，大叶类，中生种。树姿半开张，叶片半上斜状着生，长圆形，叶色深绿，叶质厚，革质。一芽二叶盛期 4 月中旬，芽叶绿，粗壮，茸毛多，一芽三叶百芽重 210 g。春茶一芽二叶干样约含茶多酚 19.9%、氨基酸 2.7%、咖啡碱 0%、水浸出物 55.4%、可可碱 4.5%。

2. 可可茶 2 号

乔木型，大叶类，中生种。树姿半开张，叶片半上斜状着生，长圆形，叶色浅绿，叶质柔软，叶肉较厚，革质。一芽二叶盛期 4 月中旬，芽叶黄绿，细锥形，茸毛多，一芽三叶百芽重 200 g。春茶一芽二叶干样约含茶多酚 24.5%、氨基酸 2%、咖啡碱 0%、水浸出物 55.2%、可可碱 4.5%。

3. 苏安特

南京农业大学黎星辉教授领衔的课题组在江苏省农业高技术研究计划重大项目"优质茶树新品种选育"支撑下，通过省内联合、全国协作，结合茶树种间远缘杂交、辐射、分子标记、组织培养等多项现代技术，杂交选育出一种低咖啡碱茶树品种"苏安特"。通过育种手段改造后的新品茶叶，无须加工处理，也能使茶叶干样中咖啡碱含量从一般水平的 4% 左右降低为 0.79%，而茶叶中原来的其他一些营养成分保持不变。茶氨酸含量为 3.37%。

4. 桂绿 1 号

品种介绍见绿茶适制品种桂绿 1 号。该品种不仅加工绿茶品质优，春茶一芽二叶干样约含咖啡碱 2.2%，产量高。

5. 尧山秀绿

品种介绍见绿茶适制品种尧山秀绿。该品种不仅加工绿茶品质优，春茶一芽二叶干样约含咖啡碱 2.1%，产量高。

6. 浙农 12

小乔木型，中叶类，中生种。由浙江大学茶叶研究所（原浙江农业大学茶学系）于 1963—1980 年从福鼎大白茶与云南大叶种自然杂交后代中采用单株育种法育成。浙江茶区有栽培，安徽、陕西、广西、贵州、湖南、江西、江苏等省（区）有引种。1987 年通过全国农作物品种审定委员会认定，编号 GS13045-1987。芽叶生育力强，持嫩性强，绿色，肥壮，茸毛特别多，一芽三叶百芽重 68 g。春茶一芽二叶干样约含茶多酚 14.6%、氨基酸 4.6%、咖啡碱 2.3%、水浸出物 45.6%。产量高，每亩可产干茶 150 kg。适制红茶、绿茶，品质优良。制红碎茶香味浓厚；制绿茶，绿翠多毫，香高持久，滋味浓鲜。抗寒性较弱，抗旱性强。扦插繁殖力较强。

7. 波毫

灌木型，中叶类，中生种。由安徽省农业科学院茶叶研究所于 1980—1990 年从贵州苔茶群体中采用单株育种法育成。主要分布在安徽茶区，四川、河南、陕西、江西等省有引种。1987 年通过安徽省茶树良种审定委员会认定。发芽密，生长势强，芽叶黄绿色，茸毛多，一芽三叶百芽重 50.5 g。春茶一芽二叶干样约含茶多酚 16.8%、氨基酸 5%、咖啡碱 2.2%、水浸出物 47.3%。产量中等，每亩可产鲜叶 280 kg 左右。适制红茶、绿茶，品质优良。抗寒性较强。扦插繁殖力强。

8. 藤茶

灌木型，中叶类，早生种。原产浙江省临海市兰田乡，系茶农单株选育而成。在浙江、江苏等省有栽培。1988 年通过浙江省茶树良种审定小组认定，编号浙品认字第 078 号。芽叶生育力强，发芽密，持嫩性强，绿色，纤长，嫩叶被卷，茸毛较少，一芽三叶百芽重 43.5 g。春茶一芽二叶干样约含茶多酚 12.1%、氨基酸 4%、咖啡碱 2.3%、水浸出物 49.7%。产量高，每亩可产干茶 170 kg。适制绿茶，尤宜制针形茶。抗旱、抗寒性均强，适应性强。扦插成活率高。

二、加工技术

低咖啡碱茶主要利用茶叶中所含的可溶性成分在热水中的溶解速度差异，将茶叶中咖啡因脱除，而其他有效成分则尽可能保留。日本于 1985 年开发出热水浸渍法生产低咖啡因茶的方法。我国从 20 世纪 90 年代开始研究低咖啡因绿茶加工技术，研制成功应用热水浸渍原理脱茶叶咖啡因的去除机，茶叶中咖啡因脱除率可达到 70%，其他有效成分则可保留 80% 以上。热水浸渍法的低咖啡因绿茶加工工艺流程如下：

鲜叶→摊放→热水脱咖→冷却→脱水→揉捻→干燥

1. 摊放

按传统绿茶工艺要求和控制指标，将采摘后的鲜叶经过适当摊放，提高茶叶的风味品质。

2. 热水脱咖

投入茶叶咖啡因脱除机的热水浸渍槽或相应的容器内，进行杀青和咖啡因脱除。所使用的浸渍水温一般为 85 ～ 95℃，浸渍时间 90 ～ 180 s。不仅可以脱出茶叶中的咖啡因，而且可以钝化鲜叶中酶的活性，防止多酚类物质的氧化，使加工鲜叶保持翠绿状态，从而完成杀青工序。

3. 冷却

浸渍叶离开热水后因为温度仍然很高，为防止变黄，故在茶叶咖啡因脱除机后紧接设置 1 台浸渍叶冷却机，使高温的浸渍叶直接落入装有足够数量冷水的冷却槽内，在水槽中被很快冷却至室温左右，再由冷却机的链条网板机构将其捞出水槽，并装入脱水布袋。

4. 脱水

由于浸渍叶表面水含量较大，无法直接投入下一工序进行揉捻，因此，必须进行脱水，使其叶含水率降至传统杀青叶 60% ～ 65% 的含水率范围。低咖啡因绿茶加工的脱水工序，分为两步进行。首先使用机械进行离心脱水，应用的设备为一般工业离心机，将装有浸渍叶的布袋投入离心机的转筒内，1 min 左右即可将加工叶的大部分叶面水除去，随后，使用网带式热风脱水机进行加热蒸发脱水，脱水热风温度保持在 130℃左右，脱水过程中由翻叶装置不断对加工叶进行翻拌，可保证脱水均匀，并使叶含水率达到适度。脱水完成后，脱水机的后段是由冷却风机吹入冷风的冷却段，通过冷却段后，脱水叶的温度一般可下降到 30℃左右，如果气温过高，机器冷却也可能难于达到这一温度，则应用风扇等吹风设备协助使叶温降下来，以免叶色变黄。

5. 揉捻

浸渍叶经过二次脱水后，含水率达到 60% ～ 65% 时可进行揉捻。可按各类绿茶揉捻工艺参数进行，可获得各种类型的低咖啡因绿茶。

6. 干燥

按照目标产品的风格要求进行干燥。例如使用茶叶烘干机烘干，可加工出低咖啡因烘青绿茶，若按炒青绿茶加工工艺进行炒干，就能生产出品质良好的低咖啡因炒青绿茶。

第三节　高 γ-氨基丁酸茶

高 γ-氨基丁酸茶（又称 GABARON 茶）是 1987 年由日本农林水产省蔬菜茶叶试验场首次开发成功的新型茶，要求茶叶中 γ-氨基丁酸（GABA）含量必须达到 1.5 mg/g 以上，比一般普通绿茶中 γ-氨基丁酸含量提高 20 ～ 30 倍。经动物实验和临床实验证实，γ-氨基丁酸茶具有明显的降血压作用。高 γ-氨基丁酸茶深受消费者特别是广大高血压患者的青睐，已形成叶茶、袋泡茶和罐装茶饮料等系列产品，引起了世界各茶叶生产国的普遍关注。

一、原料选择

（一）品种选择

γ-氨基丁酸是谷氨酸在谷氨酸脱羧酶（GDC）作用下脱去羧基生成的。不同茶树品种由于其鲜叶中谷氨酸含量和谷氨酸脱羧酶（GDC）活性不同，在厌氧处理后鲜叶中 GABA 的生成量也不相同。一般来说，宜选择谷氨酸含量高的茶树品种鲜叶为原料。研究发现，绿茶品种中，迎霜、龙井 43、浙农 113、祁门种、翠峰、乌牛早和龙井长叶等 7 个品种，春茶期间，一芽一二叶新梢经真空厌氧处理 4 h 后 GABA 含量均在 3 mg/g 以上，是适合加工 γ-氨基丁酸绿茶的优良品种。乌龙茶品系铁罗汉的 GABA 生成量最高，达 4.18 mg/g，是一个很好的加工 γ-氨基丁酸乌龙茶的品种资源（表 8-9）。

表 8-9　不同茶树品种真空厌氧处理后 GABA 生成量的差异　　单位：mg/g

茶树品种	对照（不处理）	厌氧处理 4 h	增幅（%）
迎霜	0.14	3.50	2 400
龙井 43	0.18	3.16	1 656
浙农 113	0.29	3.36	1 059
祁门种	0.19	3.76	1 879
翠峰	0.14	3.38	2 314
乌牛早	0.16	3.13	1 856
龙井长叶	0.16	3.10	1 838
浙农 117	0.17	2.86	1 582
黔湄 419	0.20	2.85	1 325
政和大白茶	0.36	2.76	667
安吉白茶	0.15	2.70	800
福鼎大白茶	0.23	2.57	1 017
黔湄 601	0.12	2.43	1 925
黄旦	0.13	2.42	1 761
桂红 4	0.17	2.35	1 282
红芽佛手	0.19	2.31	1 116
白毫早	0.13	2.11	1 523
秀红	0.14	1.86	1 228
铁罗汉	0.32	4.18	1 306

（二）新梢成熟度

新梢的成熟度与谷氨酸含量及相关酶的活性紧密相关，因此，对厌氧处理后新梢中 GABA 的生成量有显著影响。研究表明，一芽一二叶和一芽三四叶的未成熟新梢是加工 γ-氨基丁酸茶的理想原料。一芽一二叶和一芽三四叶的未成熟新梢，经厌氧处理后 GABA 的生成量是成熟新梢对夹四五叶的 1.5 ～ 2 倍。

新梢的不同部位厌氧处理后其 GABA 的生成量也不相同。对一芽一二叶的新梢进行芽、茎、叶分离，在 25℃条件下分别真空厌氧处理 4 h、8 h 和 12 h。结果发现，厌氧处理 4 h 后，芽、茎和叶中 GABA 含量分别达到 2.91 mg/g、3.08 mg/g 和 2.48 mg/g，厌氧处理 12 h 后，芽、茎和叶中 GABA 含量分别为 3.46 mg/g、3.74 mg/g 和 2.8 mg/g（表 8-10）。由此可见，新梢嫩茎中 GABA 生成量最高，其次是芽，最次是叶。因此，在 γ-氨基丁酸茶加工中，茎梗不可弃去，否则会造成 GABA 含量下降。

表 8-10　新梢不同部位 GABA 的生成量　　　　　　　　单位：mg/g

厌氧处理时间（h）	芽	茎	叶	全梢
0	0.11	0.12	0.07	0.14
4	2.91	3.08	2.48	2.72
8	3.34	3.43	2.78	3.28
12	3.46	3.74	2.80	3.50

（三）采摘季节

不同采摘季节茶树新梢中谷氨酸含量及相关酶的活性差异较大，因此，厌氧处理后 GABA 的生成量也明显不同。以"迎霜"品种为例，春季采摘的一芽三四叶，厌氧处理 4 h 后 GABA 含量可达到 4 mg/g 以上，随厌氧处理时间延长，GABA 含量继续增加，可达到 6 mg/g 左右。夏季采摘的一芽三四叶，厌氧处理 4 h 后 GABA 含量一般只能达到 3 mg/g 左右，随厌氧处理时间延长，GABA 含量增加不显著。秋季采摘的一芽三四叶，厌氧处理 4 h 后 GABA 含量可达到 3 mg/g 以上，随厌氧处理时间延长，GABA 含量稍有增加，一般在 3.5 mg/g 左右。因此，按照目前日本制定的 γ-氨基丁酸茶中 GABA 的含量必须在 1.5 mg/g 以上的标准，未成熟新梢从春茶、夏茶到秋茶都可以生产 γ-氨基丁酸茶。但选用春季新梢为原料，加工成的 γ-氨基丁酸茶 GABA 含量更高，品质更好。

综上所述，要加工出高品质的 γ-氨基丁酸茶，在鲜叶原料选择上，首先要根据所要加工的茶类选用谷氨酸含量相对较高的茶树品种；其次要尽可能采用春季未成熟新梢；采摘标准可根据所要加工的茶类来确定，如加工绿茶或红茶，宜采用一芽一叶、二叶的标准，如加工乌龙茶，可采用一芽三四叶的标准。

二、加工技术

γ-氨基丁酸茶的加工原理是首先将茶鲜叶进行处理，使茶鲜叶中 L- 谷氨酸（Glu）在谷氨酸脱羧酶（GDC）作用下脱去羧基，生成 GABA（图 8-1），然后按正常的制茶工艺加工成品茶。γ-氨基丁酸茶加工的鲜叶处理方法主要有厌氧处理、厌氧 / 好气交替处理、红外线照射、微波照射、谷氨酸钠溶液综合处理等方法。

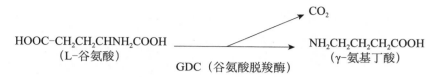

图 8-1 γ-氨基丁酸茶的加工原理

高 γ-氨基丁酸茶加工处理工序与传统茶叶加工工艺结合，可形成不同类型的茶叶产品，如高 γ-氨基丁酸茶绿茶、红茶和乌龙茶等（图 8-2）。

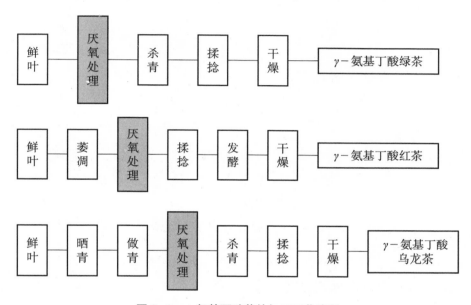

图 8-2 γ-氨基丁酸茶的加工工艺流程

（一）γ- 氨基丁酸绿茶

γ-氨基丁酸绿茶加工主要分为鲜叶处理、杀青、揉捻和干燥等 4 道工序。

1. 鲜叶处理

为了保证 GABA 含量和绿茶"三绿"的感官品质特征，鲜叶厌氧处理的时间和温度必须严格控制。茶鲜叶厌氧处理的最佳工艺条件为：真空度 > 0.09 MPa、温度 25℃、处理时间 6 ～ 8 h。一般夏季不超过 6 h，春季和秋季 8 h 较为理想。

2. 杀青

为减少鲜叶厌氧处理后产生的一种"异味"，宜采用高温滚筒杀青的方式。滚筒杀青有利于减少 γ-氨基丁酸绿茶中"青臭味"物质（例如低沸点的酸类物质），提高芳樟醇、香叶醇和吲哚等香气物质的含量。

3. 揉捻

γ-氨基丁酸绿茶的加工对揉捻工序无特殊要求，可完全按照常规绿茶的揉捻工艺。

4. 干燥

干燥分为毛火和足火，毛火温度一般控制在 110 ～ 120℃，足火温度控制在 80 ～ 90℃。对干燥方式的研究表明，采用烘-烘工艺的 γ-氨基丁酸绿茶感官品质较好，其香气、滋味和汤色得分均明显高于烘-炒和烘-滚工艺。

（二）γ-氨基丁酸红茶

γ-氨基丁酸红茶加工工序为萎凋、厌氧处理、揉捻、发酵和干燥等，可根据所要加工的红茶种类适当调整。

按传统工艺对鲜叶进行萎凋，萎凋结束后进行厌氧处理。在处理方法上可采用厌氧 / 好气交替处理的方法，即厌氧处理 3 h →好气处理 1 h →厌氧处理 3 h →好气处理 1 h。采用厌氧 / 好气交替处理方法，茶叶中 GABA 含量通常比单一厌氧处理高 1 ～ 2 倍，但采用交替处理不宜超过 2 次，否则"异味"较明显，感官品质明显下降。

（三）γ-氨基丁酸乌龙茶

厌氧处理须在做青结束后进行，其他加工工序如晒青、做青、杀青、揉捻和干燥等可根据所要加工的乌龙茶种类，按常规的加工步骤及工艺参数进行即可。